Bibliotheca Primatologica

Redactores: H. Hofer, Giessen; A. H. Schultz, Zürich; D. Starck, Frankfurt a. M.

Fasc. 1

Festschrift – Anniversary issue – Volume jubilaire

ADOLPH HANS SCHULTZ

zum 70. Geburtstag gewidmet – dedicated to his 70th birthday

à l'occasion de son 70e anniversaire

58 Abbildungen/Figures

19 62

BASEL (Schweiz) S. KARGER NEW YORK

Additamentum ad

Folia Primatologica et Primatologia

Die Herausgabe dieses Festbandes wurde durch das großzügige Entgegenkommen folgender Firmen bzw. Institutionen ermöglicht:

J. R. Geigy AG, S. Karger AG und Sandoz AG, Basel (Schweiz)
Wenner-Gren Foundation for Anthropological Research, New York (USA)

Verlag S. Karger AG, Arnold-Böcklin-Straße 25, Basel (Schweiz)

Printed in Switzerland by Schellenberg-Druck, Pfäffikon ZH
Clichés: Steiner & Cie. AG, Basel, und Aberegg-Steiner & Cie. AG, Bern

BIBLIOTHECA PRIMATOLOGICA

VORWORT

Wie aus dem Titelblatt ersichtlich, bildet diese Festschrift gleichzeitig die erste Ausgabe einer neuen Serie von Publikationen, die unter dem Namen *Bibliotheca Primatologica* in ungezwungener Reihenfolge erscheinen werden. Diese Veröffentlichungen sollen vor allem dazu dienen, für die rapide sich vermehrenden Forschungsresultate aus allen Gebieten der Primatenkunde eine dringend nötige Sammelstelle zu bilden. Auch soll diese *Bibliotheca* schon jetzt das stetig anwachsende Handbuch der Primatologie der selben Herausgeber mit Arbeiten ergänzen, die sich nach ihrer Art nicht in das Programm des Handbuches einfügen lassen.

Für diesen ersten Band der *Bibliotheca*, der als Überraschung dem Jubilar zu seinem 70. Geburtstag überreicht wurde, unterzeichnet sein langjähriger Mitarbeiter, J. Biegert, als stellvertretender Mitherausgeber. Die Herausgabe dieses Festbandes mit zahlreichen Beiträgen von Forschern aus vielen Ländern, wurde an erster Stelle durch das großzügige Entgegenkommen des Verlegers und der hoch geschätzten finanziellen Unterstützung der Wenner-Gren Foundation in New York, sowie der Firmen J. R. Geigy AG und Sandoz AG in Basel möglich gemacht, denen allen die Herausgeber auch an dieser Stelle ihren herzlichen Dank aussprechen möchten.

Die Herausgeber Helmut Hofer, Dietrich Starck
und in Stellvertretung Josef Biegert

PREFACE

As indicated by the inscription on the cover this volume is not only a "Festschrift", but also the first issue of a new series of publications which is to appear as occasion demands under the name of *Bibliotheca Primatologica*. These publications are intended principally as an urgently needed place for collecting some of the rapidly accumulating results of research in all fields of primatology. In addition this *Bibliotheca* is needed already for supplementing the steadily growing handbook of primatology of the same editors with contributions which by their nature cannot be readily fitted into the program of the handbook itself.

For this first volume of the *Bibliotheca*, which was presented as a surprise to Prof. Adolph H. Schultz at his 70th birthday, his collaborator of many years, Dr. J. Biegert, acted as substitute editor. The appearance of this anniversary volume with its numerous papers by authors from many parts of the world became possible first of all through the unhesitating and generous cooperation of the publisher and also with the highly appreciated financial support of the Wenner-Gren Foundation in New York and of the firms of J. R. Geigy AG and Sandoz AG in Bale, to all of whom the editors express their most sincere thanks.

The editors HELMUT HOFER, DIETRICH STARCK
and JOSEF BIEGERT (in place of Adolph H. Schultz)

PRÉFACE

Comme il ressort de la page de titre, ce volume jubilaire est en même temps la première édition d'une nouvelle série de publications qui paraîtront sous le nom de «Bibliotheca Primatologica» à des dates non fixes. Ces publications constitueront avant tout le recueil indispensable des résultats de recherches dans tous les domaines de la primatologie, résultats qui augmentent rapidement. Cette «Bibliotheca Primatologica» complétera en outre, maintenant déjà, le Manuel de Primatologie des mêmes rédacteurs qui est en constant développement. Elle le complétera avec des travaux qui de par leur genre ne s'adaptent pas au programme du Manuel.

Pour ce premier volume de la «Bibliotheca Primatologica» qui a été offert comme surprise à M. le Professeur Dr. Adolph Hans Schultz à l'occasion de son 70e anniversaire, c'est son collaborateur de longue date, le Docteur J. Biegert, qui a signé comme rédacteur suppléant. La publication de ce volume jubilaire, qui contient un grand nombre de travaux de savants de nombreux pays, a été rendu possible avant tout grâce à la généreuse obligeance de l'éditeur, et puis grâce à l'aide financière de la Wenner-Gren Foundation à New York ainsi que des Maisons J. R. Geigy S.A. et Sandoz S.A. à Bâle. Les rédacteurs leur expriment, ici aussi, leurs chaleureux remerciements.

Les rédacteurs HELMUT HOFER, DIETRICH STARCK
et, comme suppléant, JOSEF BIEGERT

WIDMUNG

Hochverehrter Jubilar!

Die Wissenschaft, welche Sie mit Ihrer unermüdlichen Schaffenskraft, Ihrer Unbestechlichkeit und Originalität und Ihrem ansteckenden Enthusiasmus seit bald fünf Dezennien, wie kaum ein anderer, befruchten und bereichern konnten, hat Ihnen eine große Schar von Schülern, Mitarbeitern, Kollegen und Freunden in aller Welt gebracht, die Ihnen zur Vollendung Ihres siebzigsten Lebensjahres die herzlichsten Glückwünsche entbieten. Sie alle empfinden – das möge aus diesem Anlaß zu sagen gestattet sein – aufrichtige Bewunderung nicht nur für Ihr längst anerkanntes wissenschaftliches Werk, sondern ebensosehr für Ihre hohen menschlichen Qualitäten.

Empfangen Sie als eine Ehrung Ihrer großen Verdienste als Forscher und Lehrer diese Festgabe, deren Beiträge auch stellvertretend für all die vielen Schüler und Kollegen sprechen, die hier nicht zu Worte kommen konnten. Sie ist aber auch ein Ausdruck des Dankes und der Anerkennung der Mitherausgeber, Mitautoren und des Verlegers für Ihre großen Verdienste um das Erscheinen und Gedeihen des «Handbuches der Primatologie». Wir haben Ihren siebzigsten Geburtstag daher zum Anlaß erkoren, die von Ihnen und Ihren Mitherausgebern geplante Schriftenreihe «Bibliotheca Primatologica», heute als eine Ihnen gewidmete Festschrift erstmals erscheinen zu lassen. Möge Ihnen dieser Band, mit Beiträgen aus Gebieten, die Ihnen besonders am Herzen liegen, zeigen, welch weltweites Echo Ihre wissenschaftliche Tätigkeit in Vergangenheit und Gegenwart gefunden hat, und möge er Ihnen – nicht zuletzt – auch versichern, wie vertrauensvoll und herzlich Mitarbeiter und Kollegen Ihnen auch in der Zukunft verbunden bleiben werden.

Die Herausgeber: JOSEF BIEGERT,
HELMUT HOFER, DIETRICH STARCK

Der Verleger: THOMAS KARGER

Zürich, den 14. November 1961

Adolph H. Schultz

LEBEN UND WIRKEN VON PROF. DR. AD. H. SCHULTZ

Geboren am 14. November 1891 war AD. H. SCHULTZ seit frühester Jugend der Biologie verschrieben und schon während seiner Zürcher Schulzeit legte er als ein begeisterter Säugetierkundler den Grundstein zu seiner heute geradezu weltberühmten Primatensammlung. Während seiner Studien an der Philosophischen Fakultät II der Universität Zürich waren es besonders die Zoologen A. LANG und K. HESCHELER sowie der Anatom G. RUGE, welche mit ihren vergleichend-anatomischen Vorlesungen einen tiefen Eindruck auf den jungen Studenten machten. Aber ein nicht weniger entscheidender Einfluß für seine Laufbahn kam von anderer Seite: Um die damals in Zürich hochentwickelten biologischen Meßmethoden kennenzulernen, besuchte er auch Kurse und Vorlesungen in Anthropologie bei O. SCHLAGINHAUFEN, dem Schüler und Nachfolger R. MARTINS, und er promovierte denn auch 1916 mit einer anthropologischen Dissertation über die Schädelbasis menschlicher Rassen zum Dr. phil. Während dieser Studien erwarb er sich eine der wesentlichsten Arbeitsgrundlagen für alle seine späteren Forschungen, nämlich mittels metrisch-statistischer Methoden, unter steter Berücksichtigung von Variabilität, Alter und Geschlecht, die menschlichen Verhältnisse vergleichend mit denen der übrigen Primaten zu analysieren.

Unmittelbar nach seiner Promotion erhielt AD. H. SCHULTZ eine Anstellung als Research Associate am embryologischen Forschungslaboratorium des Carnegie-Institutes in Baltimore (USA), um dort menschliche Feten verschiedener Rassen nach anthropologischen Gesichtspunkten zu untersuchen. An großen Serien konnte er zeigen, daß Rassenunterschiede, aber auch die Variabilität und selbst die Asymmetrien lange vor der Geburt nachweisbar und so ausgeprägt wie bei Erwachsenen sind. Mit diesen und einer Reihe von Untersuchungen über ganz andere Probleme (vorgeburtliches Geschlechtsverhältnis, Beschreibung von Affenfeten, Schädelanomalien usw.), machte er sich in der wissenschaftlichen Welt schnell einen Namen und wurde 1925 als Professor für Anthropologie an eine der damals ersten Universitäten Nordamerikas – die Johns Hopkins University in Baltimore – berufen. Hier blieb er 26 Jahre und hier erschienen als Resultat seiner vielseitigen und höchst intensiven Forschungen über 70 Publikationen aus seiner Feder, welche AD. H. SCHULTZ den Ruf als anerkannt erste Autorität auf dem Gebiete der Primatenkunde und der menschlichen Stammesgeschichte einbrachten. Unzählige

Ehrungen, wie die Wahl in die National Academy of Sciences, in die American Philosophical Society, die Verleihung der Viking Fund Medal in Anthropology 1948, und die Wahl zum Präsidenten der American Association of Physical Anthropologists, waren Zeichen der Wertschätzung seiner Person und seines Werkes in Amerika. Die Ernennung zum Ehrenmitglied der Britischen Zoologischen und der Britischen Anatomischen Gesellschaft bezeugen die Würdigung seiner Forschungen auch im Kreis dieser nächsten Schwesterwissenschaften.

Während dieser Zeit unternahm Ad. H. Schultz fünf wissenschaftliche Expeditionen (nach Nicaragua, Panama, Siam und Nordborneo), um das Material und die nur im Urwald erhältlichen Erfahrungen zu sammeln, welche es ihm ermöglichten, u. a. seine grundlegenden Arbeiten über die Variabilität, das Wachstum und die Pathologie der nichtmenschlichen Primaten zu schreiben. Er war es recht eigentlich, der die weitum verbreitete Meinung, Krankheiten seien im Wildleben seltener als bei domestizierten Tieren und beim Menschen, eindeutig in das Reich der Fabel verwies und nicht zuletzt verdankt ihm die Anthropologie, daß viele der allzeit geläufigen Verallgemeinerungen bezüglich der biologischen Sonderheiten des Menschen kritisch revidiert wurden. Als ein allzeit der Natur verbundener Biologe hat Ad. H. Schultz seit langem betont, daß die Frage nach dem biologisch spezifisch Menschlichen nicht durch Spekulationen am Schreibtisch, sondern nur durch umfassende Vergleiche mit den übrigen Primaten einschließlich ihrer Ontogenie erkannt und verstanden werden kann. Ein Großteil seiner Forschungen diente denn auch diesem Ziel und an Problemen fehlte es ihm nie, enthält die Literatur doch auch heute noch viele Lücken, die es zu füllen gilt, bevor eine einigermaßen detaillierte vergleichende Charakterisierung der menschlichen Biologie möglich sein wird. In diesem Zusammenhang darf nicht unerwähnt bleiben, daß er seine Schüler und manche seiner Kollegen zur Mitarbeit auf diesem Gebiet anregen konnte und allen stets großzügig sein reiches Primatenmaterial zur Verfügung stellte. Dieses durchaus nicht selbstverständliche Entgegenkommen fand seinerseits darin ein Echo, daß ihm von vielen Seiten, so etwa auch aus Yerkes berühmter Schimpansenkolonie, fortlaufend Affenleichen für weitere Studien geschenkt wurden. Übrigens hielt er selbst zum Studium von Wachstumsfragen für elf Jahre in Baltimore eine Gruppe lebender Schimpansen, von deren oftmals recht derben Späßen er immer wieder gerne erzählt, und nichts kann seine Liebe zu ihnen besser illustrieren als die sprechenden Porträtstudien in seiner Schimpansenmonographie.

Einem ehrenvollen Ruf folgend, entschloß sich AD. H. SCHULTZ 1951 in seine Heimatstadt Zürich als Ordinarius und Direktor des Anthropologischen Institutes der Universität zurückzukehren. In kurzer Zeit baute er hier ein Forschungszentrum auf, das bekanntermaßen für Fragen der menschlichen Entwicklung und Stammesgeschichte in seiner Art in Europa einmalig ist. Das Bild dieses Forschers wäre unvollständig, würde man nicht erwähnen, daß er dieses Werk im wesentlichen mit seiner eigenen Hände Arbeit vollbracht hat, wobei das neue Museum, mit seinen originellen Abbildungen, den vielartigen Abgüssen, Rekonstruktionen und naturgetreu montierten Skeletten, diese Tatsache eindrücklich beweist. Das Zürcher Anthropologische Institut trägt heute unverkennbar den Stempel seiner Persönlichkeit und dies gilt nicht weniger für seine Kurse und Vorlesungen, die AD. H. SCHULTZ, wie kaum einer, durch die Ergebnisse seiner eigenen Forschungen bereichern kann. Seit seinem Hiersein sind von ihm dreißig weitere Veröffentlichungen erschienen und es ist seiner Initiative mit zu verdanken, daß die vergleichende Biologie des Menschen einen neuen Aufschwung erfuhr. Beredtes Zeugnis dafür ist das von ihm, zusammen mit dem Anatomen D. STARCK, Frankfurt am Main, und dem Zoologen H. HOFER, Gießen, herausgegebene Handbuch der Primatenkunde, an dem, als einem Standardwerk auf diesem Gebiet, niemand vorübersehen kann, der sich mit vergleichend-primatologischen Fragen beschäftigt. Von AD. H. SCHULTZ selbst sind bisher Kapitel über Altersveränderungen, Pathologie und Teratologie, Gaumenleisten, Wirbelsäule und Brustkorb erschienen. Sie seien besonders erwähnt, da hier viele Ergebnisse seiner langjährigen Forschungen zusammengefaßt sind; denn die Leistungen dieses Wissenschaftlers im einzelnen zu schildern, würde auch den Rahmen einer weitgefaßten Würdigung überschreiten, wie allein schon die im folgenden angeführten Titel seiner Publikationen zeigen.

J. BIEGERT

PUBLIKATIONEN
VON PROF. DR. AD. H. SCHULTZ

1915 Einfluß der Sutura occipitalis transversa auf Größe und Form des Occipitale und des ganzen Gehirnschädels. Arch. suisses Anthrop. gén. *1*: 184–191.

1915 Form, Größe und Lage der Squama temporalis des Menschen. Z. Morph. Anthrop. *19*: 353–380.

1916 Der Canalis cranio-pharyngeus persistens beim Mensch und bei den Affen. Morph. Jb. *50*: 417–426.

1917 Anthropologische Untersuchungen an der Schädelbasis. Arch. Anthrop. N. F. *16*: 1–103.

1917 Ein paariger Knochen am Unterrand der Squama occipitalis. Anat. Rec. *12*: 357–362.

1918 Studies in the sex-ratio of man. Biol. Bull. *34*: 257–275.

1918 The fontanella metopica and its remnants in an adult skull. Amer. J. Anat. 23: 259–271.

1918 The position of the insertion of the pectoralis major and deltoid muscles on the humerus of man. Amer. J. Anat. *23*: 155–173.

1918 Relation of the external nose to the bony nose and nasal cartilages in whites and negroes. Amer. J. phys. Anthrop. *1*: 329–338.

1918 Observations on the canalis basilaris chordae. Anat. Rec. *15*: 225–229.

1919 Changes in fetuses due to formalin preservation. Amer. J. phys. Anthrop. *2*: 35–41.

1919 The development of the external nose in whites and negroes. Carnegie Institution of Washington Publication 272, Contributions to Embryology, pp. 173–190.

1920 Rassenunterschiede in der Entwicklung der Nase und in den Nasenknorpeln. Verh. Schweiz. Naturforsch. Ges., Neuenburg, p. 1.

1920 An apparatus for measuring the newborn. Johns Hopkins Hosp. Bull. *31*: 131–132.

1921 The occurrence of a sternal gland in orang-utan. J. Mammal. *2*: 194–196.

1921 Fetuses of the Guiana howling monkey. Zoologica, N. Y. zool. Soc. *3*: 243–262.

1921 Sex incidence in abortions. Carnegie Institution of Washington Publication 275, Contributions to Embryology *7*: 177–191.

1922 Das numerische Verhältnis der Geschlechter. Natur und Mensch *3*: 66–76.

1922 Das fötale Wachstum des Menschen. Verh. Schweiz. Naturforsch. Ges., Bern, II. Teil, pp. 295–299.

1922 Zygodactyly and its inheritance. J. Hered. *13*: 113–117.

1923 Bregmatic fontanelle bones in mammals. J. Mammal. *4*: 65–77.

1923 Fetal growth in man. Amer. J. phys. Anthrop. *6*: 389–399.

1924 Preparation and preservation of anatomical and embryological material in the field. J. Mammal. *5*: 16–24.

1924 Growth studies on primates bearing upon man's evolution. Amer. J. phys. Anthrop. *7*: 149–164.

1924 Observations on colobus fetuses. Bull. amer. Museum nat. Hist. *49*: 443–457.

1925 Embryological evidence of the evolution of man. J. Wash. Acad. Sci. *15*: 247–263.

1925 On the nature of modifications of the skin in the sternal region of certain primates. J. Mammal. *6*: 236–244. (With G. B. Wislocki).

1925 Studies on the evolution of human teeth. Dental Cosmos 5: *67*, 935–947, 1053–1063.

1925 Man's embryonic tail. Sci. Monthly 21: 141–143.

1926 Variations in man and their evolutionary significance. Amer. Nat. *60*: 297–323.

1926 Fetal growth of man and other primates. Quart. Rev. Biol. *1*: 465–521.

1926 Anthropological studies on Nicaraguan Indians. Amer. J. phys. Anthrop. *9*: 65–80.

1926 Studies on the variability of platyrrhine monkeys. J. Mammal. *7*: 286–305.

1927 Les variations chez l'homme et leur signification au point de vue de l'evolution. Bull. Soc. Etude Formes Humaines, *5*: 59–77.

1927 Studies on the growth of gorilla and of other higher primates with special reference to a fetus of gorilla, preserved in the Carnegie Museum. Mem. Carnegie Museum, *11*: 1–88.

1927 La croissance foetale chez l'homme et autres primates. Bull. Soc. Etude Formes Humaines, *5*: 270–334.

1929 The metopic fontanelle, fissure, and suture. Amer. J. Anat. *44*: 475–499.

1929 The technique of measuring the outer body of human fetuses and of primates in general. Carnegie Institution of Washington Publication 394, Contributions to Embryology, *20*: 213–257. no. 117 not 20

1930 Notes on the growth of anthropoid apes with especial reference to deciduous dentition. Report of Laboratory and Museum of Comparative Pathology, Zool. Soc. Philadelphia, pp. 34–45.

1930 Human variability compared with the variability of other primates. Anat. Rec. *45*: 291.

1930 The foot skeleton of anthropoid apes and man. Amer. J. phys. Anthrop. *14*: 85–86.

1930 The promise of a youthful science. Johns Hopkins Alumni Magazine *18*: 185–206.

1930 The skeleton of the trunk and limbs of higher primates. Human Biol. *2*: 303–438.

1931 The density of hair in primates. Human Biol. *3*: 303–321.

1931 Man as a primate. Sci. Monthly, *33*: 385–412.

1932 The hereditary tendency to eliminate the upper lateral incisors. Human Biol. *4*: 34–40.

1932 Human variations. Sci. Monthly *34*: 360–362.

1932 The generic position of *Symphalangus klossii*. J. Mammal. *13*: 368–369.

1933 Observations on the growth, classification and evolutionary specialization of gibbons and siamangs. Human Biol. *5*: 212–255, 385–428.

1933 Growth and development. The Anatomy of the rhesus monkey, pp. 10–27 (Williams & Wilkins, Baltimore).

1933 Die Körperproportionen der erwachsenen catarrhinen Primaten, mit spezieller Berücksichtigung der Menschenaffen. Anthrop. Anz. *10*: 154–185.

1933 Chimpanzee fetuses. Amer. J. phys. Anthrop. *18*: 61–79.

1933 Notes on the fetus of an orang-utan. Report of the Laboratory and Museum of Comparative Pathology, Zool. Soc. Philadelphia, pp. 28–39.

1934 Some distinguishing characters of the mountain gorilla. J. Mammal. *15*: 51–61.

1934 Inherited reductions in the dentition of man. Human Biol. *6*: 627–631.

1934 Davidson Black. Anthrop. Anz. *11*: 276–279.

1935 Eruption and decay of the permanent teeth in primates. Amer. J. phys. Anthrop. *19*: 489–581.

1935 The nasal cartilages in higher primates. Amer. J. phys. Anthrop. *20*: 205–212.

1935 Observations on reproduction in the chimpanzee. Bull. Johns Hopkins Hosp. *57*: 193–205.

1936 Characters common to higher primates and characters specific for man. Quart. Rev. Biol. *11*: 259–283, 425–455.

1937 Die Körperproportionen der afrikanischen Menschenaffen im foetalen und im erwachsenen Zustand. Festschrift Prof. Dr. J. Ulrich Duerst, «Neue Forschungen in Tierzucht und Abstammungslehre», pp. 284–302 (Bern).

1937 Fetal growth and development of the rhesus monkey. Carnegie Institution of Washington Publication 479, Contributions to Embryology, pp. 71–98.

1937 Proportions, variability and asymmetries of the long bones of the limbs and the clavicles in man and apes. Human Biol. *9*: 281–328.

1938 To Asia after apes. Johns Hopkins Alumni Magazine *26*: 37–46; and technical report (with same title) in Amer. J. phys. Anthrop. *23*: 499.

1938 Genital swelling in the female orang-utan. J. Mammal. *19*: 363–366.

1938 The relative length of the regions of the spinal column in Old World primates. Amer. J. phys. Anthrop. *24*: 1–22.

1938 Anthropoid ape materials in American collections. Amer. J. phys. Anthrop. *24*: 199–234 (with W. M. KROGMAN).

1938 The relative weight of the testes in primates. Anat. Rec. *72*: 387–394.

1939 Notes on diseases and healed fractures of wild apes and their bearing on the antiquity of pathological conditions in man. Bull. Hist. Med. *7*: 571–582.

1940 The size of the orbit and of the eye in primates. Amer. J. phys. Anthrop. *26*: 389–408.

1940 Growth and development of the chimpanzee. Carnegie Institution of Washington Publication 518, Contributions to Embryology, *28*: 1–63.

1940 The place of the gibbon among the primates. Introduction for "A field study of the behavior and social relations of the gibbon in Siam" by C. R. CARPENTER. Comp. Psych. Monographs *16*: 3–12.

1941 Growth and development of the orang-utan. Carnegie Institution of Washington Publication 525, Contributions to Embryology, *29*: 57–110.

1941 Chevron bones in adult man. Amer. J. phys. Anthrop. *28*: 91–97.

1941 Relative growth of the limb segments and tail in the macaques. Human Biol. *13*: 283–305 (with H. LUMER).

1941 The relative size of the cranial capacity in primates. Amer. J. phys. Anthrop. *28*: 273–287.

1942 Morphological observations on a gorilla and an orang of closely known ages. Amer. J. phys. Anthrop. *29*: 1–21.

1942 Growth and development of the proboscis monkey. Bull. Museum of Comparative Zoology, Harvard College, *89*: 279–314.

1942 Conditions for balancing the head in primates. Amer. J. phys. Anthrop. *29*: 484–497.

1944 Age changes and variability in gibbons. A morphological study on a population sample of a man-like ape. Amer. J. phys. Anthrop., n. s. *2*: 1–129.

1945 Biographical Memoir of Aleš Hrdlička, 1869–1943. Nat. Acad. Sci. U.S.A., Washington, Biogr. Memoirs *23*: 305–338.

1945 The numbers of vertebrae in primates. Proc. amer. philosoph. Soc. *89*: 601–626 (with W. L. STRAUS, JR.).

1947 Variability in man and other primates. Amer. J. phys. Anthrop., n. s. *5*: 1–14.

1947 Relative growth of the limb segments and tail in *Ateles geoffroyi* and *Cebus capucinus*. Human Biol. *19*: 53–67 (with H. LUMER).

1948 The number of young at a birth and the number of nipples in primates. Amer. J. phys. Anthrop., n. s. *6*: 1–24.

1948 The relation in size between premaxilla, diastema and canine. Amer. J. phys. Anthrop. n. s. *6*: 163–179.

1949 The palatine ridges of primates. Carnegie Institution of Washington Publication 583, Contributions to Embryology, *33*: 43–66.

1949 Sex differences in the pelves of primates. Amer. J. phys. Anthrop., n. s.: *7* 401–424.

1949 Ontogenetic specializations of man. Arch. Julius Klaus-Stiftung *24*: 197–216.

1949 Urwaldmenschen am Ituri (Review). Amer. Anthrop. *51*: 486–489.

1950 Morphological observations on gorillas. The Henry Cushier Raven Memorial Volume: The anatomy of the gorilla, pp. 227–253 (Columbia Univ. Press, New York).

1950 The physical distinctions of man. Proc. amer. philosoph. Soc. *94*: 428–449.

1950 The specializations of man and his place among the catarrhine primates. Cold Spring Harbor Symposia on Quantitative Biology *15*: 37–53.

1950 Our simian benefactors. Johns Hopkins Magazine, 1950.

1952 Vergleichende Untersuchungen an einigen menschlichen Spezialisationen. Bull. Schweiz. Ges. Anthrop. Ethnol. *28*: 25–37.

1952 Über das Wachstum der Warzenfortsätze beim Menschen und den Menschenaffen, mit kurzer Zusammenfassung anderer ontogenetischer Spezialisationen der Primaten. Homo *3*: 105–109.

1952 Besonderheiten der menschlichen Entwicklung. Mitteilungen Naturforsch. Ges. Bern, N. F. *10*: 2.

1953 Man's place among the primates. Man *53*: 7–9.

1953 The relative thickness of the long bones and the vertebrae in primates. Amer. J. phys. Anthrop., n. s. *11*: 277–311.

1954 Studien über die Wirbelzahlen und die Körperproportionen von Halbaffen. Vierteljahrsschr. Naturforsch. Ges. Zürich, *99*: 39–75.

1954 Die Foramina infraorbitalia der Primaten. Z. Morph. Anthrop. *46*: 404–407.

1954 Bemerkungen zur Variabilität und Systematik der Schimpansen. Säugetierkundl. Mitteilungen *2*: 159–163.

1955 Das Bild ausgestorbener Menschen. Umschau *55*: 143–145.

1955 The position of the occipital condyles and of the face relative to the skull base in primates. Amer. J. phys. Anthrop., n. s. *13*: 97–120.

1955 Primatology in its relation to anthropology. Yearbook of Anthropology, pp. 47–60 (Wenner-Gren Foundation, New York).

1956 Postembryonic age changes. Primatologia vol. 1, pp. 887–964 (Karger, Basel/New York).

1956 The occurrence and frequency of pathological and teratological conditions and of twinning among non-human primates. Primatologia vol. 1, pp. 965–1014 (Karger, Basel/New York).

1957 The palatine ridges of primates (Vestibulum oris und cavum oris). Primatologia vol. 3, pp. 127–138 (Karger, Basel/New York).

1957 Die Bedeutung der Primatenkunde für das Verständnis der Anthropogenese. Bericht über die 5. Tagung der Deutschen Gesellschaft für Anthropologie in Freiburg i. Br. 1956, pp. 13–28 (Musterschmidt, Göttingen).

1957 Past and present views of man's specializations. Irish J. Med. Sci., pp. 341–356.

1958 Cranial and dental variability in Colobus monkeys. Proc. zool. Soc. London *130*: 79–105.

1958 Ein fossiler Menschenschädel von Italien aus noch unbestimmtem Zeitalter. Anthrop. Anz. *22*: 78–83.

1958 Acrocephalo-oligodactylism in a wild chimpanzee. J. Anat. *92*: 568–579.

1960 Einige Beobachtungen und Maße am Skelett von *Oreopithecus* (im Vergleich mit anderen catarrhinen Primaten). Z. Morph. Anthrop. *50*: 136–149.

1960 Age changes and variability in the skulls and teeth of the Central American monkeys Alouatta, Cebus and Ateles. Proc. Zool. Soc. London *133*: 337–390.

1960 Age changes in primates and their modification in man. Human Growth, pp. 1–20 (Pergamon Press, Oxford).

1960 Significance of recent primatology for physical anthropology. Selected Papers of the Fifth International Congress of Anthropological and Ethnological Sciences, Philadelphia, pp. 698–702 (Univ. Pennsylvania Press, Philadelphia).

1961 Die stammesgeschichtliche Entwicklung des Menschen. Ur- und Frühgeschichte der Schweiz, Heft *6*: 21–24, Schweiz. Ges. Urgeschichte, Basel.

1961 Vertebral column and thorax. Primatologia vol. 4, Liefg. 5, pp. 1–66 (Karger, Basel/New York).

1961 Some factors influencing the social life of primates in general and of early man in particular. Viking Fund Publ. in Anthropology No. 31, pp. 58–90.

1961 Physical Anthropology; in: 20th Annual Report on the Foundation Activities 1941–1961, Wenner-Gren Foundation for Anthropological Research, pp. 19–25 (New York 1961).

1962 Die Schädelkapazität männlicher Gorillas und ihr Höchstwert. Anthrop. Anz. *25*: 197–203.

1962 The relative weights of the skeletal parts in adult primates. Amer. J. phys. Anthrop., n. s. *20*: 1–10.

1962 Metric age changes and sex differences in primate skulls. Z. Morph. Anthrop. (in press).

INDEX

Bibl. primat. vol. 1, pp. 1–31 (Karger, Basel/New York 1962)

Max-Planck-Institut für Hirnforschung, Gießen

ÜBER DIE INTERPRETATION DER ÄLTESTEN FOSSILEN PRIMATENGEHIRNE[1]

Von H. HOFER

1. Einleitung

Die Primaten sind ein eigener Stamm der monodelphen Säuger, den wir auf keine der bekannten fossilen oder rezenten Formen der Insectivoren zurückführen können. Da sie bereits im mittleren Paleozän mit z. T. sehr spezialisierten Formen auftreten, ist es naheliegend, die Primaten von jenem Formenkreis abzuleiten, der selbst den Ursprung der bekannten fossilen Insectivoren gebildet hat, also zeitlich vor ihnen liegt. Dieser Formenkreis der Eutheria, der fossil noch unbekannt ist, wird als Protoinsectivoren bezeichnet, womit das stammesgeschichtliche Verhältnis dieser postulierten Gruppe zu den bekannten Insectivoren ausgedrückt wird. Das Stammesbild vieler Säugerstämme (THENIUS und HOFER [1960]) zeigt eindeutig, daß die erste Formenstreuung derselben in der Oberkreide erfolgt sein muß, so daß als gemeinsame Stammgruppe nur insektenfresserartige Formen in Frage kommen, die wir zwar fossil noch nicht kennen, deren Existenz wir aber berechtigt erwarten können. Diese Protoinsectivoren müssen spätestens in der Oberkreide gelebt haben und dürften außer in Australien und Südamerika weit verbreitet gewesen sein. So würde sich verstehen lassen, daß unmittelbar aus ihnen an verschiedenen Stellen neue sich entfaltende Säugerstämme hervorgingen, die zueinander keine direkten stammesgeschichtlichen

---

[1] Ausgeführt mit einer Unterstützung der Deutschen Forschungsgemeinschaft. – Ich danke Dr. T. EDINGER (Cambridge, Mass.), die mir in entgegenkommender Weise mit Literaturhinweisen aushalf, sowie Herrn Prof. Dr. THENIUS (Wien) für seine Kritik.

Beziehungen haben und die man deshalb als eigenständig evoluierend bezeichnet (Xenarthra, Creodonta, Cetacea, Rodentia u. a.). Einer dieser Stämme sind die Primaten. Das Gehirn der Protoinsectivoren muß ein sehr primitives, aber wohl schon typisches Säugetiergehirn gewesen sein. Der allgemeine Bau des ursprünglichen Säugergehirnes muß von mesozoischen Formen auf die mono- und didelphen Säuger überkommen sein und damit auch auf die Protoinsectivoren.

SIMPSON [1927] rekonstruierte nach Schädelbruchstücken die Dorsalansicht des Gehirnes[1] von *Triconodon mordax* (Triconodonta), einer jurassischen Säugerform, die nicht in die Ascendenz der rezenten Stämme gehört. Er vergleicht dieses nur in groben Umrissen gezeichnete Gehirn mit dem von *Nythosaurus*, einem Cynodonten, und dem von *Ptilocercus*, einem primitiven, rezenten Tupaiiden; Näheres dazu bei SIMPSON [1927]. Die Zusammenstellung (Abb. 1) zeigt, daß trotz aller Unterschiede zwischen dem Gehirn von *Ptilocercus* und *Tri-*

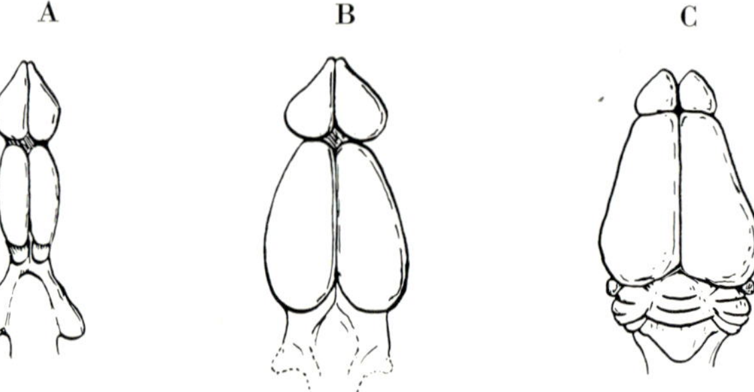

Abb. 1. Umrißzeichnungen der Endokranialausgüsse von *Nythosaurus* (A), *Triconodon* (B) und das Gehirn von *Ptilocercus* (C). Nach SIMPSON.

conodon mehr morphologische Übereinstimmung besteht, als zwischen dem von *Triconodon* und dem von *Nythosaurus*. Das Gehirn von *Ptilocercus* ist das primitivste Gehirn in der Primatenreihe, es ist aber nicht das ursprünglichste rezente Säugetiergehirn. Fügt man in diese Reihe das Gehirn eines Tenreciden, die außerordentlich primitive Eutheria-Gehirne haben, dann zeigt sich noch deutlicher, daß

---

[1] Ich spreche hier immer von «Gehirnen», auch wenn natürliche oder künstliche Endokranialausgüsse gemeint sind. Von fossilen Formen liegen natürlich nur Endokranialausgüsse vor, die in verschiedener Deutlichkeit die Form des Gehirnes erkennen lassen.

die morphologische Cäsur zwischen *Nythosaurus* und den anderen Formen liegt.[1] Das bedeutet, daß ein nach seiner äußeren Gestaltung schon als Säugetiergehirn anzusprechendes Gehirn in ursprünglichster Form bereits in der mittleren Jura entwickelt war. Man muß sich vor Augen halten, daß dieser Hirntypus rund 150 Millionen Jahre alt ist und erst im Tertiär seine weitere Höherentwicklung erfuhr.

Die erste formbildende Phase im Primatenstamm muß an der Kreide-Tertiärwende, spätestens im untersten Paleozän, eingetreten sein. Leider können wir über diese erste und entscheidende Phase gar nichts aussagen, weil erst vom mittleren Paleozän an Funde vorliegen. Von hier an finden wir eine größere Zahl nebeneinander sich entfaltender Halbaffenstämme, die teils einseitig spezialisierte, teils sehr primitive Formen umfassen, die vorläufig überhaupt nicht oder nur sehr schwer miteinander stammesgeschichtlich verbunden werden können, weil ihre Vorfahrenformen aus dem unteren Paleozän noch unbekannt sind.[2] Die z. T. sehr formenreichen alttertiären Halbaffenstämme erlöschen fast alle im jüngeren Eozän. Die rezenten Halbaffen sind Relikte der alttertiären Blüteperiode des Primatenstammes. Eine Ausnahme machen nur die Lemuriformes auf Madagaskar, die in der Isolation auf dieser Insel eine zu mannigfaltigen Formen führende Wiederholungsblüte erlebten (Hill [1953], Remane [1956], Thenius und Hofer [1960]), von der wir mangels fossiler Funde nicht wissen, wann sie einsetzte.

Einzelne noch sehr bruchstückhafte und deshalb umstrittene Funde zeigen an, daß vom Jungeozän bis ins Oligozän die Primaten in eine neue Evolutionsphase eintraten, die in der Neuen und Alten Welt zu den Simiae führte; wahrscheinlich handelt es sich um zwei, vielleicht sogar drei getrennte Stammlinien.[3] In diese kritische und

---

[1] Erst Ausgüsse der Schädelbruchstücke von *Triconodon* werden vielleicht zeigen, ob eine Fissura rhinica lateralis vorhanden war. Erst dann wird sich die Größe des neocorticalen Gebietes abschätzen lassen. Vermutlich war es noch kleiner als bei *Centetes*.

[2] Diese Formen liegen zum größten Teile in sehr spärlichen Resten (Kieferbruchstücke mit Gebißteilen) vor, so daß in manchen Fällen noch nicht sicher ist, ob es sich überhaupt um Primaten aus der Halbaffenphase handelt (vgl. Thenius und Hofer [1960], dort weitere Literatur). Dazu kommt noch, daß der Begriff «Primaten» phylogenetisch-taxionomisch nicht eindeutig festgelegt werden kann (Simpson [1955]), so daß sich auch daher Schwierigkeiten bei der systematischen Einordnung mancher Funde ergeben.

[3] Die basale Evolution der Simiae ist wegen der unzureichenden Fossildokumentation noch sehr unklar und deshalb umstritten. Die Frage, ob für die Simiae

für die Entfaltung der Affen der Alten Welt entscheidende Phase der Phylogenie der Primaten gehören die aus den Fayum-Schichten stammenden Funde, zu denen das isolierte Frontale gehört, von dem SIMONS einen Ausguß anfertigte (S. 24).

Diese wurzeln auf jeden Fall in alttertiären Halbaffen; unter diesen werden von vielen Autoren die Tarsiiformes als mögliche Stammgruppe aufgefaßt; vgl. dazu die jüngste Diskussion dieses Problems bei HILL [1955], FIEDLER [1956], REMANE [1956], PIVETEAU [1957] und THENIUS und HOFER [1960]. Für die in der vorliegenden Studie behandelten Fragen ist das Problem von geringerer Bedeutung. Wie sich diese Verhältnisse auch darstellen mögen, wir können sicher sein, daß sich spätestens im Oligozän in Amerika und in der Alten Welt sehr rasch zwei Affenfaunen entwickelten, die im Jungtertiär ihren Höhepunkt einer Entfaltung erreichten, von deren Formenmannigfaltigkeit wir uns noch keine Vorstellung machen können und die heute nur in Restbeständen erhalten geblieben sind. Diese geographisch getrennten großen Stammlinien, die teilweise Parallelformen entwickelten, führen zu simischen (pithekoiden) Formen und gehen damit über die Evolutionsphase der Halbaffen hinaus.

In dieses noch sehr lückenhafte und hier nur in großen Zügen gezeichnete Stammesbild der Primaten müssen wir die fossilen Gehirne nach geologischer Zeit und stammesgeschichtlicher Verwandtschaft einordnen.

Wir sind heute noch weit davon entfernt, ein einigermaßen abgeschlossenes Bild der Evolution des Gehirns der Primaten zu entwerfen, weil das Material noch zu gering und noch zu unregelmäßig im System verteilt ist. Einige typische Formen lassen sich jedoch schon erkennen.

Die primitivsten Primatengehirne sind fossil noch unbekannt. Man kann annehmen, daß sie noch nicht von denen primitiver Insectivoren abwichen, also einfach noch Insectivoren-Gehirne waren. Wie lange dieser Status im Primatenstamm beibehalten wurde, kann erst

---

Mono- oder Di- oder Polyphylie anzunehmen ist, wird heute noch sehr verschieden beantwortet, weil die in der kritischen geologischen Zeit für die Evolution der Simiae gefundenen sehr spärlichen Reste noch keine stammesgeschichtliche Verbindung der später erscheinenden Ceboidea, Cercopithecoidea und Hominoidea einwandfrei gestatten. Ich neige mehr zur Annahme einer Vielstämmigkeit der Simiae; vgl. dazu REMANE [1956], HEBERER [1956], FIEDLER [1956], HILL [1955], KÄLIN [1958 und früher], SIMPSON [1958 und früher], LE GROS CLARK [1959] sowie THENIUS und HOFER [1960].

nach vorliegenden Funden oder angefertigten Endokranialausgüssen gesagt werden. Die in die Richtung der Primatenhirne führende Weiterentwicklung dürfte zuerst im Zusammenhang mit der Spezialisierung des Gesichtssinnes und damit der entsprechenden Hirnteile stehen. Von diesen kann in diesem Zusammenhang nur die Sehrinde von Interesse sein. Alle Primaten sind Augentiere, z. T. extreme Augenspezialisten (*Tarsius*, *Aotes*, *Galago*). Das ist durch ihre Lebensweise erklärbar, denn arborikole oder semiarborikole, kletternde und im Geäst springende Tiere müssen sich optisch über das Ziel ihres Sprunges orientieren. Darin können wir den primären Zusammenhang erblicken, der dazu führte, daß die Primaten Augentiere wurden. Damit dürfte im Zusammenhang stehen, daß das Greifen mit den Vorderextremitäten unter Kontrolle der Augen erfolgt. Das bedeutet noch nicht, daß schon in dieser ersten Evolutionsphase das Geruchsvermögen und die zugehörigen Strukturen im Gehirn der beginnenden Rückbildung verfielen.[1] Daneben kann der Geruchsinn noch eine erhebliche Rolle spielen, wie das bei den rezenten Tupaiiformes der Fall ist. Die Beobachtung lebender Tiere (*Tupaia glis*) zeigte (Hofer [1957], Polyak [1957], Sprankel [1961]), daß das Auge eine beträchtliche Rolle bei der Orientierung in der Umwelt spielt – man kann beobachten, wie das Tier einen anzuspringenden Punkt anvisiert –, daß daneben auch die olfaktorische Orientierung große Bedeutung hat, wie das Markierungsverhalten beweist (Sprankel [1961]). Im Großhirn ist bei *Tupaia* die Sehrinde nach W. E. Le Gros Clark [1924] ziemlich umfangreich: «The length of the cerebral hemisphere and the prominence of the occipital pole, due, at least in part, to the extent of the visual cortex...» (l. c. S. 1072 f.). In dieser Hinsicht ist *Tupaia* schon spezialisierter als *Ptilocercus*, ihr nächster Verwandter (W. E. Le Gros Clark [1926]).[2]

Der Neocortex im gesamten ist bei *Tupaia* schon erheblich umfangreicher als bei einem primitiven Gehirn. Daneben ist ein umfangreicher Bulbus olfactorius und Tractus olfactorius vorhanden, was wieder im Einklang mit dem über die Bedeutung des Geruchssinnes Gesagten steht. Als besonders primitives Merkmal dieser

[1] Wir können hier nicht auf die Fragen eingehen, die sich aus diesen Problemen für die Analyse der Feinstrukturen des Gehirnes ergeben. Dazu sind z. T. schon sehr sichere Angaben zu machen. Ich verweise dazu auf die Arbeiten von H. Stephan [1956, 1959, 1960].

[2] Eine ausführliche Diskussion der hier angeschnittenen Fragen findet sich in dem fundamentalen Werk von Polyak [1957] und Le Gros Clark [1959].

Strukturen ist das Auftreten eines mit den Seitenventrikeln in offenem Zusammenhang stehenden Ventriculus olfactorius zu werten.[1]

Ebenso ist als primitiv zu bewerten, daß eine an typischer Stelle gelegene, aber noch kurze und kleine Fissura cerebri lateralis (Sylvii) auftritt (SPATZ und STEPHAN), die von früheren Bearbeitern übersehen wurde. Ein Gehirn des Differenzierungszustandes, wie er bei *Tupaia* gefunden wird, könnte als morphologischer Ausgangspunkt für die weitere Entwicklung des Halbaffen und Affengehirnes dienen. Innerhalb der Primaten ist das Gehirn von *Ptilocercus* wohl das ursprünglichste, die typisch primatenhafte Ausgangsphase der Spezialisation nimmt dagegen das Gehirn von *Tupaia* ein. Da von den Tupaiiformes keine fossilen Gehirne bekannt sind, können wir nicht entscheiden, ob sich dieses Gehirn seit dem Alttertiär konservativ verhielt, oder ob es nach der stammesgeschichtlichen Isolation der Tupaiiformes in einem konservativen Stamm eine eigene Differenzierung erfuhr. Das noch ursprünglichere Gehirn von *Ptilocercus* könnte für letztere Möglichkeit sprechen.

Die ältesten durch Steinkerne oder Endokranialausgüsse bekannten Primatenhirne sind folgende:

1. *Adapis parisiensis.* Die Adapidae sind eozäne, in Nordamerika (Notharctinae) und Europa (Adapinae) in mehreren Formen nachgewiesene Halbaffen. Die rezenten Lemuriformes sind von ihnen nicht abzuleiten. Sie dürften aber auf die gleiche Stammform zurückgehen wie die Adapidae. Die gemeinsame Ausgangsform der beiden Stämme kann nur unter den frühesten Tupaiiformes zu suchen sein. Das Gehirn der Adapidae ist bisher nur durch einen vollständigen Endokranialausguß von *Adapis parisiensis* (W. E. LE GROS CLARK [1945, 1959]) und einen Teilausguß derselben Art bekannt. Der Teilausguß wurde zuerst von NEUMAYER [1906] hergestellt und völlig irrig interpretiert (vgl. dazu T. EDINGER [1929, S. 200f.]), worauf wir hier nicht eingehen müssen. Dasselbe Stück wurde später von B. K. SCHULTZ ausgegossen. Der von SCHULTZ angefertigte Ausguß stand mir auch zur Untersuchung zur Verfügung.[2]

---

[1] Ich verdanke diese Mitteilung Herrn Dr. JOHANNES TIGGES, der diese Beobachtung machte und ausführlich darüber berichten wird, wobei auch die Variabilität dieses Ventrikelteiles behandelt werden wird.

[2] Ich danke an dieser Stelle Herrn Prof. Dr. R. DEHM und Prof. Dr. v. OETTINGEN, deren Entgegenkommen ich es verdanke, das wertvolle Material untersuchen zu dürfen.

Das Gehirn von *Adapis parisiensis* war ein primitives Lemurengehirn mit sehr umfangreichen Temporallappen, wodurch es sehr breit wird, gering entfalteten Kleinhirnhemisphären und prominierendem, umfangreichem Vermis cerebelli. Im Verhältnis zu den Lobi temporales sind die Lobi frontales klein. Das Cerebellum liegt dorsal zur Gänze frei. Die Fissura sylvii ist am Ausguß sehr flach und nicht ganz eindeutig zu umschreiben; sie liegt an typischer Stelle. Es findet sich ein Sulcus lateralis (longitudinalis), so daß die beginnende Gyrifikation auch einen primitiven, längsgerichteten Furchenverlauf erkennen läßt. Le Gros Clark [1945] weist dem Gehirn von *Adapis parisiensis* eine Stellung zwischen dem von *Tupaia* und *Microcebus* an. 1959 kam Le Gros Clark nochmals auf den Endokranialausguß von *Adapis parisiensis* zurück (l. c. S. 249f.): In verschiedener Hinsicht sei das Gehirn von *Adapis parisiensis* primitiver als irgendein rezentes lemuroides Gehirn. Im Verhältnis zur Körpergröße des Tieres sei es viel kleiner gewesen, die Bulbi olfactorii seien relativ größer und die Großhirnhemisphären seien kurz gewesen. In diesem Zusammenhang ist noch hinzuzufügen, daß die Bulbi olfactorii gänzlich rostral der Frontalpole der Stirnlappen lagen und offensichtlich an verlängerten Tractus olfactorii saßen. Mit Ausnahme der nicht sicher anzugebenden relativen Größe der Bulbi olfactorii sind diese Merkmale wahrscheinlich aus dem Größenverhältnis zwischen Gehirn und Schädel zu verstehen, womit nicht bestritten ist, daß es sich um ein primitives Gehirn gehandelt hat. So ist die Lage der Bulbi olfactorii zu den Stirnpolen bei *Adapis parisiensis* vielleicht ähnlich zu erklären wie bei *Megaladapis* und *Palaeopropithecus* (Hofer [1953], Thenius und Hofer [1960]). Auch das dorsal freiliegende Cerebellum könnte durch eine Streckung im Zusammenhang mit der Größenzunahme des Schädels verstanden werden. Die Basisansicht des Endokranialausgusses, die Le Gros Clark nicht erwähnte, zeigt weit voneinander getrennte Temporallappen, so daß der Zwischenhirnboden breit frei gelegen haben muß. Zwischen den beiden Vorwölbungen der Temporallappen, die bei *Adapis* ebenso wie bei *Lemur* noch rein palaeocortical gewesen sein müssen, sieht man (Abb. 2) ein breites Feld, das keine Modellierungen erkennen läßt, die auf Strukturen des Zwischenhirnes zurückzuführen sind. Nur in der Medianen findet sich eine leichte, längsorientierte Vorwölbung, die der Fossa hypophyseos entspricht. Das alles entspricht den Befunden, die man an Endokranialausgüssen anderer Lemuriformes ebenfalls erheben kann. Auffallend ist nur der weite Abstand der Temporalpole voneinander.

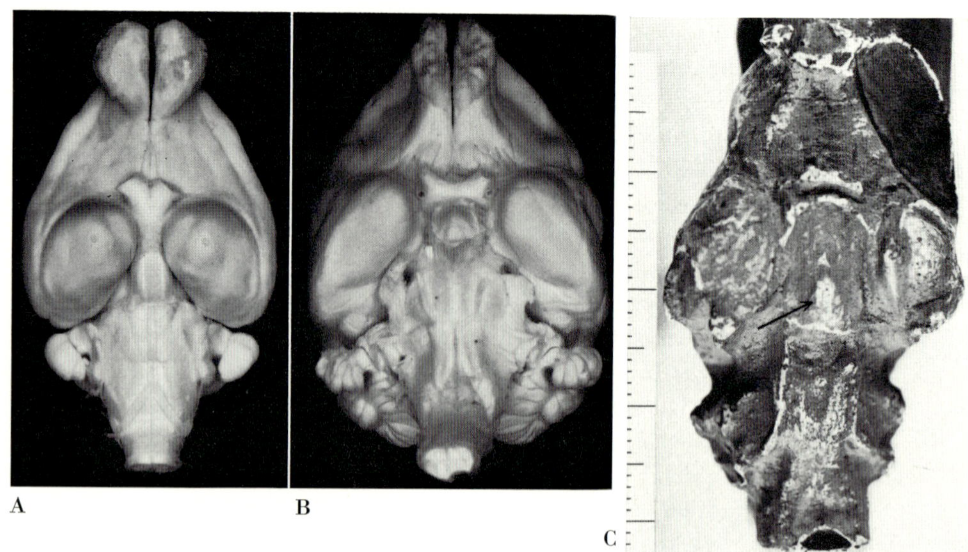

Abb. 2. Basalansicht der Gehirne von *Tupaia glis* (A), *Lemur fulvus* (B) verglichen mit der Basalansicht des Endokranialausgusses von *Adapis parisiensis* (C). Der Pfeil zeigt auf die der Fossa hypophyseos entsprechende Vorwölbung. Beachte die verschiedenen Abstände der Temporalpole. Der Endokranialausguß wurde von B. K. SCHULTZ hergestellt und befindet sich in der Staatssammlung München.

Hierin ähnelt *Adapis* sehr der Gattung *Lemur*, vor allem den großen Arten derselben, und ist gänzlich unähnlich *Tupaia*. Bei dieser ist vom Zwischenhirnboden nur ein schmaler Streifen zwischen den eng zusammengedrückten palaeocorticalen Temporalpolen zu erkennen. Da das Gehirn von *Tupaia* im ganzen sicher ursprünglicher ist als das von *Lemur*, möchte ich dieses Verhalten der Temporalpole als Folge der Körperkleinheit des Tieres auffassen. Es wäre eine Suppression des Zwischenhirnes im Sinne von H. SPATZ, die hier durch die Größenverhältnisse bedingt ist. Das ventral freiliegende Zwischenhirn von *Lemur* und *Adapis* könnte dann ebenfalls durch die Größenverhältnisse verstanden werden, bei denen der größere Kopf eine breitere Entfaltung der Schläfenlappen nach lateral gestattet. Ob diese Deutung richtig ist, kann erst entschieden werden, wenn der Endokranialausguß einer Kleinform der Adapidae bekannt ist. Als fortgeschrittene Merkmale sind am Gehirn von *Adapis parisiensis* die Längsfurche im Neocortex, die äffische Fissura sylvii und die mächtige Ausdehnung der Temporallappen zu erwähnen, worauf W. E. LE

Gros Clark hinweist. Wägt man die Merkmale gegeneinander ab, so zeigt sich, daß das Gehirn von *Adapis parisiensis* nach der äußeren Gestaltung entschieden ursprünglicher ist als das der Gattung *Lemur*. Über die Evolutionsphase des *Tupaia*-Gehirnes ist es aber bereits hinausgegangen. W. E. Le Gros Clark hat das *Adapis*-Gehirn zwischen dem von *Tupaia* und *Microcebus* eingeordnet, wobei es letzterem vielleicht näher stünde. Das Gehirn von *Microcebus* ist durch Sonderspezialisationen gekennzeichnet, die es für diesen Vergleich wenig geeignet machen. Meines Erachtens stellt das Gehirn von *Adapis* einen eigenen Primitivtypus des Lemurengehirnes dar, der vielleicht die erste Evolutionsstufe bildete, die über das primitive tupaiiforme Ausgangsstadium hinausging.

2. Von *Necrolemur antiquus* hat Hürzeler [1948] einen Steinkern veröffentlicht, auf den wir noch zurückkommen werden.

3. Aus den unteroligozänen fluvio-marinen Schichten des Fayum (Ägypten) wurde ein isoliertes Frontale geborgen, dessen Ausguß (Simons [1959]) eindeutig zeigt, daß es zu einem Affen gehörte, der ungefähr Zeitgenosse von *Parapithecus* und *Propliopithecus* war. Da es sich hierbei um das älteste Gehirn einer pithekoiden Form handelt, ist diesem Fund besondere Bedeutung beizumessen; vgl. S. 24.

4. Cope [1885] macht einige Angaben über das Gehirn von *Tetonius*, die aber so knapp sind, daß sie hier nur der Vollständigkeit halber erwähnt sind; vgl. dazu S. 18. Eine erneute Bearbeitung dieses Fundes wäre sehr wichtig, weil es sich um das älteste Gehirn eines Tarsiiformen handelt.

Alle anderen fossilen Primatengehirne stammen aus geologisch späterer Zeit und lassen sich morphologisch den rezenten, nächstverwandten Vertretern des jeweiligen Stammes leicht zuordnen. Das Gehirn von *Progalago* (Untermiozän, Ostafrika; Rusinga-Insel) ist im wesentlichen ein *Galago*-Gehirn (Le Gros Clark und Thomas [1952]). Dasselbe trifft für *Libypithecus* (Edinger [1938]) und *Mesopithecus* (Piveteau [1957]) zu, die Cercopitheciden-Hirne besitzen. Eine Ausnahme macht nur der unvollständige Endokranialausguß von *Proconsul* vom gleichen Fundort wie *Progalago*, dessen Deutung noch unsicher ist. *Proconsul* scheint, zumindest in dem erhaltenen vorderen Teil, ein cercopithecoides Furchenbild gehabt zu haben (Le Gros Clark und Leakey [1951]), was bei einem Hominoiden sehr bemerkenswert ist.

2. Das Gehirn von Necrolemur

Die Necrolemuridae sind ein aus dem Mitteleozän bis zum jüngsten Eozän bekannter europäischer Halbaffenstamm, der meines Erachtens aus tupaioiden Stammformen entsprang und verschiedene Eigenspezialisationen erwarb (SIMPSON [1955]) und mit dem Eozän erlosch. HÜRZELER [1948], dem wir die letzte große Untersuchung dieses Formenkreises verdanken, konnte am Ohrskelett nachweisen, daß die Necrolemuridae nichts mit den Tarsiiformes zu tun haben, sondern sich hierin den Lemuriformes anschließen. Habituell erinnerten die Necrolemuridae an *Galago* und die Cheirogaleinae (*Microcebus*), sowie an *Tarsius*, welcher allerdings erheblich weiter spezialisiert ist. Es waren biped springende, großäugige Tiere, die wohl arborikol lebten. HÜRZELER konnte einen Steinkern erstmalig untersuchen, auf den wir uns hier beziehen. Der Steinkern zeigt nur die Dorsal und Lateralfläche; die Hirnbasis ist unbekannt. Die erste Beschreibung und Auswertung veröffentlichte HÜRZELER [1948].

An dem Steinkern (Abb. 3) fällt zunächst die, auch von HÜRZELER hervorgehobene Temporalbreite auf, die durch die sehr umfangreichen Temporallappen und die im Verhältnis dazu kleinen, kurzen und schmalen Frontallappen bedingt ist; das zeigt am deutlichsten ein Vergleich mit dem Gehirn von *Galago senegalensis*. Das Gehirn ist fast so breit, wie es lang ist (HÜRZELER l. c. S. 34). Die Kleinheit der Frontallappen ist das einzige Merkmal, das an das Gehirn von *Tarsius* erinnert. Letzteres ist so stark spezialisiert, daß es nur mit Vorsicht zum Vergleich mit anderen Gehirnen herangezogen werden sollte. Bei *Galago senegalensis* und *Microcebus murinus* ist der Frontallappen im Verhältnis zum Gesamthirn größer; das trifft auch für das Gehirn von *Cheirogaleus* zu. Die breiten und stumpfen, vielleicht noch nicht zur Gänze freigelegten Occipitalpole des Großhirnes könnten auf eine umfangreiche Sehrinde hinweisen. Da damit im Zusammenhang die Größe der Augen steht, kann man mit Sicherheit auf eine wohldifferenzierte und ausgedehnte Area striata schließen, die die Form der Occipitalpole der Hemisphären bedingt. Die Fissura cerebri lateralis (Sylvii) erscheint an typischer Stelle und in der bei Primaten typischen Form eines schmalen Spaltes, nicht als Bucht.[1]

---

[1] *Daubentonia madagascariensis* ist der einzige Halbaffe, dessen Gehirn hiervon eine Ausnahme macht, die man als Sonderspezialisation auffassen muß, ohne diese damit erklärt zu haben (HOFER [1956]; hier weiteres über die Form der Fissura cerebri lateralis bei Primaten und Nichtprimaten).

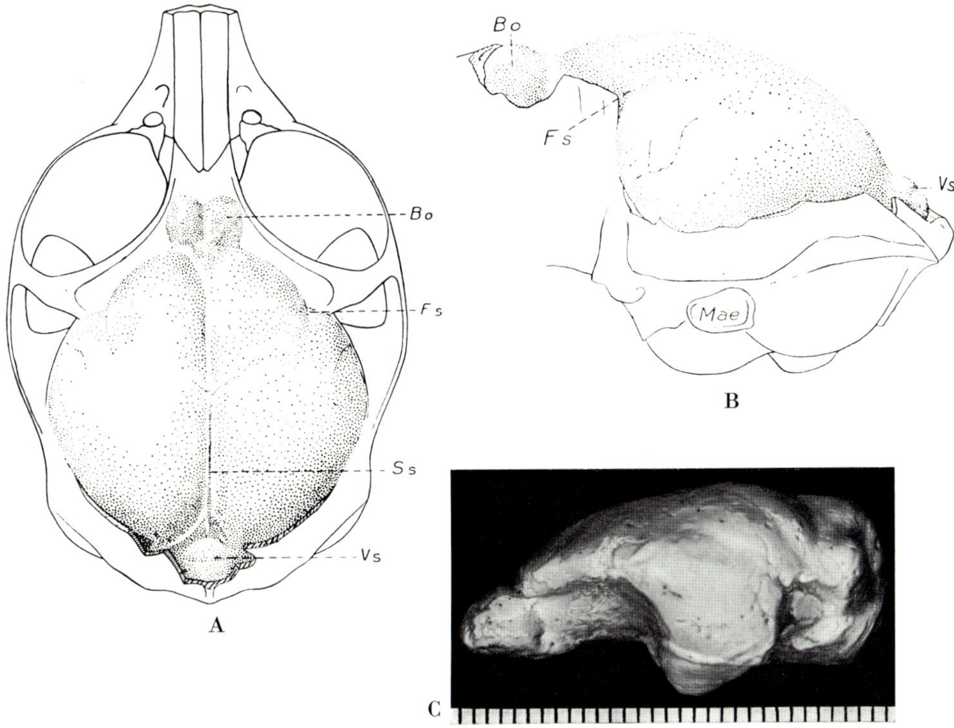

Abb. 3. Steinkern von *Necrolemur* (A, B) und Endokranialausguß von *Tana* sp. (C). A und B nach Hürzeler. Bo = Bulbus olfactorius; Fs = Fissura Sylvii; Mae = Meatus acusticus externus; Ss = Sinus sagittalis; Vs = Vermis cerebelli. – Beachte die Lage des Kleinhirnes bei *Tana* sowie die tiefen Impressiones orbitales.

An dem abgebildeten Steinkern ist die Furche deutlich, aber sehr kurz. Man kann das als ursprüngliches Merkmal deuten, doch ist eine Entscheidung über die Länge dieser Furche an Ausgüssen oder Steinkernen nicht immer mit Sicherheit möglich, da sie nach dorsal abflachen kann und ihr hier nicht immer ein deutliches Jugum entsprechen muß. Das Gehirn liegt dicht an die Orbitae herangerückt, was zu tiefen Impressiones orbitales führt; die Lateralansicht läßt dies eindeutig erkennen, obwohl hier der Knochen noch nicht zur Gänze abgehoben ist. Hierin erinnert das Gehirn von *Necrolemur* sehr an das von *Microcebus* und *Galago*; *Tarsius* ist auch darin erheblich mehr spezialisiert, so daß er mit *Necrolemur* in diesem Punkte nicht verglichen werden kann.

Das Kleinhirn ist bis auf den Vermis noch im Schädel. Der Vermis, der eine schwache von HÜRZELER erwähnte Querfurche zeigt, prominiert nach dorsal, was besonders in der Lateralansicht deutlich wird, und reicht hoch empor.

Auffallend sind an dem Steinkern die Bulbi olfactorii, deren basale Teile ebenfalls noch im Schädel liegen. In ihrem Umfang entsprechen sie der bei Halbaffen zu erwartenden Größe. Sie scheinen dem Steinkern rostral aufzusitzen und sind durch eine deutliche, halsartige Furche von den Frontalpolen der Hemisphären abgeschnürt. Daraus kann man schließen, daß die Bulbi olfactorii zur Gänze die Stirnlappen überragten und durch lange Tractus olfactorii mit dem Gehirn verbunden waren. In solchen Fällen spricht man von «gestielten» Bulbi olfactorii (Riechkolben). Unter den rezenten Halbaffen kommt diesem bei *Necrolemur* gefundenen Zustand noch *Tupaia* am nächsten. *Tarsius* ist in dieser Region so sehr spezialisiert, daß er zum Vergleich nicht herangezogen werden kann. Endokranialausgüsse der Schädel anderer rezenter Halbaffen zeigen diesen Zustand nicht.

Bei *Tupaia glis* und *Tana* sp. (Abb. 3) zeigen die Endokranialausgüsse eine scharfe Furche, die hinter den Bulbi olfactorii diese von den Frontallappen abschnürt; diese Furche entspricht dem Jugum limitans fossae ethmoideae, also der Knochenkante, die die Bulbuskammer von der übrigen Schädelhöhle abgliedert. Die Bulbi olfactorii überragen die Frontalpole bei *Tupaia* und *Tana* um mehr als die Hälfte ihrer Länge. Da die dem Jugum limitans fossae ethmoideae entsprechende Furche etwas nach caudo-ventral verläuft, liegt ein Teil des Bulbus bereits ventral des Poles des Stirnlappens. Da bei *Necrolemur* die Hirnbasis nicht freigelegt ist, können wir über den Verlauf der die Bulbi von den Frontalpolen scheidenden Furche an der Basis nichts aussagen.

Die endständige Lage der Bulbi olfactorii bei *Necrolemur* erwähnte bereits HÜRZELER als besonderes Merkmal und hob hervor, daß es sich hierin auch von dem Gehirn von *Microcebus* unterscheide, mit welchem das Gehirn von *Necrolemur* die meiste Ähnlichkeit habe. Bei den rezenten Halbaffen, von denen mir ein alle Formen umfassendes Material von Endokranialausgüssen vorliegt, überragen die Bulbi olfactorii die Stirnpole in einem untereinander verschiedenen, jedoch immer geringeren Ausmaß als bei *Necrolemur*. Niemals findet sich eine vergleichbare halsartige Einschnürung zwischen den Bulbi und den Stirnpolen an den Ausgüssen. HÜRZELER [1948, S. 34] fährt nun fort: «Der Pedunculus olfactorius entspringt wie bei den Vögeln, Reptilien und allen eocaenen Säugetieren, soweit wir deren Gehirne kennen (z. B. *Arctocyon*, *Cynohyaenodon*), aus dem Stirnpol des Großhirns. Auch das kürzlich von W. E. Le Gros Clark [1945] beschriebene Gehirn von *Adapis* verhält sich in diesem Punkte ebenso primitiv. Nur sind bei *Adapis* die Bulbi olfactorii eher etwas kräftiger im Verhältnis zum Großhirn.» Diese Vorstellung ist verständlich, sowie man den Steinkern allein betrachtet. Vergleicht man aber mit rezenten Gehirnen verschiedener Evolutionshöhe, so zeigt sich, daß weder *Necrolemur* noch *Adapis* eine Sonderstellung einnehmen.

Bei allen Säugern werden die Bulbi olfactorii durch die Tractus olfactorii (Pedunculi olf.) mit dem Großhirn verbunden. Die Tractus olfactorii werden durch die mediale und laterale Fissura rhinica von dem Neocortex geschieden, d. h. von jenem Teil des Großhirnes, der bei den Säugern sich zunehmend progressiv entwickelt. Die laterale Fissura rhinica zieht weit nach hinten und ist die Grenzfurche zwischen dem phylogenetisch alten Palaeocortex und dem erst bei den Säugern sich entfaltenden, phylogenetisch also jungen Neocortex. Der von H. Spatz gewählte Name Fissura palaeo-neocorticalis ist daher richtiger als der alte und eingebürgerte Name Fissura rhinica lateralis. Bei sehr primitiven Hirnen, bei denen der Neocortex noch wie eine flache Schale auf den Endhirnhälften liegt, ist diese Furche dorsal zu erkennen (*Didelphys* u. a.) Die Bulbi olfactorii liegen rostral des neocorticalen Bereiches, als vorderste Abschnitte des Palencephalon im Sinne L. Edingers. Je weiter sich der Neocortex als Teil des Neencephalon entfaltet, desto mehr überwölbt er die palencephalen Hirnteile. Dieser Vorgang ist in allen Säugerstämmen mit stark evoluierenden Gehirnen zu verfolgen; er tritt außerordentlich eindrucksvoll bei den Affen in Erscheinung.[1] Wir haben dabei die Rückbildung der Riechhirnabteilungen noch unberücksichtigt gelassen, die bei den höheren Affen eintritt und diesen Prozeß noch schärfer hervortreten läßt. Durch die Mengenzunahme des Neocortex wird die palaeo-neocorticale Grenzfurche nach ventral verschoben und die Bulbi olfactorii werden durch die Stirnpole des Neocortex überlagert. Bei primitiven Gehirnen nimmt die Fissura rhinica lateralis (palaeo-neocorticalis Spatz) ihren Ursprung in der seichten Furche, die die Bulbi olfactorii von dem neocorticalen Gebiet trennt. Bei hoch evoluierten

[1] Bei den Zahnwalen, die hier außer Betracht bleiben, ist die Überwölbung des Palencephalon durch den Neocortex ebenso eindrucksvoll.

Gehirnen, wie bei denen aller Affen, entspringt die Furche aus dem Spalt, der dadurch entsteht, daß die neocorticalen Stirnpole den Bulbus und den strangförmigen Tractus olfactorius überlagern. Sie zieht dann als seitliche Begrenzung des lateralen Schenkels des Tractus olfactorius nach hinten.

Liegen die Bulbi olfactorii unmittelbar rostral des Neocortex, so scheinen sie am Endokranialausguß unmittelbar aus den Stirnpolen desselben zu entspringen. Dieser irrtümliche Eindruck wird noch verstärkt, wenn die die Bulbi hinten begrenzende Furche flach ist, wie bei *Necrolemur*; dasselbe findet man auch an Endokranialausgüssen der Schädel von *Didelphys*, *Sarcophilus*, *Orycteropus*, manche Xenarthra u. a. m., also bei Formen, die durchaus «eozäne», d. h. sehr primitive Gehirne besitzen. Das hat nichts mit dem geologischen Alter zu tun, sondern ausschließlich mit der Lage der Bulbi zum Großhirn.

Die Auffassung, daß die Tractus olfactorii unmittelbar aus den Stirnpolen des Großhirnes entspringen, entspricht sicher nicht den natürlichen Verhältnissen. Daß ein solcher Irrtum am Endokranialausguß möglich ist, zeigt die analoge irrige Deutung des Gehirnes von *Megaladapis* durch FORSYTH MAJOR [1897]. Dieser hielt den bei dieser Form extrem gestreckten Tractus für eine direkte Fortsetzung der Hemisphären und verglich das Gehirn von *Megaladapis* mit dem der Krokodile, ähnlich wie HÜRZELER das von *Necrolemur* mit dem der Reptilien und Vögel. Näheres dazu bei HOFER [1953, S. 240ff.].

«Gestielte» Bulbi kennen wir von einigen fossilen Halbaffengehirnen (*Megaladapis*, *Palaeopropithecus*, *Adapis parisiensis*). Bei *Megaladapis* und wahrscheinlich auch *Palaeopropithecus* ist infolge des Riesenwuchses die geänderte Kopftopik dafür erklärend heranzuziehen (HOFER [1953], THENIUS [1953], THENIUS und HOFER [1960]). Bei *Adapis* möchte ich es vorläufig vermuten (vgl. S. 6f.) und bis zur endgültigen Klärung eine Untersuchung des Schädels abwarten. Diese Gründe können bei *Necrolemur*, dessen an *Galago* erinnernder Schädel keinerlei Streckung erfahren hat, zur Erklärung des «gestielten» Bulbus nicht herangezogen werden. Damit steht in Übereinstimmung, daß die Bulbi zwar deutlich rostral der Stirnlappen des Großhirnes liegen, was durch die collum-artige Einziehung angedeutet wird, aber doch wieder nicht so weit, daß dafür eine Erklärung aus der Kopftopik gesucht werden müßte. Bei dem durch *Necrolemur* vertretenen Schädeltypus scheint eine Erklärung des Lageverhältnisses zwischen Stirnpolen und Bulbi olfactorii am Gehirn selbst möglich. Der frontale Neocortex ist in der Entfaltung noch hinter dem temporalen und occipitalen, letzteren meinen wir mit einer umfangreichen Sehrinde erklären zu können, zurückgeblieben. Dadurch erscheinen die Frontallappen an dem Steinkern, wenn man sie mit denen von *Galago* vergleicht, so kurz und schmal, in der Lateralansicht auch flach. Das allein würde bei einem eozänen Halbaffen genügen, die terminale Lage der Bulbi olfactorii zu erklären. Sie bleiben zu den Stirnlappen in der Lage erhalten, die sie bei primitiven Primaten wegen des geringen Umfanges derselben haben, also endständig. Vergleicht man an dem Endokranialausguß der rezenten *Tana* die Lage der Bulbi olfactorii zu den Stirnlappen mit der von *Necrolemur* (Abb. 3), so zeigen sich grundsätzlich übereinstimmende Verhältnisse. *Tana*, *Tupaia* und *Ptilocercus* verhalten sich hierin ebenso primitiv wie der eozäne *Necrolemur*.

Zusammenfassend kann man von dem Gehirn von *Necrolemur*, soweit es bis jetzt bekannt ist, sagen, daß es eine Reihe primitiver Merkmale neben bereits halbäffisch spezialisierten Kennzeichen aufweist und in der Kreuzung der Spezialisationsmerkmale einen eigenen halbäffischen Hirntypus darstellt. Primitiv und phylogenetisch ursprünglich sind die kleinen und flachen Frontallappen, die prominierenden Bulbi olfactorii, und schließlich der lissencephale Neocortex und sehr wahrscheinlich auch der prominierende Vermis cerebelli. Bereits als halbäffisches Merkmal ist der voluminöse Temporallappen aufzufassen (W. E. Le Gros Clark [1945]) und die Fissura sylvii. Über letztere kann an dem Steinkern nicht so viel ausgesagt werden, daß sie mit der anderer Formen verglichen werden könnte, vor allem deshalb, weil ihre Erstreckung nach medial nicht klar genug erkennbar ist. Im ganzen ist das Gehirn von *Necrolemur* ein sehr primitives Halbaffengehirn, an dem die sehr breiten Occipitallappen als spezialisiert zu gelten haben und im Zusammenhang mit den großen Augen auf eine hoch und umfangreich entwickelte Sehrinde schließen lassen.

Das Gehirn erinnert an den Typus, den man in verschiedener Kombination und Spezialisierung der Merkmale bei *Galago senegalensis* und *demidovii*, *Microcebus murinus* und, allerdings in weiterem Abstande der morphologischen Spezialisierung, auch bei *Tarsius* findet. Dabei müssen zwei Tatsachen berücksichtigt werden: Alle diese Gattungen sind sehr kleine Tiere und ihre anatomischen Merkmale sind unter dem Gesichtspunkt der Größenbeziehungen zu betrachten. Daher besteht zwischen dem Gehirn von *Necrolemur* und dem des kleinen *Galago senegalensis* oder *demidovii* Ähnlichkeit, nicht mit dem des großen *Galago crassicaudatus*.[1]

Die ähnliche allgemeine Form der Gehirne, die besonders hervortritt, wenn man die phylogenetischen Abstände berücksichtigt, ist nicht nur durch die Einzelspezialisation der Merkmale erklärlich, sondern in engem Konnex damit auch durch die körperliche Kleinheit der Tiere. Daher wird das Gehirn im Verhältnis zu dem kleinen Kopf relativ groß und breit, und deshalb muß es stark an die Orbitae herangerückt sein, wodurch die tiefen Orbitalimpressionen entstehen, die durch die Vergrößerung der Augen noch umfangreicher werden.

Die verschiedenen Halbaffenstämmen angehörenden Formen *Galago senegalensis* (Lorisiformes, Galagidae), *Microcebus murinus* (Cheirogaleidae, Lemuriformes), *Tarsius* (Tarsiidae, Tarsiiformes) und *Necrolemur* sind in verschieden weitgehender Weise in gleicher Richtung spezialisiert. Sie sind – jetzt ist *Necrolemur* ausgenommen, von dem wir es nur vermuten können – überwiegend nächtlich lebende und daher großäugige Tiere, die z. T. extrem bipede Springer sind mit den entsprechenden Umkonstruktionen der Hinterextremitäten, so daß ein Springbein entsteht. Die ähnliche Lebensweise führt zu ähnlichen Spezialisationen, auch im Gehirn. Innerhalb dieses ähnlichen Hirntypus ist das Gehirn jeder einzelnen Gattung eine Spezialisationsform für sich, wie es nicht nur der phyletischen Verschiedenheit, sondern auch der verschieden tiefgreifenden Spezialisation entspricht.

Daß das Gehirn von *Necrolemur* habituell dem von *Galago senegalensis*, *Microcebus* und in weiterem morphologischen Abstand dem von *Tarsius* ähnlich ist, hat im Zusammenhang mit dem frühen Auftreten der Necrolemuridae phylogenetische Bedeutung. Die anzestrale Evolutionsstufe des Gehirnes von *Necrolemur* kann nur ein im wesentlichen tupaioides Gehirn gewesen sein, denn das von *Necrolemur* zeigt so ursprüngliche Merkmale, trotz der bestehenden Sonderspezialisationen, daß ein anderes Gehirn als Ausgangsstufe nicht

---

[1] Darum ist noch nicht ganz sicher, ob die Lissencephalie bei *Necrolemur* als stammesgeschichtlich ursprüngliches Merkmal aufzufassen ist, oder ob sie, was angesichts des geologisch frühen Auftretens dieser Form unwahrscheinlich ist, als Spezialisationserscheinung der körperlichen Kleinheit gedeutet werden kann. Als Beispiel könnte angeführt werden, daß *Galago senegalensis* und *crassicaudatus* auf gleicher Evolutionshöhe stehen, daß das Gehirn der kleinen Form (*senegalensis*) fast ungefurcht ist, während das der großen Form (*crassicaudatus*) deutliche Rindenfurchen aufweist (Abb. 4).

in Betracht kommt. Wir können daher annehmen, daß die Ausbildung eines solchen Gehirnes aus einer Frühphase der Evolution des Primatengehirnes, als Eigenspezialisation auf der gleichen Evolutionsstufe, möglich ist.

Das Gehirn von *Tarsius* ist ein im optischen System extrem differenziertes, im olfaktorischen System reduziertes, in seiner Gesamtform durch die Kopftopik stark beeinflußtes, sonst einer niederen Evolutionsstufe entsprechendes Gehirn. Die nächsten Verwandten der Tarsiidae sind die aus dem Eozän bekannten Pseudolorisinae, die einem größeren Formenkreis (Anaptomorphidae) angehören, der bereits im Paleozän auftrat. Obwohl wir die unmittelbaren Vorfahren von *Tarsius* nicht kennen, die unter den Pseudolorisinae aufgetreten sein müssen, können wir doch *Tarsius* als phylogenetisch sehr alten Typus auffassen. Neben außerordentlich ursprünglichen Merkmalen, z. B. im Backengebiß, treten extrem spezialisierte Kennzeichen auf, die mit der Lebensweise in Einklang zu bringen sind. Diese Merkmalskombination ist als Anzeichen für einen sehr frühen phyletischen Ursprung und ein langes Verharren in der Ausdifferenzierung der eingeschlagenen Spezialisationsrichtung zu werten. Tatsächlich treten unter den Pseudolorisinae habituell bereits tarsioide Formen auf. Für das sehr hohe phyletische Alter von *Tarsius* spricht auch seine rezente, über die WALLACEsche Linie hinweggehende Verbreitung. Wenden wir das Gesagte zur phyletischen Interpretation des Gehirnes an, so wird auch die zu dem rezenten *Tarsius*-Gehirn führende Differenzierungslinie in einem primitiven, tupaioiden Gehirn verwurzelt sein müssen. Eine andere Ableitung ist nicht denkbar, wenn man das geologische Alter der nächstverwandten Gruppe (Pseudolorisinae) berücksichtigt.

Die zu einem *Tarsius*-ähnlichen Typus führende Entwicklungsrichtung ist unter den Anaptomorphidae mindestens zweimal eingeschlagen worden, nämlich bei den Anaptomorphinae und den Pseudolorisinae. Von den Omomyinae sind bis jetzt nur Kieferbruchstücke bekannt. Unter den Anaptomorphinae ist die Gattung *Tetonius* durch einen gut erhaltenen Schädel bekannt, der auffallende Ähnlichkeiten mit dem von *Tarsius* hat, aber dennoch die Spezialisationshöhe von diesem nicht erreicht. *Tetonius* ist vom obersten Paleozän bis ins mittlere Eozän aus Nordamerika bekannt, wo die Anaptomorphinae im jüngeren Eozän erloschen sind. Es handelt sich also um einen blind endenden Seitenzweig der Tarsiiformes. Wichtig ist nun, daß habituell der Typus *Tarsius* damals bereits entwickelt war und durch sein frühes Auftreten zeigt, daß er auf primitive tupaioide Ausgangsformen zurückgeführt werden muß. Die Form des Gehirnes von *Tetonius* ist nicht näher bekannt. Cope [1885] beschrieb den Schädel und erwähnt nur, daß das Gehirn und seine Hemisphären nicht kleiner waren als die der rezenten Form. Die Abbildung zeigt den Schädel etwas nach links verkantet «showing outline of cerebral hemisphere» (Cope [1885], Text zur Abbildung). Es ist nur zu erkennen, daß *Tetonius* ein Gehirn besessen haben dürfte, das dem von *Tarsius* ähnlich war. Das würde auch mit dem Schädeltypus, insbesondere den großen Orbitae übereinstimmen, die auf nächtliche Lebensweise hinweisen (Cope [1885]). Auch wenn das Gehirn von *Tetonius* noch nicht die Differenzierungshöhe besaß, die das Gehirn von *Tarsius* kennzeichnet, so gehört es doch zu dem Hirntypus, den wir bei *Tarsius*, *Necrolemur* und *Galago* finden. Das stimmt wieder mit der hier vertretenen Ansicht überein, daß die erste Spezialisierung des ursprünglichsten, tupaioiden Primatengehirnes zu dem von *Necrolemur*, *Galago* und in stärkerer Spezialisierung auch bei Tarsius gefundenen Hirntypus führt.

Microcebus gehört zu den Cheirogaleinae unter den Lemuriformes.[1] Diese sind ein sehr formenreicher Stamm, der im Alttertiär über die nördliche Halbkugel und wohl auch Afrika verbreitet war, von wo er Madagaskar erreichte und dort isoliert wurde. Die Formen, die im Alttertiär Madagaskar besiedelten, müssen primitive Lemuriformes gewesen sein, denn die madagassischen Gattungen derselben lassen sich nicht an die bekannten europäischen und nordamerikanischen Fossilformen anschließen. Die madagassischen Formen sind demnach ein eigener Stammeszweig der Lemuriformes, der fossil noch gänzlich unbekannt ist; die subfossilen z. T. erst in historischer Zeit ausgestorbenen Riesenformen sind für die Stammesgeschichte der madagassischen Lemuriformes ohne Belang.

Das Gehirn von *Microcebus murinus* (Abb. 4) ist, abgesehen von *Ptilocercus* und *Tupaia*, das primitivste rezente Halbaffengehirn, das wir kennen (Le Gros Clark [1931]); dazu noch Elliot Smith [1902], Hill [1953] und Hofer [1954]. Der Neocortex ist ungefurcht, lissencephal. Die temporo-occipitalen Teile der Hemisphären sind im Ver-

---

[1] Unter den Lemuriformes nehmen die Cheirogaleinae eine systematische Sonderstellung ein, so daß man sie als eigenen Zweig dieser Gruppe betrachten kann, dem taxionomisch wohl der Rang einer Familie zuerkannt werden könnte (Hill [1953]).

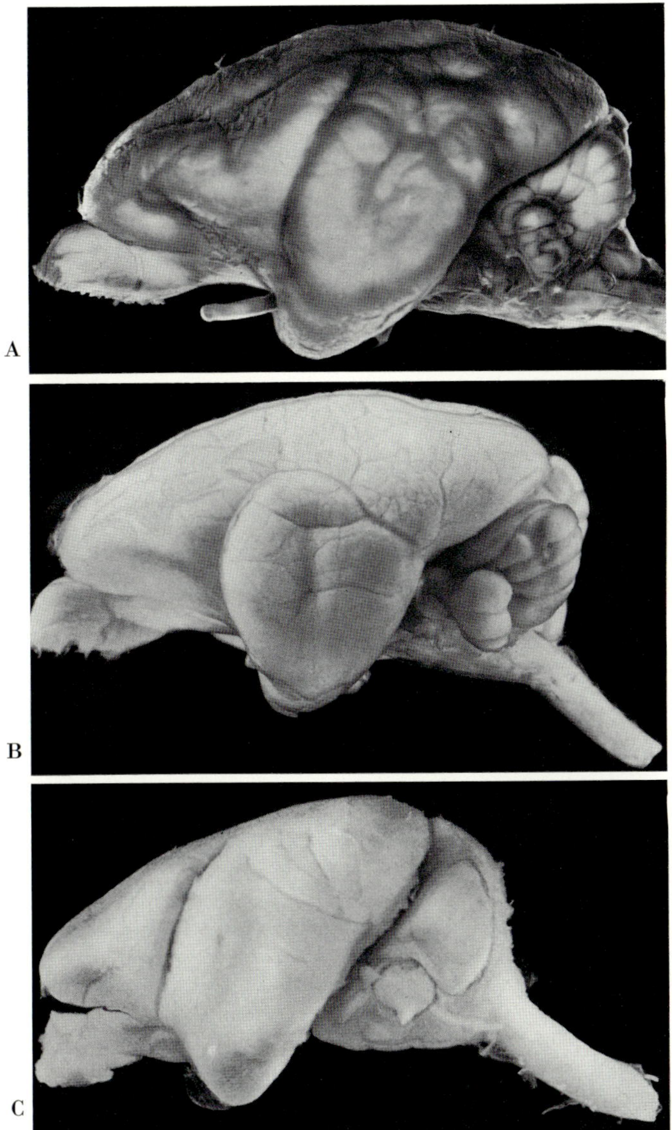

Abb. 4. Lateralansicht der Gehirne von *Galago crassicaudatus* (A), *Galago senegalensis* (B) und *Microcebus murinus* (C). Alle Gehirne sind auf gleiche Größe gebracht.

hältnis zu den Stirnlappen umfangreich. Die Impressio orbitalis an der vorderen Hirnbasis ist, im Zusammenhang mit der Kleinheit des Tieres und der Größe der Augen, sehr tief. ELLIOT SMITH findet mit

Recht in der äußeren Form eine Ähnlichkeit mit *Galago*. Die Temporallappen tragen umfangreiche palaeocorticale Kappen (Lobus pyriformis), d. h. der Temporalpol des Schläfenlappens ist palaeocortical und damit nicht homolog dem der höheren Affen. Die Hemisphären sind über der Konvexität flach, ähnlich wie bei *Necrolemur*. Die Fissura sylvii ist eine tiefe Kerbe, die steil nach occipito-dorsal emporsteigt und an der Dorsalfläche der Hemisphären abflacht, so daß sie hier nur ein kurzes Stück zu verfolgen ist. Die Sehrinde ist, wie zu erwarten steht, umfangreich und differenziert (W. E. LE GROS CLARK [1931]).[1]

Bedenkt man, daß die im Alttertiär nach Madagaskar eingewanderten Lemuriformes nur primitive Typen gewesen sein können, deren Gehirne ungefähr auf dem Niveau der Evolution des Gehirnes von *Adapis* gestanden haben können, hält man sich vor Augen, daß das Gehirn des rezenten *Microcebus murinus*, abgesehen von einigen Sonderspezialisationen, die im Einklang mit der Lebensweise verständlich sind, einer ausgesprochen primitiven Evolutionsphase angehört, dann wird man auch dieses Gehirn, das habituell an das von *Galago senegalensis* erinnert, auf ein primitives tupaioides Gehirn unmittelbar zurückführen können. Es ist ein, nach unserer Auffassung, einseitig spezialisiertes, dennoch auf sehr tiefer Evolutionsphase stehen-

---

[1] Einige Unklarheit besteht noch in der Kenntnis des Vorhandenseins einer Fissura rhinica lateralis caudalis, also des hinteren, an der Lateralfläche der Schläfenlappen hinziehenden Teiles der palaeo-neocorticalen Grenzfurche. An dem mir vorliegenden Alkoholpräparat ist sie eine seichte, aber deutlich verfolgbare Furche. LE GROS CLARK (l.c. Abb. 1) bildet sie auch ab und bezeichnet sie auf dem Bild übereinstimmend mit meiner Beobachtung als Fissura rhinalis. Er deutet sie im Text dagegen als Gefäßfurche, die die mikroskopisch nachweisbare Grenze zwischen Palaeo- und Neocortex bildet; ausdrücklich heißt es «there is no true ectorhinal fissure» (l. c. S. 466). Diese Deutung ist zunächst verständlich, weil bei Halbaffen sehr häufig hier ein Gefäß auftritt, das auch an Endokranialausgüssen deutlicher als die Rindenfurche erscheint, so daß es sie mitunter teilweise überdecken kann. Die mir vorliegende Hemisphäre läßt zwischen den immer scharfrandigen, meist dentritische, den Abflüssen entsprechende Verzweigungen aufweisenden Gefäßfurchen und der deutlichen, aber niemals scharfrandigen, im Verlaufe einheitlichen Hirnfurche einen so deutlichen anatomischen Unterschied erkennen, daß kein Zweifel sein kann, daß es sich hier um eine echte Hirnfurche handelt. Dies ist um so mehr anzunehmen, als sie nach den Feststellungen von LE GROS CLARK die Grenze zwischen Palaeo- und Neocortex bildet, sich also genau wie die Fissura rhinica lateralis caudalis verhält. Natürlich kann man nicht ausschließen, daß im Rahmen der Variabilität die Furche gelegentlich makroskopisch nicht nachweisbar ist; vgl. HOFER [1954, S. 179 f.].

des Halbaffenhirn. Damit kommen wir bei *Microcebus* zu dem gleichen Ergebnis wie bei *Tarsius* und *Necrolemur*, daß der bei diesen Gattungen gefundene Hirntypus, der verschieden weitgehende Differenzierungen aufweist, direkt auf ein primitives tupaioides Hirn zurückgeführt werden kann.

Schließlich haben wir noch das Gehirn von *Galago* zu berücksichtigen, auf das schon mehrfach hingewiesen wurde (Abb. 5). Die Galagidae sind ein vermutlich seit dem Unteroligozän selbständiger Zweig der Lo-

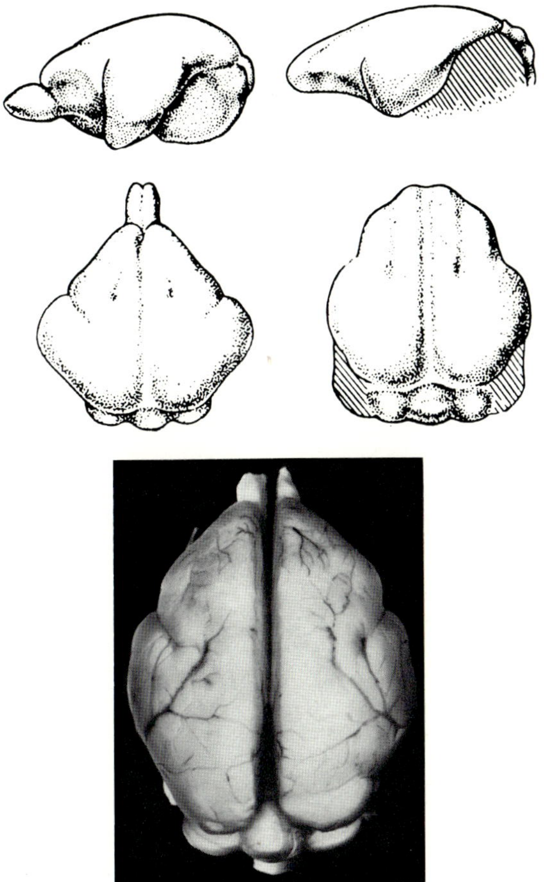

Abb. 5. Dorsal- und Lateralansicht der Steinkerne von *Progalago* sp (rechts) und des Endokranialausgusses von *Galago senegalensis* (links). Darunter Gehirn von *Galago senegalensis*. Nach W. E. Le Gros Clark und Thomas [1952]; Originalabbildung des Gehirnes.

risiformes, der vielleicht auf Afrika beschränkt blieb. Außerhalb Afrikas sind bisher noch keine Galagidae gefunden worden. Da die Funde aber überhaupt sehr spärlich sind, wird man darauf noch keine sichere Ansicht über die frühere Verbreitung der Galagidae gründen können. Der älteste Vertreter der Lorisiformes ist *Progalago*, ein typischer, wenn auch in manchen Merkmalen primitiver Galagide, aus dem Untermiozän von Kenya (LE GROS CLARK und THOMAS [1952]). *Progalago* ist am ehesten mit *Galago senegalensis* vergleichbar. Hier interessiert nur das Gehirn, das in einem Steinkern nur von der Dorsal- und Lateralansicht bekannt ist; die Bulbi olfactorii fehlen. Die morphologischen Unterschiede können nicht größenbedingt sein, da *Progalago* und *Galago senegalensis* etwa gleich groß sind. Die Konvexität ist bei *Progalago* weniger gewölbt und flacher als bei *Galago*. Der Temporallappen ist stumpfer und kürzer als bei der rezenten Form. Die Impressio orbitalis ist bei *Progalago* weniger tief als bei *Galago*, was wir als ursprünglicheres Merkmal deuten können. Die Fissura sylvii ist kürzer als bei *Galago senegalensis* und vielleicht auch seichter.[1] Sie erscheint nicht als scharf einschneidender Spalt wie bei der rezenten Form. LE GROS CLARK und THOMAS heben noch hervor, daß bei *Progalago* das Cerebellum nicht so weit von den Occipitallappen bedeckt wird wie bei *Galago senegalensis*. An rezenten Gehirnen kann man sehen, daß diese topischen Verhältnisse intraspezifisch sehr variabel sind; deshalb möchte ich darauf keinen besonderen Wert legen, obwohl die Occipitallappen bei *Progalago* schmächtiger zu sein scheinen als bei der rezenten Gattung.

Die Frontallappen sind bei *Galago senegalensis* in der Dorsalansicht deutlich spitz zulaufend und sind dicht rostral der Fissura sylvii sehr breit. Bei *Progalago* sind sie im ganzen breiter, flacher und stumpf. Die Temporallappen sind in der Dorsalansicht anscheinend weniger weit nach lateral ausladend und mehr gleichmäßig gerundet als bei der rezenten Form. Deutlicher als jede Beschreibung zeigt die Abbildung, daß das Gehirn von *Progalago* noch nicht die kennzeichnenden Merkmale in der Ausprägung wie beim rezenten Galago-Gehirn entwickelt hat. Die über die Frontallappen hinziehende Längsfurche ist bei *Galago senegalensis* so sehr variabel, daß ihr deutliches Erscheinen bei *Progalago* keine besondere Bedeutung hat.

---

[1] Hier wie in allen Fällen, wo nur ein natürlicher Ausguß, dessen Qualität von dem ausfüllenden Material abhängt, untersucht werden kann, sind sichere Aussagen über die Längen der Furchen kaum möglich.

Wir pflichten Le Gros Clark und Thomas, deren Beschreibung des Steinkernes von *Progalago* wir im Wesentlichen folgten, durchaus bei, die ausführen, daß die Fossilform ein primitiveres Gehirn besaß als die rezente Form. Immerhin ist die zu dem rezenten Typus führende Entwicklungsrichtung erkennbar. Le Gros Clark und Thomas betonen auch mit Recht, daß das Gehirn von *Progalago* weiterentwickelt ist als das von *Adapis parisiensis*. Die Bulbi olfactorii sind bei *Progalago* zwar nicht bekannt, aber aus der Kontur der Frontallappen läßt sich schließen, daß sie sicher kleiner waren als bei *Adapis*.

Der Vergleich der Gehirne von *Adapis* (Lemuriformes) und *Progalago* (Lorisiformes) setzt zwei verschiedenen Stammlinien angehörende und verschieden differenzierte Formen zueinander in Beziehung. Die Verschiedenheiten überraschen deshalb nicht sehr. Vor allem ist zu bedenken (Le Gros Clark und Thomas weisen bereits darauf hin), daß *Adapis* die erheblich größere Form ist und daß *Progalago* in anderer Richtung spezialisiert ist. Nach dem mir vorliegenden Material besteht Ähnlichkeit einerseits zwischen den Gehirnen von *Progalago* und andererseits dem von *Microcebus* und *Cheirogaleus*. Das trifft besonders für die Dorsalansicht zu. Da die Impressiones orbitales bei *Progalago* weniger ausgeprägt zu sein scheinen als bei *Microcebus*, ist die Ähnlichkeit in der Lateralansicht nicht so ausgesprochen.

Man kann zu den oben aufgeworfenen Einzelfragen vielleicht verschieden Stellung nehmen, aber darin wird Einigkeit bestehen, daß bereits der miozäne *Progalago* ein Gehirn besaß, das eindeutig zu dem Hirntypus gehörte, den wir bei *Necrolemur*, *Microcebus*, dem rezenten *Galago senegalensis* und in weiter spezialisierter Form auch bei *Tarsius* finden. Dieser Hirntypus ist, wie die Vertreter beweisen, die ihn besitzen, im Primatenstamm mehrfach entwickelt worden, und zwar, wie wir oben ausführten, geologisch sehr früh. Wie zu zeigen versucht wurde, geht er unmittelbar aus einem tupaioiden Gehirn hervor. Im Anschluß an die Untersuchungen von T. Edinger [1948] an fossilen Pferden hat sich die Auffassung verbreitet, daß das Gehirn phylogenetisch spät in seine weitere Evolution eintrete. Nur so ist zu verstehen, daß Le Gros Clark und Thomas (l. c. S. 18) meinen, daß das Gehirn in stammesgeschichtlich frühen Stadien bei den Primaten sich rascher entfaltete als bei anderen Säugetieren. Man wird dazu den Gedanken äußern können, daß das Gehirn bei solchen Formen in eine besondere Differenzierung der korrespondierenden Hirnteile eintreten muß, wo durch Verarbeitung spezieller, durch die Lebensweise verständlicher Afferenzen die Notwendigkeit dazu gegeben ist. Die arborikole, nächtliche Lebensweise, biped springender Halbaffen ist nur im Zusammenhang mit einer gleichzeitig einsetzenden Differenzierung bestimmter Hirnteile vorstellbar, deren Spezialisierung im Zusammenhang mit der Kleinheit des Körpers den mehrfach nachzuweisenden Hirntypus ergibt.

3. Das Gehirn eines Fayum-Primaten

Anfangs dieses Jahrhunderts wurde aus den Fayum-Schichten Ägyptens ein isoliertes Frontale geborgen (Abb. 6), das GREGORY ([1922, S. 289]; cit. nach SIMONS [1959]) als das eines Primaten erkannte, das ...«resembles closely the corresponding part of some of the smaller Cercopithecinae» (cit. nach SIMONS, l. c. S. 3). Eine erneute Bearbeitung nahm SIMONS [1959] vor, der von der Cerebralfläche des Knochens einen Abguß anfertigte, der die Form des vorderen Teiles des Gehirnes erkennen läßt.[1]

Das Tierchen war etwa so groß wie *Callithrix* oder *Leontocebus*, wie sich aus den von SIMONS [1959, S. 5] mitgeteilten Maßen des Frontale ergibt. Die Dorsalansicht des erhaltenen Teiles zeigt ein lissencephales Gehirn, das im Bereiche der Hemisphären eine unverkennbare Ähnlichkeit mit dem Gehirn von *Callithrix* aufweist. SIMONS hat bereits darauf hingewiesen. Die Bulbi olfactorii sind von dorsal gesehen größer als bei *Callithrix*; es sind schmal-ovale, gleichmäßig geformte Gebilde, die deutlich von den Frontalpolen der Hemisphären abgesetzt sind. Allein dieser Befund würde vermuten lassen, daß sie wenigstens zum größeren Teile rostral der Hemisphären liegen. SIMONS, der sich nur auf die Dorsalansicht stützt, betont, daß sie im Verhältnis zum Großhirn kleiner sind als bei Halbaffen, ausgenommen bei dem einen Sonderfall darstellenden *Tarsius*. Solange man sich auf die Dorsalansicht des Endokranialausgusses bezieht, wird man mit SIMONS zu der Ansicht gelangen, daß es sich um ein im Wesentlichen bereits pithekoides Gehirn gehandelt

---

[1] E. L. SIMONS stellte mir die Photographie der Lateralansicht des Ausgusses zur Verfügung und erlaubte mir, sie zu veröffentlichen. Wenn ich in der Deutung des Gehirnes auf Grund dieses Bildes einen Schritt weitergehen kann, so verdanke ich diese Möglichkeit dem außerordentlichen Entgegenkommen von E. L. SIMONS, dem ich hiermit herzlichst danke!

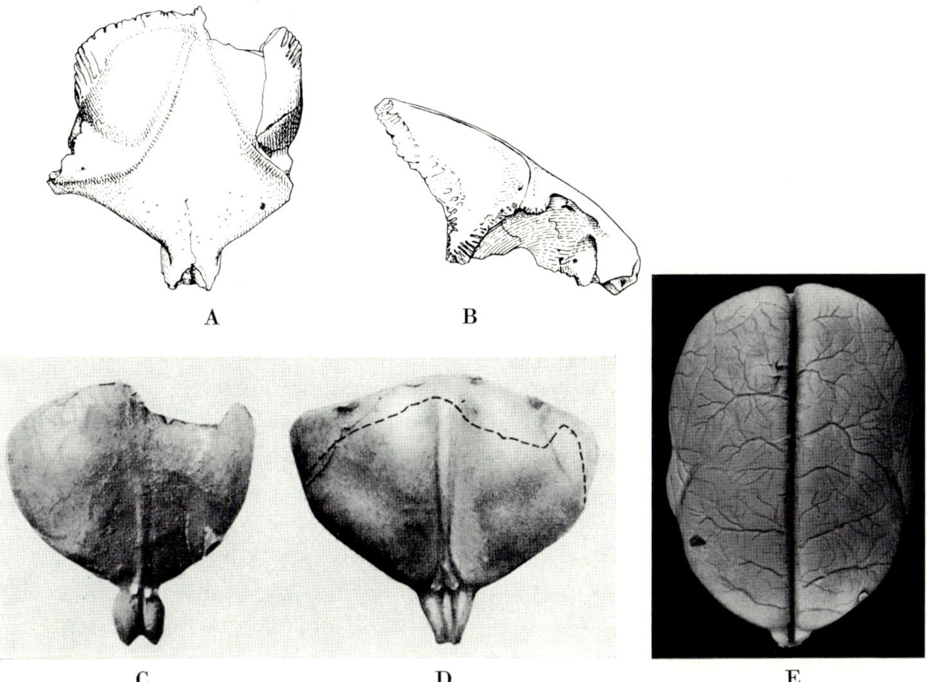

Abb. 6. Die Reste des Fayum-Primaten. A, B = Dorsal und Lateralansicht des Fundes nach SIMONS [1959]; beachte die großen Orbitae. C = Dorsalansicht des Abgusses der Cerebralfläche; beachte die an ihrer Basis halsartig abgesetzten Bulbi olfactorii. D = Dorsalansicht des vorderen Teiles des Endokranialausgusses von *Callithrix*. E = Dorsalansicht des Gehirnes von *Callithrix*. A, B, C, D nach SIMONS [1959].

haben kann. Überraschend ist deshalb die Lateralansicht des Ausgusses, die deutlich gestielte, rostral der Frontalpole der Hemisphären liegende große, wenn auch schmale Bulbi zeigt. Im Verhältnis zu den Frontalpolen sind sie größer als bei irgendeiner simischen Form der Alten oder Neuen Welt. Zum Vergleich ziehen wir *Callithrix* und *Aotes* heran, obwohl sie Platyrrhinen sind und stammesgeschichtlich nicht mit dem Fayum-Primaten in Verbindung zu bringen sind. Wir müssen diese beiden Neuweltaffen heranziehen, weil innerhalb der Affen der Alten Welt keine ähnlich primitiven Formen rezent erhalten sind. Die primitivsten rezenten Vertreter der simischen Evolutionsphase sind wahrscheinlich die Aotinae (*Aotes*, *Callicebus*); über die phyletische Stellung der *Callithricidae* besteht noch keine volle Klarheit. Man erkennt (Abb. 7), daß die relative Größe der Bulbi olfactorii bei dem Fayum-Primaten über der der Vergleichsform liegt und durchaus ähnlich der Größe der Bulbi olfactorii bei Halbaffen ist.

So wenig dieses fossile Frontale auch von dem Gehirn erkennen läßt, so zeigt es doch, daß nach der Größe der Bulbi olfactorii ein Halbaffengehirn vorgelegen haben muß. Auch der flache Frontallappen würde im gleichen Sinne sprechen. Der Endokranialausguß zeigt zu wenig vom Gehirn im ganzen, als daß man es einem bekannten Hirntypus der Halbaffen zuordnen könnte. Das Frontale muß man schon im Sinne GREGORYS als das einer simischen Form bestimmen.[1] Damit hätte bei dieser noch unbenannten Form eine merkwürdige Spezialisationskreuzung vorgelegen, indem äffische Merkmale (Frontale) mit halbäffischen (Größe der Bulbi olfactorii) vereinigt waren. Eine solche Merkmalskombination ist in dieser frühen Phase der Evolution der Altweltaffen durchaus zu erwarten. Die erhaltenen Teile der Umrahmung der Orbitae zeigen ebenso wie die teilweise erkennbaren tiefen Impressiones orbitales an der Ventralfläche der Frontallappen, daß der Fayum-Primat große Augen besessen hat. Vielleicht hängt damit die schmale Form der Bulbi olfactorii zusammen.

SIMONS versucht messend die Höhe der Frontallappen zu ermitteln und kommt zu dem Schluß: «...a much higher skull vault is indicated than is common...» (l. c. S. 12) bei den Cercopithecoidea und Ceboidea. Von letzteren nimmt SIMONS nur *Ateles* aus, bei dem eine sehr ausgeprägte Frontalwölbung auftritt, die nach meiner Erfahrung aber sehr variabel ist. Die Lateralansicht des Frontale spricht meines Erachtens nicht für eine betonte Stirnwölbung. Man kann auch nicht, um die Frontalwölbung zu beweisen, von der Stellung der erhaltenen Teile der orbitalen Frontalplatten ausgehen, da das Tier großäugig war. Daher liegen nicht vergleichbare Größenbeziehungen zwischen Gehirn, Frontale und Orbitae vor. Diese schließen einen Vergleich mit Ceboidea und Cercopithecoidea aus, die normal große Augen haben. Übrigens wird die Gestaltung der Stirn und ihrer Wölbung bei körperlich kleinen und großäugigen Affen erheblich von der Form der Orbitae und ihrer äußeren Umrahmung beeinflußt. Wir glauben deshalb, daß es anhand des vorliegenden Frontale und des Endokranialausgusses noch nicht möglich ist, eine Aussage über die Stirnwölbung zu treffen.

---

[1] Herrn Prof. REMANE sei an dieser Stelle für fachliche Hinweise herzlichst gedankt.

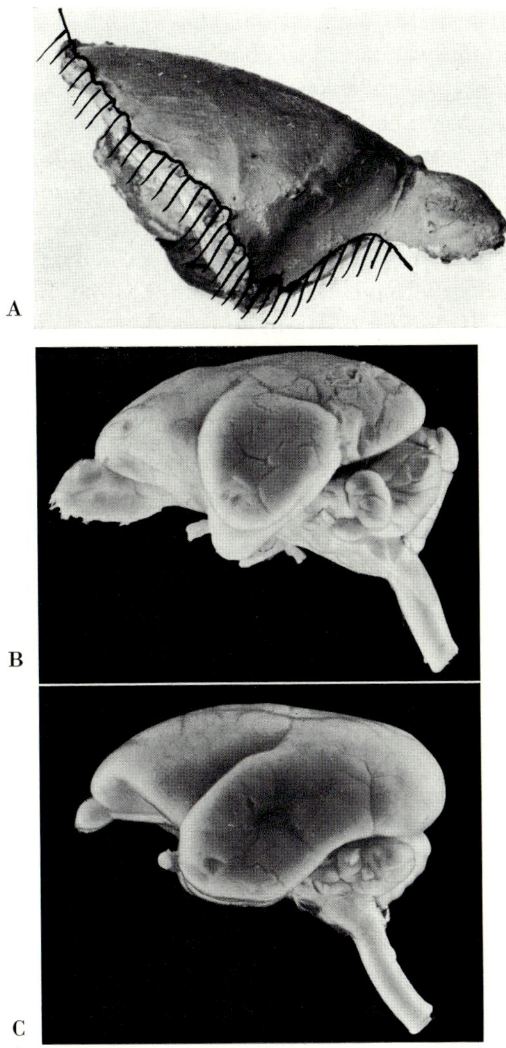

Abb. 7. Lateralansicht des endokranialen Teilausgusses des Fayum-Primaten (A), verglichen mit *Galago senegalensis* (B) und *Callithrix jacchus* (C). Beachte die unterschiedliche Lage und Größe der Bulbi olfactorii bei A. A = nach einer mir von E. L. Simons freundlicherweise zur Verfügung gestellten Originalphotographie.

Aus den Fayum-Schichten, die vom Mitteleozän bis zum Alt-Oligozän reichen (Thenius [1959]), sind mehrere, z. T. äußerst bruchstückhafte Reste von Primaten geborgen worden (vgl. Thenius-Hofer [1960]). Diese beweisen, daß die basale Aufgliederung der höheren Affen der Alten Welt, damals zum Teil schon vollzogen (*Propliopithecus*, *Pliopithecus*), zum Teil eben im Gange war. Es mag manchem naheliegen, das isolierte Frontale einem der bekannten Funde zuzuordnen. Diesen Versuch hat SIMONS in sehr kritischer und vorsichtiger Form gemacht. SIMONS sagt mit Recht, daß *Propliopithecus* und *Pliopithecus* wegen ihrer Größe nicht in Frage kommen. *Apidium*, bekannt durch ein Unterkieferfragment, könnte, wenn die Größe als Argument in diesem Falle maßgeblich sein soll, in Frage kommen, um so mehr, als die beiden Funde innerhalb der Fayum-Serie ungefähr gleichzeitig liegen dürften. *Parapithecus fraasi*, von dem ein nahezu vollständiger Unterkiefer vorliegt, ist nach SIMONS zeitlich etwas früher anzusetzen, käme aber nach seiner Größe ebenfalls in Frage.[1]

Zu weiteren Folgerungen gelangt SIMONS nicht. Das ist absolut berechtigt, denn der Nachweis für die Zusammengehörigkeit getrennt gefundener Fossilreste ist sehr schwer zu führen. In vielen Fällen kann der Beweis überhaupt nicht erbracht werden. Das trifft für den hier diskutierten Fall zu, weil nur an vollständigerem Material von mindestens einem Individuum die Zusammengehörigkeit der Funde bewiesen werden kann. Bei der heutigen Lage der Fossildokumentation von Primaten aus den Fayumschichten halten wir es für aussichtslos, diese Frage zu diskutieren, so sehr sie sich einem auch aufdrängen mag.

4. Zusammenfassung

Das Evolutionsbild des Gehirnes eines Stammes kann nur gewonnen werden, wenn man das vorhandene Material (Steinkerne, Endokranialausgüsse) zeitlich und phylogenetisch geordnet vergleicht und zur Interpretation, wo es möglich ist, vergleichbare rezente Formen heranzieht. Von entscheidender Bedeutung sind dabei die phylogenetischen Primitivformen, weil von ihnen aus die ganze weitere Evolution beurteilt werden muß. Wir beschränken uns daher in dieser Studie nur auf diese, soweit sie bekannt sind. Eine große Fundlücke liegt an der Basis des Primatenstammes (Oberkreide bis mitt-

[1] SIMONS stellt an dieser Stelle noch Überlegungen über die konvergierenden Zahnreihen bei *Parapithecus*, *Tarsius* und *Callithrix* an, auf die ich an anderer Stelle zurückkommen möchte.

leres Paleozän). Daher können wir uns wegen Materialmangels kein unmittelbares Bild des Urzustandes des Primatenhirnes machen; vermutlich entsprach es weitgehend dem Gehirn von Ptilocercus. Das Gehirn von *Tupaia* und ihren nächsten Verwandten (*Tana*, *Dendrogale*, *Urogale*) ist über diese erste Phase bereits hinausgegangen und zeigt teilweise schon den Beginn von Spezialisierungen, die typisch für die Primaten sind. Über diesen Zustand haben zwei bisher nachweisbare Entwicklungsrichtungen hinausgeführt. Die erste ist in dem Gehirn von *Adapis* vertreten. Dieses ist sicher ein außerordentlich primitives Gehirn, aber es zeigt Merkmale, die erkennen lassen, daß es sich in der Richtung des Gehirnes der Lemuren weiterentwickeln kann. Die nicht-madagassischen Lemuren erlöschen mit dem Alttertiär, so daß diese Entwicklung auf den madagassischen Seitenstamm der Lemuriformes beschränkt blieb, der in manchen Formen hochentwickelte, stark gyrifizierte Gehirne entwickelte (*Archaeolemur*), auf die in dieser Studie nicht eingegangen wurde. – Die zweite Entwicklungsrichtung, die über ein tupaioides Primitivhirn hinausführte, führte nur zu einer extremen Spezialisierung, die wir im Zusammenhang mit der nächtlichen Lebensweise und der Vergrößerung der Augen in einer Entfaltung der Sehrinde und damit des Occipitallappens erblicken. Dazu kommen noch die besonderen topischen Bedingungen für das Gehirn, die sich aus der Kleinheit des Kopfes und der Größe der Augen ergeben. Dadurch entsteht ein sehr kennzeichnendes Gehirn, das in ähnlicher Prägung in verschiedenen Halbaffenstämmen auftritt, also in eigenen Entwicklungslinien entstanden ist. Seine Merkmale sind die tiefen Impressiones orbitales, kleine Frontallappen, die meist spitz zulaufen, breite Occipitallappen, deutliche, in Form eines Spaltes auftretende Fissura sylvii und breite Temporallappen, deren Pole von Palaeocortex gebildet werden. Eine beginnende Gyrifizierung kann vorhanden sein. Dieser Hirntyp tritt bei *Necrolemur*, *Microcebus*, *Progalago* und *Galago* auf und erreicht seine höchste Spezialisierung bei *Tarsius*. Die fossilen Tarsiiformes (Anaptomorphinae und Pseudolorisinae) haben ihn in etwas geringerer Spezialisierung bereits besessen. Wir führen diesen Hirntypus unmittelbar auf ein tupaioides Gehirn zurück, dabei macht wahrscheinlich *Progalago* eine Ausnahme, aus dem er sich mindestens dreimal selbständig entwickelte (*Necrolemur*, *Microcebus*, Tarsiiformes). Eine Stütze dieser Ansicht ist, daß die Gehirne von *Microcebus* und *Tarsius*, abgesehen von den Sonderspezialisationen, sehr ursprünglich geblieben sind. Der bei *Necrolemur*, *Microcebus*, *Galago* und *Tarsius* gefundene Typus des Gehirnes ist die Endphase eines Seitenzweiges der Evolution der Halbaffen.

Eine weitere Fundlücke liegt an der Basis des Stammes der Affen der Neuen Welt; über die Evolution ihres Gehirnes ist noch kein Fossildokument bekannt. Über die Evolution des Gehirnes der Affen der Alten Welt ist ebenfalls noch keine Aussage möglich, weil bisher nur durch SIMONS ein Teilabguß der Cerebralfläche eines isolierten Frontale aus dem Fayum bekannt ist, das als das eines Affen angesprochen werden muß. Das Gehirn, soweit es bekannt ist, zeigt in den großen Bulbi olfactorii ein halbäffisches Merkmal, so daß eine Spezialisationskreuzung von äffischen und halbäffischen Kennzeichen vorliegt. Über die weitere Entwicklung des Gehirns der Affen der Alten Welt bis zu dem fossil bereits nachgewiesenen Cercopitheciden-stadium liegen mangels geeigneter Funde noch keine Erkenntnisse vor.

LITERATUR

ABEL, O.: Die Stellung des Menschen im Rahmen der Wirbeltiere. (Fischer, Jena 1931).

EDINGER, T.: Die fossilen Gehirne. Erg. Anat. EntwGesch. *28*: 1–249 (1929). – Das Gehirn des *Libypithecus*. Zbl. Mineral. Geol. Palaeont. Abt. B, Nr. 4, pp. 122–128 (1958). – Evolution of the horse brain. Mem. geol. Soc. Amer. *25*: X + 177 (1948).

EDINGER, T.: Non-correlated progress. Paper presented to Symposium on Vertebrate Zoology, American Society of Zoologists and Amer. Ass. Advancement of Science (Washington, D. C. 1958).

FIEDLER, W.: Übersicht über das System der Primaten. Primatologia vol. I, pp. 1–266 (Karger, Basel/New York 1956).

FORSYTH-MAJOR, C. L.: On the brains of two subfossil Malagssy lemuroids. Proc. roy. Soc., Lond. *62*: 221–231 (1897/98).

GREGORY, W. K.: The origin and evolution of the human dentition. pp. 87–228 (Baltimore 1922).

HEBERER, G.: Die Fossilgeschichte der Hominoidea. Primatologia vol. I, pp. 379–560 (Karger, Basel/New York 1956).

HILL, W. C. OSMAN: Primates vol. I (Strepsirhini), vol. II (Haplorhini, Tarsioidea), vol. III Pithecoidea (Platyrrhini/Hapalidae). (University Press, Edinburgh 1953).

HOFER, H.: Die Palaeoneurologie als Weg zur Erforschung der Evolution des Gehirnes. Naturwiss. *40*: 566–569 (1953a). – Über Gehirn und Schädel von *Megaladapis edwardsi* usw. Z. wiss. Zool. *157*: 220–284 (1953b). – Das Furchenbild der Hirnrinde von *Daubentonia madagascariensis*. Zool. Anz. *156*: 177–194 (1956). – Über das Spitzhörnchen. Natur Volk *87*: 145–155 (1957). – Vergleichende Beobachtungen über die kraniocerebrale Topographie von *Daubentonia madagascariensis*. Morphol. Jb. *99*: 26–64 (1958).

HÜRZELER, J.: Zur Stammesgeschichte der Necrolemuriden. Schweiz. palaeont. Abh. *66*: 1–46 (1948).

Kälin, J.: Zur Systematik und evolutiven Deutung der höheren Primaten. Experientia *11*: 1–17 (1955). – Zur Morphologie und evolutiven Deutung von *Parapithecus fraasi*. Homo *9*: 188–190 (1958).

Le Gros Clark, W. E.: Note on the paleontology of the lemuroid brain. J. Anat., Lond. *79*: 123–126 (1945). – History of the Primates. Brit. Mus. Nat. Hist., London (1950). – The antecedents of man (Edingurgh Univ. Press 1959).

Le Gros Clark, W. E. and Thomas, D. P.: The miocene lemuroids on East Africa. Fossil Mamm. Africa No. *5*: 1–20 (Brit. Mus. Nat. Hist., Lond. 1952).

Piveteau, J.: Primates, Paléontologie humaine. Traité Paléont. vol. 7 (Paris 1957).

Polyak, St.: The vertebrate visual system. Ed. by H. Klüver (Univ. Chicago Press 1957).

Remane, A.: Palaeontologie und Evolution der Primaten. Primatologia vol. I, pp. 267–378 (Karger, Basel/New York 1957).

Simons, E. L.: An anthropoid frontal bone from the fayum oligocene of Egypt: the oldest skull fragment of a higher primate. Amer. Mus. Novitates *1976*: 1–16 (1959).

Simpson, G. G.: The Phenacolemuridae, new family of early Primates. Bull. amer. Mus. nat. Hist. *105*: 417–441 (1955).

Smith, G. E.: On the morphology of the brain in the mammalia ... Lemurs, recent and extinct. London Linn. Soc. Trans. 2nd S. Zoology *8*: 312–401.

Spatz, H.: Die Evolution des Menschenhirnes und ihre Bedeutung für die Sonderstellung des Menschen. Nachr. Gießener Hochschulges. *24*: 32–55 (1955). – Gedanken über die Zukunft des Menschenhirnes. «Der Übermensch», pp. 319–383 (Rhein-Verlag, Zürich/Stuttgart 1961). (Eben erschienen; in der vorliegenden Arbeit noch nicht berücksichtigt.)

Spatz, H. und Stephan, H.: Das Gehirn des Spitzhörnchens *Tupaia glis*, verglichen mit den Gehirnen des Rüsselspringers *Rhynchocyon stuhlmanni* und des Halbaffen *Galago demidovi* sowie einiger lissencephaler Affen. (Im Druck.)

Sprankel, H.: *Tupaia glis* (Tupaiidae). Forschungsfilme mit Text. In: Encyclopedia cinematographica (Göttingen 1960). – Verhaltensweisen und Zucht von *Tupaia glis* Diard 1820 in Gefangenschaft. Z. wiss. Zool. *165*: 186–220 (1961).

Starck, D.: Morphologische Untersuchungen am Kopf der Prosimier etc. Z. wiss. Zool. *157*: 169–219 (1953).

Starmühlner, F.: Beobachtungen am Mausmaki (*Microcebus murinus*). Natur u. Volk *90*: 194–204 (1960).

Stephan, H.: Vergleichend-anatomische Untersuchungen an Insektivorengehirnen. I. Hirnform, palaeoneocortikale Grenze und relative Zusammensetzung der Cortexoberfläche. Morph. Jb. *97*: 77–122 (1956). – II. Oberflächenmessungen am Allocortex im Hinblick auf funktionelle und phylogenetische Probleme. Morph. Jb. *97*: 123–142 (1956). – III. Hirn-Körpergewichtsbeziehungen. Morph. Jb. *99*: 853–880 (1959). – V. Die quantitative Zusammensetzung der Oberflächen des Allocortex. Acta anat. *44*: 12–59 (1961).

Thenius, E.: Handbuch der Stratigraphischen Geologie. vol. 3, Tertiär, 2. Teil Wirbeltierfaunen. Stuttgart (Enke, Stuttgart 1959).

Thenius, E. und Hofer, H.: Stammesgeschichte der Säugetiere (Springer, Heidelberg 1960).

Tigges, J.: Beitrag zur Kenntnis der Hirnventrikel der Primaten. Zool. Jb. (Anat.) (im Druck).

Bibl. primat. vol. 1, pp. 32–42 (Karger, Basel/New York 1962)

Zoologisch-vergleichend-anatomisches Institut
der Universität Freiburg (Schweiz)

ÜBER *MOERIPITHECUS MARKGRAFI* SCHLOSSER UND DIE PHYLETISCHEN VORSTUFEN DER BILOPHODONTIE DER CERCOPITHECOIDEA

Von J. KÄLIN

Die Frage der phyletischen Vorstufen jenes bilophodonten Reliefs, welches für die Backenzähne der Cercopithecoidea gruppentypisch ist, wurde für die oberen Molaren schon von BOLK [1914] und SCHWALBE [1915] in verschiedener Weise beantwortet. Nach SCHWALBE wäre das Leistensystem dieser Zähne aus dem angeblich bei *Oreopithecus* verwirklichten «primitiven» Typus in der Weise abzuleiten, daß aus der «Hypoconusleiste», welche ungefähr senkrecht vom «Hypoconus» zur Crista obliqua zieht, der linguale Teil der Crista transversa posterior (hintere Querleiste) entstand, während der labiale Teil derselben aus dem äußeren Abschnitt der Crista obliqua hervorgegangen sei. Dabei wäre durch fortschreitende Vergrößerung des Winkels zwischen «Hypoconusleiste» und der Crista obliqua schließlich die mehr und mehr gestreckte hintere Querleiste zustande gekommen. Die Crista transversa anterior (vordere Querleiste) wird allgemein als ursprüngliche Verbindung von Protoconus und Paraconus oder Parastyl gedeutet.

Nach REMANE [1951] ist die Crista obliqua als solche aus der Umgestaltung des Metaconulus hervorgegangen. Doch besteht die Möglichkeit, daß es sich bei der Crista obliqua mindestens in ihrem lingualen Abschnitt um einen Teil der hinteren Trigonleiste handelt, wobei die in sie eingeschaltete Differenzierung des Metaconulus mit der Verstärkung der Leiste verlorenging. Der labiale Teil der Crista obliqua darf vielleicht als ein dem distalen Metaconulus-Sporn im Sinne von HÜRZELER [1954] homologer Abschnitt aufgefaßt werden.

Nach BOLK wäre die hintere Querleiste eine Neubildung. Er stützt sich dabei auf gewisse Anomalien der Leistenbildung bei einem Vertreter der Hylobatiden (*Symphalangus syndactylus*) und verweist auf eine entsprechende Bildung bei *Dryopithecus rhenanus* als Vertreter der Dryopithecinen.

Die Frage der exakten vergleichend-anatomischen Deutung des Molaren-Relief der Cercopithecoidea ist noch nicht gelöst. Nach HÜRZELER kann dieses Relief phyletisch auf sehr verschiedenen Wegen entstanden sein. Für die hintere Querleiste («Querjoch») der oberen Molaren stellt er folgende Möglichkeiten heraus: 1. Das hintere Querjoch entspricht einer Verbindung zwischen dem Metaconus und dem nach innen verschobenen Metaconulus. 2. Das hintere Querjoch entspricht der Verbindung zwischen dem Metaconus und einem Hypoconus, der sich aus dem Cingulum differenziert hat. 3. Das hintere Querjoch entspricht der Verbindung zwischen einem Pseudohypoconus (an welchem ursprünglich das Cingulum an der lingualen Seite vorbeizieht) und dem Metaconus. Die so verschiedene Entstehungsweise des Molaren-Relief bei den Arthiodactylen unter den Huftieren, wo das gleiche quadranguläre Relief-Bild auf drei verschiedenen Wegen entstanden ist – (STEHLIN [1910]) – mahnt, wie HÜRZELER mit Recht betont, in der Deutung des Cercopithecoidea-Typus der Molaren zur äußersten Vorsicht.

REMANE hat auf Grund einer Durchsicht von mehr als 3000 Schädeln von Cercopitheciden verschiedene Übergangsstufen an den vorderen Milchmolaren des Oberkiefers nachweisen können, welche, ausgehend von einem Relief mit vorderer Trigonleiste (zwischen Protoconus und Paraconus) und Crista obliqua sowie einfachem «Hypoconus» über Formen mit einer vom «Hypoconus» entspringenden Leiste, welche zur Crista obliqua zieht, bis zur typischen Form des mit zwei gestreckten Querjochen ausgestatteten Molaren führen. REMANE macht aber mit Recht darauf aufmerksam, daß *Oreopithecus* schon deshalb einem postulierten Vorstadium insofern nicht entspreche, als die Crista transversa anterior hier fehlt.

Wir wissen heute durch die Untersuchungen HÜRZELERS an den von ihm gehobenen umfangreichen Dokumenten von *Oreopithecus bambolii*, daß wir es hier mit einer Form zu tun haben, die keinesfalls als Vorstufe der Cercopithecoidea aufgefaßt werden kann und den Hominoidea (Hominidae SIMPSON) viel näher steht als den Pongoidea (Pongidae SIMPSON). Das schließt aber keineswegs aus, daß hinsichtlich der Beziehung von Crista obliqua und Hypoconusleiste an den oberen Molaren von *Oreopithecus* ein Zustand vorliegt, der als solcher im Sinne eines Vorstadiums für die Bildung der hinteren Querleiste der Cercopithecoidea angesehen werden darf. Remane erblickt die Stichhaltigkeit seiner Deutung vor allem darin, daß er die erwähnten Vorstufen im Milchgebiß der Cercopitheciden selbst nachweisen konnte, und das Milchgebiß häufig primitivere Züge aufweise als die permanente Dentition. Indessen zeigt sich bei Hominiden, Australopitheciden und Pongiden, daß die Milchmolaren eine Differenzierung erreichen, die weit über jene der sie ersetzenden Prämolaren hinausgreift. Der Schluß von Zuständen an Milchmolaren auf Vorstufen der Molaren ist also fragwürdig. Umso wichtiger scheint es aber, daß an einem Material von ca. 300 Cercopithecusschädeln verschiedener Arten im Zoologischen Institut der Universität Freiburg (Schweiz) G. Lampel entsprechende Vorstadien im Sinne der Schwalbe-Remaneschen Deutung an den oberen Molaren der Cercopithecoidea in einer noch nicht publizierten Arbeit bestätigen konnte.

Die Frage, ob, wie Remane annimmt, der hintere Innenhöcker ein echter Hypoconus sei, ist noch nicht mit Sicherheit zu entscheiden. Jedenfalls hat Remane dafür keine überzeugenden Argumente beigebracht. Lampel fand die Ausbildung der hinteren Protoconusrandleiste und der vorderen Hypoconusrandleiste, deren Vorhandensein an sich für einen Pseudohypoconus spricht, erst auf einem späteren Stadium der von ihm aufgestellten Bilophodontie-Vorstufen. Ihr Fehlen auf dem frühesten Stadium deutet er zugunsten der Remaneschen Auffassung des hinteren Innenhöckers als echten Hypoconus, wenn er auch die Entstehung desselben aus einem Cingulum nicht nachweisen konnte (Abb. 1).

Von einem echten Hypoconus (Euhypoconus) darf nur die Rede sein, wenn dieser phyletisch als Differenzierung aus einer inneren Randleiste entstanden ist oder einer solchen im morphologischen Typus der Primaten homolog ist. Wie Remane zeigte, gibt es Fälle, in welchen ein in stammesgeschichtlicher Sicht offenbar primär aus dem Cingulum differenzierter Hypoconus von einem «neuen» Innencingulum umfahren wird. In diesem Sinne wird durch Remane eine beim Gorilla gelegentlich vorkommende Bildung eines Innencingulum aufgefaßt. Dasselbe gilt nach Remane auch für ein sekundäres Innencingulum bei *Galago* und *Nycticebus*. Zapfe und Hürzeler [1957] beschrieben ein solches sekundäres Innencingulum für *Pliopithecus vindobonensis* und bezeichnen es als Neocingulum. In solchen Fällen wird die wahre morphologische Natur des hinteren Innenhöckers maskiert!

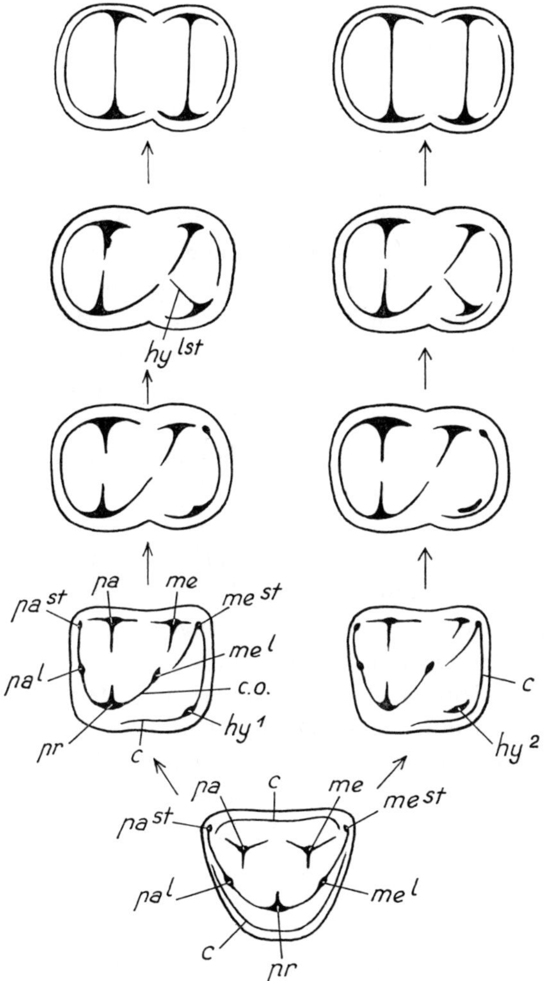

Abb. 1 zeigt die wichtigsten Ableitungsmöglichkeiten der oberen Molaren der Cercopithecoidea aus einem trigonodenten Urplan unter der Voraussetzung, daß die vordere Querleiste der Verbindung von Protoconus und Paraconus entspreche. Die links dargestellte Formenreihe stützt sich auf die Annahme, daß ein Euhypoconus vorliege, während der Darstellung der rechten Seite die Annahme eines Pseudohypoconus zugrunde liegt. — hy^1 = Euhypoconus; hy^2 = Pseudohypoconus; pr = Protoconus; pa = Paraconus; me = Metaconus; pa^l = Paraconulus; me^l = Metaconulus; c. o. = Crista obliqua; hy^{lst} = Hypoconusleiste; pa^{st} = Parastyl; me^{st} = Metastyl; c = Cingulum.

Weil die Bedeutung des hinteren Innenhöckers der oberen Molaren bei den Cercopithecoidea nicht geklärt ist, soll hier der Terminus «Hypoconus» nur im deskriptiven Sinne verstanden werden. Indem wir also diesen Ausdruck verwenden, soll nicht entschieden sein, ob es sich um einen als Differenzierung eines Cingulum aufzufassenden Euhypoconus oder um einen Pseudohypoconus oder eventuell um eine Bildung handelt, die weder mit einem Hypoconus noch mit einem Pseudohypoconus zu homologisieren wäre.

Was die unteren Molaren betrifft, glaubt ABEL [1931] wegen der Ausbildung einer vorderen Querleiste bei *Moeripithecus*, diese Form als primitiven Vertreter der Cercopithecoidea ansehen zu dürfen.

Dank dem freundlichen Entgegenkommen von Herrn Prof. Dr. SCHÜZ, dem Leiter des Naturhistorischen Museums Stuttgart und insbesondere des Vorstehers der Paläontologischen Abteilung, Dr. K. D. ADAM, denen ich auch an dieser Stelle meinen Dank aussprechen möchte, war es mir möglich, die so wertvollen Objekte von *Moeripithecus*, *Parapithecus* und *Propliopithecus* einer Neubearbeitung zu unterziehen. Für alle diese Formen konnten die bisherigen Beschreibungen den Anforderungen einer vergleichenden Morphologie des Gebisses nicht mehr genügen.

Das ganze Untersuchungsmaterial von *Moeripithecus* besteht nur aus einem 25 mm langen rechten Unterkieferfragment mit dem 1. und 2. Molaren, dessen größte Breite 4 mm beträgt. Die Kieferhöhe beläuft sich in der Mitte des Fragmentes auf 19,2 mm.

Die Molaren zeigen folgende Verhältnisse:

Beide Molaren sind fünfhöckerig, wobei M_1 deutlich kleiner ist als M_2. Die Schmelzoberfläche ist runzelig, aber in einer von jener der Pongiden abweichenden Art; es handelt sich nicht um in bestimmten Richtungen vorherrschende langgestreckte Fältelungen, sondern um schwache, runzelige Unebenheiten, ohne daß im Relief dadurch bestimmte Richtungen bevorzugt würden. Der Vorderrand des Ramus mandibulae beginnt schon in der Gegend von M_2.

Nach SCHLOSSER würden in Analogie zu den Cebiden die oberen Molaren etwas breiter als lang gewesen sein. Am ähnlichsten seien die Molaren von *Parapithecus* und jene von *Propliopithecus*; aber die ersteren sind in mesiodistaler Richtung viel länger, die letzteren mit einer viel niedrigeren Krone ausgestattet. Die geringe Kieferhöhe von in der Mitte des Fragmentes 19,2 mm läßt nach SCHLOSSER auf eine lange Schnauze schließen.

Im folgenden (Abb. 2) seien die Zähne genauer beschrieben:

M_1

Das Metaconid ist deutlich gegenüber dem Protoconid distad verschoben. Das Entoconid zeigt nur eine ganz schwache distade Verschiebung gegenüber dem Hypoconid; die Mitte des Hypoconulides ist von der Mittellinie des Zahnes etwas nach der lingualen Seite verlagert. Zwischen Protoconid und Metaconid ist eine Querleiste ausgebildet; vor ihr liegt eine gut entwickelte Fovea anterior. Von der erwähnten Leiste fällt der Zahn steil in eine tiefe Talonidgrube ab. Von dieser ausgehende Furchen trennen das Hypoconid und das Hypoconulid sowie das Hypoconulid und das Entoconid. Schwächere Leisten sind auch zwischen Protoconid und Hypoconid sowie zwischen Metaconid und Entoconid ausgebildet. Die Distanz zwischen den Vorderhöckern ist merklich geringer als jene zwischen den hinteren Haupthöckern. Alle Höcker des Talonidteiles sind niedriger als die vorderen Haupthöcker. An M_1 ist die Usurfläche des Protoconides noch viel stärker als jene des Metaconides distad geneigt, jene des Hypoconides ist nach der distalen und lingualen Seite, jene des Entoconides anterolaterad, jene des Hypoconulides etwas laterad (gegen die Längsachse des Zahnes) geneigt. Das Cingulum (Basalband) ist nur in der Mitte des labialen Randes entwickelt.

M_2

Das Metaconid ist nicht angekaut, auch fehlt jede Andeutung einer Verschiebung gegenüber dem Protoconid in distader Richtung. Auch hier findet sich die Verschiebung des Mittelpunktes vom Hypo-

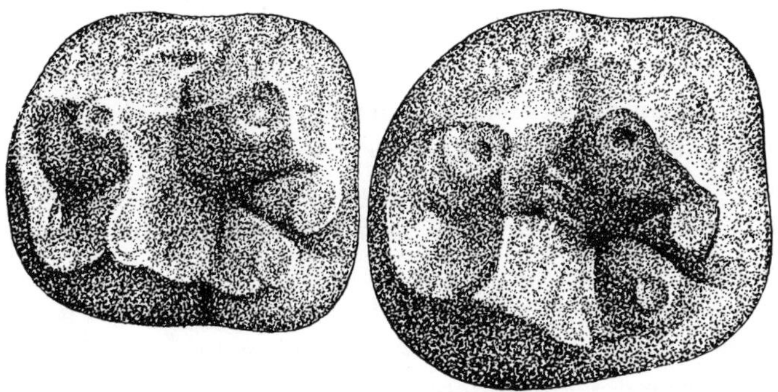

Abb. 2. M_1 und M_2 (rechts) von *Moeripithecus markgrafi* SCHLOSSER (Vergrößerung ca. 8fach).

conulid nach der lingualen Seite. Die Fovea anterior ist größer als am M_1. Das Furchensystem ebenso wie die Leisten zwischen den Höckern entsprechen weitgehend den Verhältnissen am M_1. Am M_2 ist die Usurfläche des Protoconid mediad (gegen die Längsachse des Zahnes) geneigt. Am Hypoconid erscheint die Usurfläche ganz schwach mediad (gegen die Längsachse des Zahnes), am Hypoconulid stark laterad und etwas nach vorn geneigt. Am Entoconid ist nur eine schwache Neigung der Usurfläche nach vorn vorhanden. Die Schlossersche Behauptung, daß die Höcker durchwegs gegen die Mittellinie der Zahnkrone neigen, ist irrig.

Wenn man die Ausbildung der Querjoche auf den Molaren der Cercopithecoidea als definitionsgemäß integrierenden Bestandteil im Bauplan der Cercopithecoidea auffaßt, dann muß *Moeripithecus* aus dieser Superfamilie ausgeschlossen werden. Straus [1935] hat mit Recht betont, daß die Querjoche der Molaren als charakteristische Struktur aller rezenten Vertreter der Cercopithecoidea aus methodologischen Überlegungen auch in stammesgeschichtlicher Sicht zu jenem Merkmalskombinat gerechnet werden müssen, das wir als für die Cercopithecoidea typophän, also stammesgeschichtlich primär, anzusehen haben. Wir können zwar die Annahme nicht umgehen, daß gewisse praecercopithecoide Ahnenstufen jener ältesten Catarrhinen, welche nach dieser Definition noch zu den Cercopithecoidea zu rechnen sind, der Querleisten entbehren. Aber sie sind nicht mehr zu den Cercopithecoidea zu stellen, sondern in das hypothetische Übergangsfeld, das ich unter Einbeziehung der Parapithecidae als Superfamilie der Parapithecoidea bezeichnet habe.

Der älteste sichere Vertreter der Cercopithecoidea ist dann *Mesopithecus pentelicus* Wagner aus dem Miocaen (Pontien) von Europa. Sollte der Molarentypus von *Moeripithecus* einer Vorläuferstufe der Cercopithecoidea entsprechen, was aber durchaus problematisch ist, dann müßte man annehmen, daß der hintere Innenhöcker der Cercopithecoidea aus einem nach innen verschobenen Hypoconulid hervorgegangen sei; das hintere Querjoch der unteren Molaren würde dann der Leiste zwischen Hypoconid und Hypoconulid bei *Moeripithecus* homolog sein.

Da die Molaren von *Moeripithecus* nach Schlosser mit jenen von *Propliopithecus* und *Parapithecus* viel mehr Ähnlichkeit aufweisen als mit irgendeinem anderen bis heute bekannten eocaenen Primaten, nahm Schlosser an, daß *Moeripithecus* wahrscheinlich mit den beiden anderen genannten Formen aus einer gemeinsamen Wurzel im Rahmen der Anaptomorphidae hervorgegangen sei. Auch STRAUS [1954] hält dies für wahrscheinlich: «At the end of the Eocene and the beginning of the Oligocene there appears a small array of genera—such as *Amphipithecus*, *Moeripithecus*, *Parapithecus*, *Propliopithecus*, '*Kansupithecus*'—that was probably of the greatest importance in primate history. It is more likely than not that these forms arose from some anaptomorphid stock, and very possible that they, or rather the group they represent, were broadly ancestral to the Hominoidea and to the Cercopithecoidea.»

Bei oberflächlicher Betrachtung erinnern nach SCHLOSSER die Molaren von *Moeripithecus* weitgehend an jene von *Apidium*; doch fehlt der bei *Apidium* vorliegende zentrale Höcker, und auch durch die Runzelung liegt eine auffallende Verschiedenheit vor. Zu einem genaueren Vergleich mit *Apidium* fehlen uns die Unterlagen. Die geringe Höhe des Unterkiefers im Bereich der erhaltenen Molaren läßt mit Wahrscheinlichkeit darauf schließen, daß *Moeripithecus* eine langgestreckte Schnauze besaß.

Nach Analogie mit den Cebiden dürften die oberen Molaren, wie SCHLOSSER mit Recht betont, breiter als lang gewesen sein. An die Cebiden erinnert auch die gerundet-quadratische Umrißform der Molaren, die Ausbildung eines Querjoches zwischen Protoconid und Metaconid sowie, wenigstens was die Gattung *Cebus* betrifft, die Leiste zwischen Hypoconid und Hypoconulid. Aber die Größe der Molaren nimmt bei den Cebiden von M_1 bis M_3 kontinuierlich ab, und es fehlt die starke Abbiegung des Unterrandes an der Mandibula gegen den Unterkieferwinkel, wie sie beim Unterkieferfragment von *Moeripithecus* zu erkennen ist.

Die sehr starke Spezialisation der unteren Molaren von *Oreopithecus*, welche namentlich im Talonidteil an M_2 deutlich ist, die Differenzierung der Prämolaren und die vielen Züge, welche eine starke Angleichung an die unmittelbaren Vorstufen des prähominiden Evolutionsfeldes aufweisen, verbieten uns einmal mehr, in *Oreopithecus* eine phyletische Vorstufe der Bilophodontie bei den Cercopithecoidea zu erwarten.

Sucht man unter den ältesten Primaten nach möglichen Ausgangsformen für die bei den Cercopithecoidea verwirklichte Jochbildung, dann springen hinsichtlich der unteren Backenzähne die Verhältnisse bei *Gesneropithex peyeri* aus dem Ludien von Gösgen (Solothurn) in die Augen (Abb. 3). Die unteren Molaren der Cercopithecoidea sind, abgesehen vom System der Höcker und Leisten, auch dadurch gekennzeichnet, daß der Trigonidteil und der Talonidteil durch eine abgerundete labiale und eine ebensolche linguale Einschnürung gegeneinander abgesetzt sind. Dies und eine vordere wie eine hintere Querleiste, von denen die vordere der hinteren Trigonidleiste entspricht, finden sich bereits bei *Gesneropithex.* Hypoconid und Entoconid sind durch eine distad leicht convexe Leiste verbunden, welche in der Mitte eingekerbt ist. Am tiefsten Punkt der Kerbe steht diese Leiste mit dem Cingulum («Schlußcingulum») in Verbindung. Der Gedanke liegt nahe, daß diese Leiste dem hinteren Querjoch der Cercopithecoidea entspreche. In diesem Zusammenhang ist auch *Alsaticopithecus leemanni* aus dem Lutétien von Buchsweiler von besonderem Interesse. Bei *Alsaticopithecus* (Abb. 4) liegen nämlich Verhältnisse vor, welche weitgehend an die Leiste zwischen Hypoconid und Entoconid von *Gesneropithex* erinnern. Entoconid und Hypoconid von *Alsaticopithecus* zeigen leistenartige Verlängerungen, welche zu dem hier vorliegenden Hypoconulid ziehen. Sie sind von diesem nur durch zwei sehr schmale Unterbrechungen getrennt. So entsteht eine an zwei Stellen nur sehr wenig unterbrochene leistenartige Verbindung zwischen Entoconid und Hypoconid, in welche ein Hypoconulid eingeschaltet ist. Der Vergleich zwischen *Gesneropithex* und *Alsaticopithecus* legt nahe, daß die bei ihnen verwirklichten Leisten zwischen Entoconid und Hypoconid homologe Bildungen des Primatentypus seien. Sollte das hintere Querjoch der Cercopithecoidea diesen Leisten entsprechen, dann wäre es das Homologon der Leistenverbindungen zwischen dem Entoconid und einem Hypoconulid sowie zwischen diesem und dem Entoconid. Die Tatsache, daß die Entsprechung der Verbindungen zwischen Hypoconid und

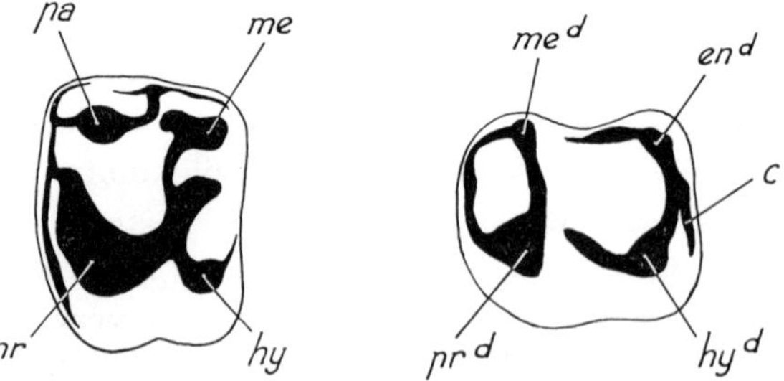

Abb. 3. Schema des M² und des M_2 von *Gesneropithex peyeri* Hürzeler (schematisiert nach Hürzeler). — pr^d = Protoconid; me^d = Metaconid; en^d = Entoconid; hy^d = Hypoconid; c = Cingulum. Übrige Bezeichnungen wie in Abb. 1.

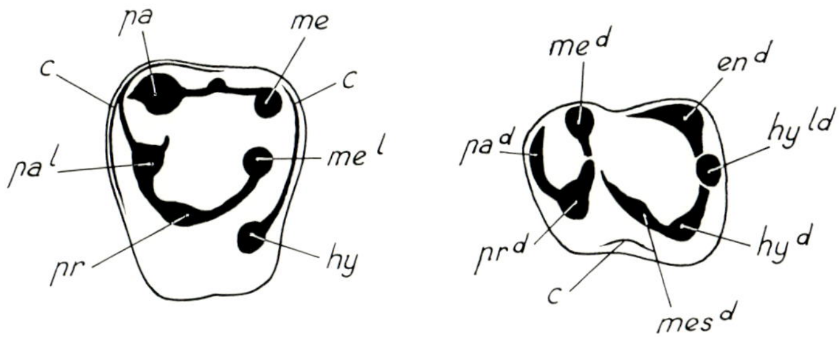

Abb. 4. Schema des M^2 und des M_2 von *Alsaticopithecus leemanni* HÜRZELER (schematisiert nach HÜRZELER). — mes^d = Mesoconid; pa^d = Paraconid. Übrige Bezeichnungen wie in Abb. 1 und 3.

Entoconid bei *Gesneropithex* und *Alsaticopithecus* in die Augen springt, aber andererseits bei *Gesneropithex* kein Hypoconulid vorliegt und die Leiste zwischen den hinteren Haupthöckern in der Mitte eine Kerbe trägt, welche wiederum an eine solche des hinteren Querjoches der Cercopithecoidea erinnert, spricht sehr zugunsten der Annahme der erwähnten Homologie.

HÜRZELER hat mit Recht darauf aufmerksam gemacht, daß *Alsaticopithecus* und *Gesneropithex* noch nicht in eine bestimmte Gruppe der Primaten einzuordnen sind, sondern am besten als Primaten incertae sedis bezeichnet werden. Eine phyletische Vorstufe der Cercopithecoidea ist offenbar noch nicht gefunden. Wir dürfen aber als nicht unwahrscheinlich annehmen, daß ihre unteren Molaren dem Typus von *Gesneropithex* nahestanden, die oberen Molaren aber einem Typus entsprachen, in welchem die «vordere Trigonleiste» gut entwickelt war, und die «Hypoconusleiste» dem Anschluß an die «Crista obliqua» zustrebte.

LITERATUR

ABEL, O.: Die Stellung des Menschen im Rahmen der Wirbeltiere. (Fischer, Jena 1931).

BOLK, L.: Die Morphogenie der Primatenzähne. Odontologische Studien II (Fischer, Jena 1914).

GREGORY, W. K.: The origin and evolution of the human dentition. J. dent. Res. *2*: 89–175, 215–273, 357–426, 607–717 (1920); *3*: 78–228 (1921).

HÜRZELER, J.: Gesneropithex Peyeri nov. gen. nov. spec., ein neuer Primate aus dem Ludien von Gösgen (Solothurn). Ber. Schweiz. Paläont. Ges. Eclogae geologicae Helv. *39*: 354–361 (1946). – Alsaticopithecus Leemanni nov. gen. nov. spec., ein neuer Primate aus dem unteren Lutétien von Buchsweiler im Unterelsaß. Ber. Schweiz. Paläont. Ges. Eclogae geologicae Helv. *40*: 343–356 (1947). – Neubeschreibung von *Oreopithecus bambolii* Gervais, Schweiz. Paläont. Abh. *66*: 1–20 (1949). – Contribution à l'Odontologie et à la Phylogénèse du genre *Pliopithecus* GERVAIS. Ann. Paléont. *40* (1954).

KÄLIN, J.: Sur les primates de l'Oligocène inférieur d'Egypte. Ann. Paléont. *47* (1961).

REMANE, A.: Die Entstehung der Bilophodontie bei den Cercopithecoidea. Anat. Anz. *98*: 161–165 (1951). – Zähne und Gebiß, in Primatologia, Hb. der Primatenkunde, vol. 3, Teil 2, pp. 637–846 (Karger, Basel/New York 1960).

SCHLOSSER, M.: Beiträge zur Kenntnis der oligozänen Landsäugetiere aus dem Fayum (Ägypten). Beitr. z. Paläontologie und Geologie Österreich-Ungarns und des Orients (Wien/Leipzig 1911).

SCHWALBE, G.: Über den fossilen Affen Oreopithecus Bambolii. Z. Morph. Anthrop. *19*: 149–254 (1915).

Bibl. primat. vol. 1, pp. 43–70 (Karger, Basel/New York 1962)

Anatomy Department, University of Cape Town

SIMOPITHECUS FROM HOPEFIELD, SOUTH AFRICA

By RONALD SINGER

1. Introduction

Various aspects of the fossil deposits and artefacts from the extensive site (fig. 1) on the farm "Elandsfontein" near Hopefield (about 90 km north-west of Cape Town) have been described in numerous publications (SINGER [1954]; SINGER and KEEN [1955]; STRAUS [1957]; SINGER and CRAWFORD [1958]; SINGER and BONÉ [1960], etc.). The vast majority of the fossils belong to a period extending from the later part of the South African Middle Pleistocene to the early part of the Upper Pleistocene.

Mention of the *Simopithecus* material from this site has been made previously (SINGER [1957, 1958]). The first Hopefield specimen of this genus was discovered by the author on the surface of "Main Site" in August, 1955. Subsequent searching in a 10 metre radius of this point resulted in the recovery of the other specimens described here.

Specimens of *Simopithecus* have also been recovered at Kanjera, Olorgesailie and Rawi in Kenya (ANDREWS [1916]; REMANE [1925]; LEAKEY [1951]), Olduvai in Tanganyika (HOPWOOD [1934, 1936]; DIETRICH [1942]; LEAKEY and WHITWORTH [1958]), Omo in Abyssinia (ARAMBOURG [1947]), and Kaiso in Uganda (LEAKEY [1951]). The first specimens of the genus were discovered in 1911 by Dr. F. OSWALD near Homa Mountain in the Kavirondo Gulf of Lake Victoria. These were described by ANDREWS [1916] under the name *Simopithecus oswaldi*. They were provisionally assigned to the Pliocene, but subsequently referred to the Middle Pleistocene. The type site was renamed "Kanjera" after a local village by LEAKEY [1943].

Fig. 1. Aerial view of the Elandsfontein site near Hopefield. The north-south measurement of the whole site is approximately 3 km. "Main Site" is indicated by "X".

In South Africa the genus has been identified at Makapan Limeworks and Swartkrans in the Transvaal. FREEDMAN [1957] recounts the historical background to this material.

The present material from Hopefield, therefore, enlarges the geographical distribution of the genus in Southern Africa.

2. Material

Reconstruction of part of a calvaria (8400 a, b, c, e and six fragments).

Skull fragments (8400 d, g, h, i, j, k).

Part of a right mandible corpus with M_3, M_2 (3409).

Isolated teeth:	M_1 (6882 A)
	P_4 (6882 B)
	P_3 (6882 C)
	Lower canine (6174)
	M^1 (5487; 5486)
	Upper canine (13905)
Postcranial remains:	radius, proximal part (8444).

The numbers in brackets refer to the catalogue numbers in the Hopefield Collection, presently housed in the Anatomy Department, University of Cape Town.

3. Description

Cranium

The reconstructed calvarial portion consists of specimens numbered 8400 a, b, c, e, plus 6 unnumbered fragments reconstructed in situ with these 4 fragments (fig. 2, 3a).

Almost the whole right orbit is missing, as well as most of the right squamous temporal and most of the occipital. The only portion of the base represented is the posterior portion of the zygomatic region of the temporal including the articular region and a piece of the postglenoid process. A portion of the right external auditory meatus represents the remains of the right petrous temporal (fig. 2c).

The glabella region is missing. The left supra-orbital torus is thick and rounded. The region of the supra-orbital groove (for the nerve and vessels) is broken away but the spine is present and is prominent. The torus is considerably thicker laterally, forming a marked lateral projection in the region of the zygomatico-frontal suture. This accentuates the post-orbital constriction which is deep and allows for the passage of a thick temporalis muscle. On the left a prominent temporal ridge sweeps back, but rapidly diminishes in size as it moves towards its opposite number. The actual bregmatic region is missing, but it is likely that the superior temporal lines met at or about bregma while the inferior temporal lines (poorly marked) seem to meet just anterior to the nuchal crest where the sagittal region is somewhat eroded away (fig. 2).

LEAKEY and WHITWORTH [1958] emphasize the difference in position where the temporal ridges meet in *Theropithecus*, *Simopithecus* and *Papio*. They do not state to which species of *Papio* they are referring when they state that in *Papio* "temporal crests meet behind

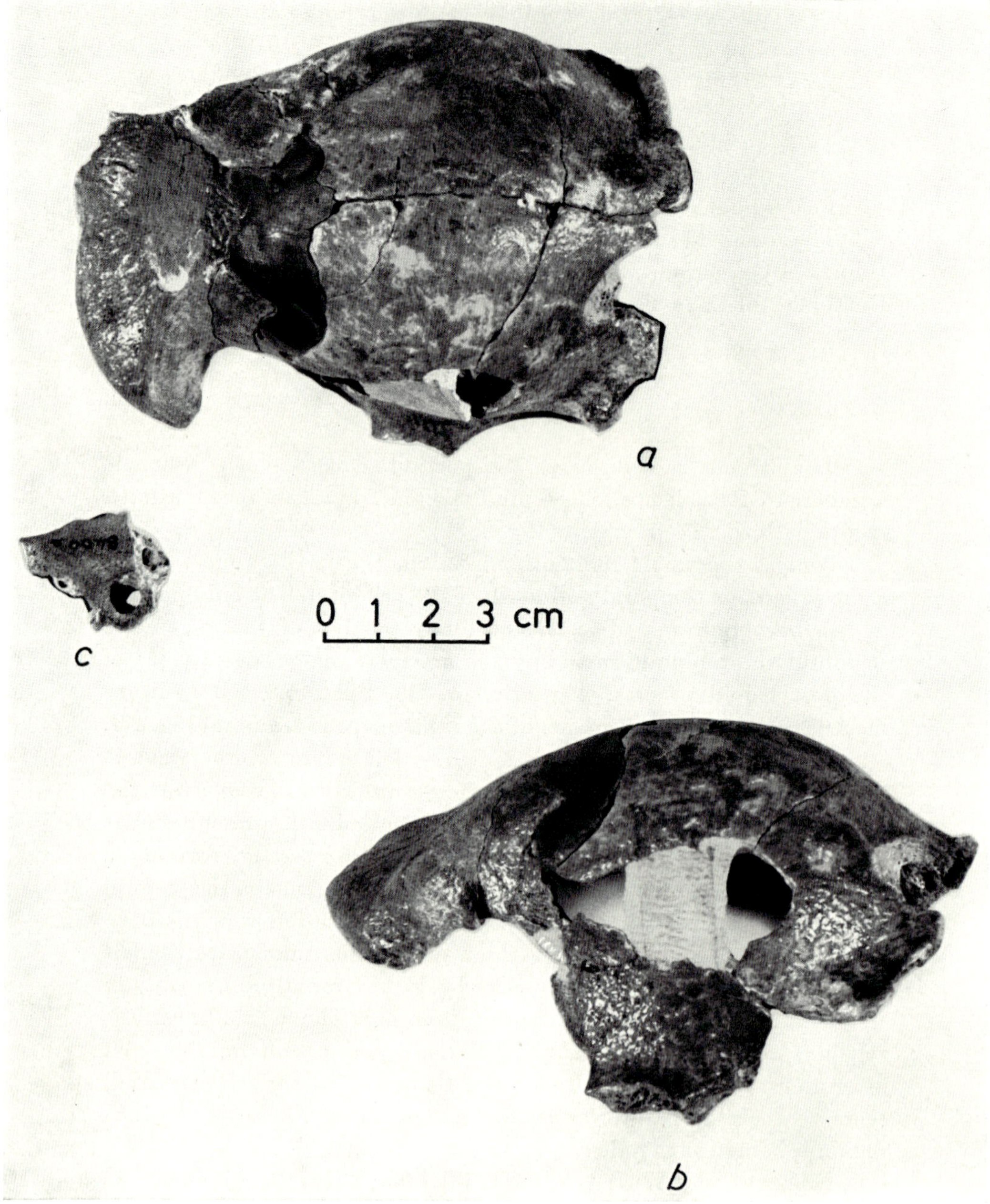

Fig. 2. Reconstructed cranium of Hopefield specimen. a = Norma verticalis; b = Norma lateralis; c = Portion of right petrous temporal (8400 e).

bregma". In their plate I they illustrate *P. tesselatus* and *P. anubis*. Normally in *P. ursinus* the temporal crest separates into superior and inferior temporal lines just beyond its point of origin. The superior temporal lines may even meet and form a small raised ridge in front of bregma whereas the inferior temporal lines come into contact with each other just anterior to the nuchal crest where they form a small, raised, flattened ridge on each side of the sagittal crest. The wide variability of the positions of meeting of the temporal lines in *P. ursinus* is also noted by FREEDMAN [1957].

In the Hopefield specimen the anterior portion of the temporal crest is as marked as in LEAKEY and WITHWORTH's female *S. oswaldi* from Kanjera, but the sagittal crest is absent. From the thickened appearance of the immediate para-sagittal edges it appears that the posterior one-quarter of the sagittal crest was probably crested, but post-fossilization damage has flattened out the area (fig. 2).

In the frontal region, between the two temporal crests, there is a slight median ridging.

The nuchal crest exhibits marked pouting.

The tympanic part of the temporal is thick. The postglenoid tubercle is massive; the inferior portion is broken off, but, estimating from its breadth, it appears to have been long. A fairly deep but narrow (in antero-posterior direction) articular fossa merges anteriorly into the rounded articular eminence which has a side-to-side upward concavity. LEAKEY and WHITWORTH [1958] believe that the length of the fossa postero-inferior to the mandibular condyle reflects the size and length of the postglenoid tubercle. This inference cannot be correct because, during opening of the jaws, the condyle glides forward on the inferior surface of the articular fibro-cartilaginous disc. Thus the postglenoid tubercle does not come into contact with the mandibular ramus during opening of the jaws. An assessment of the transverse diameter of the articular condyle of the Hopefield mandible is that it is at least 22 mm. In the female *S. oswaldi oswaldi* (M 11539) this diameter is 21 mm, while in the *S. jonathani* female (1472, 57) it is 38.5 mm.

Mandible

Specimen 3409 is a fragment of the right body of a mandible and it contains a very worn M_3 and the posterior (distal) portion of M_2 (fig. 3).

Table I. Measurements of cranium of Hopefield specimen (8400) compared with available data on *Simopithecus* crania from other African sites.

	Hopefield	*S. danieli* FREEDMAN [1957] Female SK. 561	*Simopithecus oswaldi* LEAKEY [1943] Male	LEAKEY [1943] Female	HOPWOOD [1936] Female (M. 14936)
Glabella-inion length	>121.5	—	125	114	—
Minimum frontal breadth	c 50 [1]	47	47.5	39	51
Maximum bi-auricular breadth (measured just above external auditory meatus)	c 94 [1]	—	98.5	—	—
Interorbital breadth	c 12	—	—	—	—

[1] Obtained by doubling half-breadth

This region of the mandible is distinctly massive and relatively tall. The fracture line at the posterior end of the specimen is just anterior to the angle. The outer border of the lower end of the ramus is just commencing to sweep obliquely upwards. A large mandibular canal is identifiable and is especially large as seen on a skiagram. Posterior to M_3 the alveolar margin of the bone shelves buccalward and a broad (maximum mesio-distal diameter 13 mm), deep groove passes obliquely from within outward and forward, tending to pass downward and ending opposite the anterior cusp of M_3. LEAKEY and WHITWORTH [1958] regard this groove as being occupied by a strong buccinator muscle. However dissection of a modern *Papio ursinus* indicates that the buccinator muscle arises from the alveolar border just lateral to M_3 and extends back to the pterygomandibular ligament. In the Hopefield specimen this area is indicated by a thickened raised ridge on the inner aspect of the groove. The outer border of the groove is also raised into a linear ridge. Furthermore the powerful ligamentous tendon of the temporalis muscle extends right down to the lowest point (opposite M_3) of the anterior border of the ramus. In the Hopefield *Simopithecus* this attachment produced the thick raised ridge leading into the front of the groove where it meets the linear ridge outlining the groove laterally. It is probable that a very large temporalis muscle "produced" the extensive widening of the mandible behind M_3. The groove was probably occupied partly by a thickened buccinator muscle but mainly by a pad of fat acting as a bursa between temporalis and buccinator. This pad of fat is a distinct feature in the dissection of the modern baboon. The other mechanical consideration in respect of the production of this widening behind M_3 is the great size of M_3, for the grinding and grasping actions of which greater strength of the bone is necessitated in this region.

Just posterior to the hypoconulid of M_3 there is a small, roughened triangular area of bone (lingualward of the above groove, the lingual border of which is rounded and raised (vide supra). This area is for the attachment of the pterygomandibular ligament and superior constrictor muscle. Immediately posterior and inferior to this region the thickness of the body diminishes suddenly so that the fractured end of the bone here is platelike and about one-fifth of the thickness of the bone opposite M_3. The great thickness of the mandibular corpus opposite M_3 can unfortunately not be compared with any other *Simopithecus* males as this measurement has not been recorded. However the difference between the Hopefield specimen and the *S. jonathani* holotype female would be reasonable for a sex variation.

Table II. Dimensions (mm) of the Hopefield mandibular body, compared with those of other African *Simopithecus* species.

	Hopefield 3409	*S. darti* FREEDMAN [1957] Male – M. 201	*S. darti* FREEDMAN [1957] Male – M. 626	*S. danieli* FREEDMAN [1957] Female – SK. 402	*S. oswaldi* LEAKEY [1943] (Juvenile)	*S. oswaldi* ANDREWS [1916] Female	*S. oswaldi* LEAKEY & WHITWORTH [1958] Female – M. 11539	*S. jonathani* LEAKEY & WHITWORTH [1958] Female – Old. 1472,57
Height posterior to M_3	37	33	(31)	29	—	31 [1]	—	—
Max. thickness opposite M_3	28.1	—	—	—	—	—	19.5	24
Max. thickness opposite M_2	23.1	—	—	—	16	—	—	—

[1] at M_3

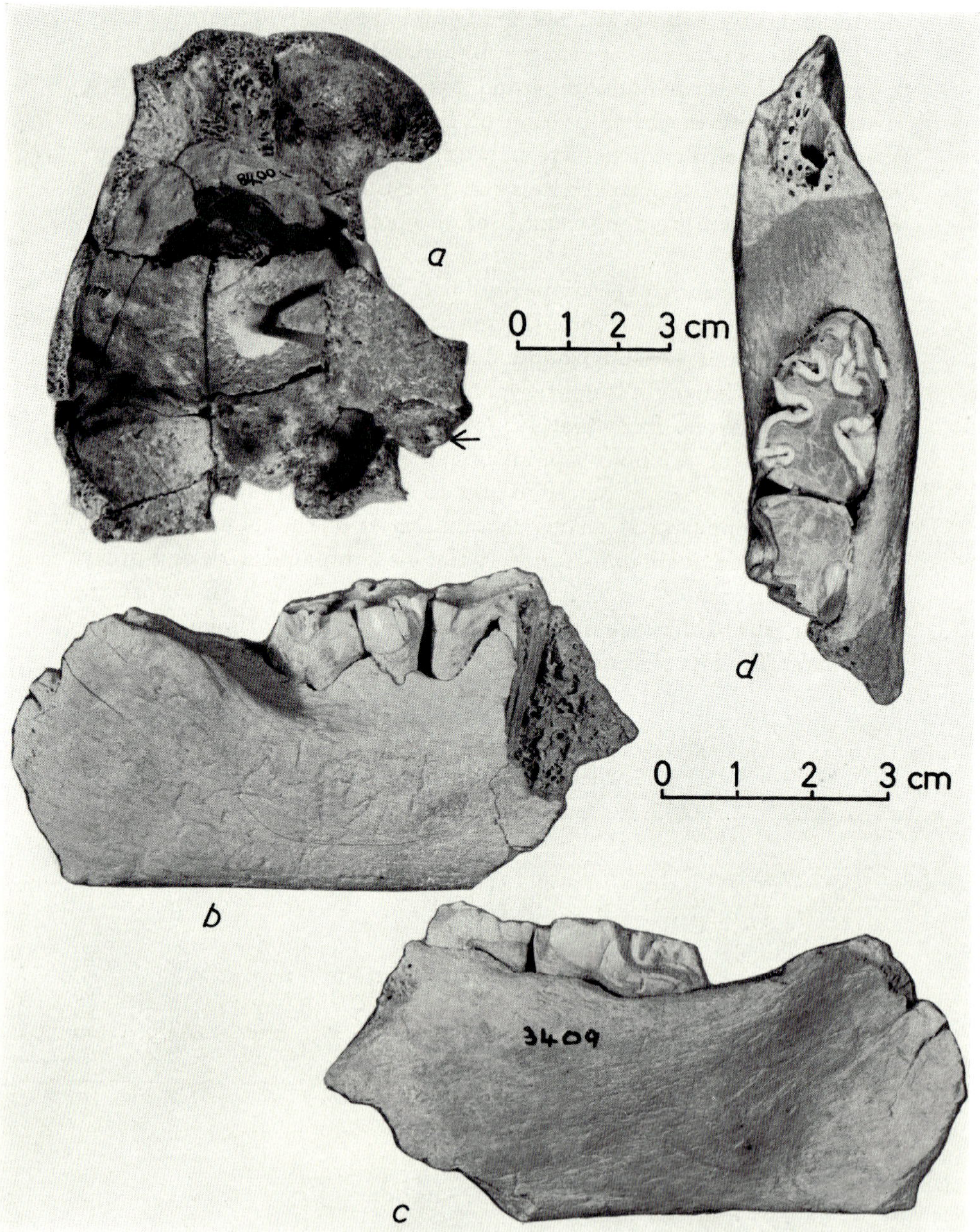

Fig. 3. a = Reconstructed cranium of Hopefield specimen. Endocranial aspect and inferior (articular) aspect of left temporal. The postglenoid tubercle is indicated by an arrow: b = Lateral (buccal) aspect of specimen 3409. Note rounded raised

Dentition

M_3: The specimen in 3409 is very worn and fragments of the enamel are broken off. The two main pairs of cusps and the hypoconulid (talonid) are separated in the typical *Simopithecus* pattern by "pinched-in" invaginations of the enamel. The talonid is large and stout, about equal in length to a posterior cusp. The tooth is too worn and broken for detailed description but a small accessory cuspule is noted on the protoconid and there is a distinctive broad, crenated enamel ridge linking the metaconid and entoconid. It occupies almost the entire invagination between the two lingual cusps. Despite the broken appearance, it seems that a ridge of enamel also bridged the gap between entoconid and hypoconulid, although this may be the remnant of an accessory cuspule (fig. 3). The metaconid-entoconid ridge, in varying sizes, may be seen in most of the cercopithecoidea. The lingual cusp of both the mesial and distal pairs is slightly in front of the buccal, as also observed by FREEDMAN [1957].

The measurements (vide infra) indicate that the length of M_3 of the Hopefield *Simopithecus* falls just beyond the range of *S. danieli* males, but within that of the East African *S. oswaldi* range of variation (unfortunately combined for males and females). However the maximum breadth of the Hopefield M_3, even though incomplete, falls well outside the range of the *S. danieli* males, and even beyond the range of the *S. oswaldi* specimens. Furthermore, because of its advanced state of wear, the anterior (mesial) enamel contiguous with M_2 has disappeared. Therefore, at an earlier stage of wear, the tooth would have given an even greater measurement.

Unfortunately because of the poor condition of M_2, a M_3/M_2 ratio cannot be accurately calculated.

M_2: This tooth in 3409 is too worn and broken for any detailed observations to be made (fig. 3).

Specimen 6882A: This left M_1 is in an early stage of wear (fig. 4). The mesial cusps are slightly more worn than the distal

---

anterior border (lower) of ramus for tendon of attachment of temporalis muscle; c = Specimen 3409, medial (lingual) aspect; d = Specimen 3409, showing the occlusal view of M_3 and M_2, the extent of the groove behind M_3 and the size of the mandibular canal. (The three views of the mandible are all on the same scale).

Table III. Dimensions (mm) of Hopefield M_3 and M_2,

M_3	Hopefield 3409	*S. darti* FREEDMAN [1957]		*S. danieli* FREEDMAN [1957]	
		Male (2)	Female (1)	Male (3)	Female (3)
Length	26.8	21.0	18.9	26.5	20.1–22.7
Bm (across mesial cusps)[1]	c18	13.2	12.1	13.2–16.5	13.1–13.8
Bd (across distal cusps)[1]	c16.5	12.1	10.8	13.3–15.2	12.0–12.9
Bh (across hypoconulid)[1]	c12.5	8.8	—	—	8.5–11.1
M_2					
Length	16.5	15.9;16	13.1	17.1–20.3	14.8–15.6
Bm (across mesial cusps)[1]	c 14	12.3	11.2	12.2–14.1	12.2–12.8
Bd (across distal cusps)[1]	c 15	12.1	11.2	12.0–13.8	11.7–12.5

[1] Measurements of breadth as defined by FREEDMAN [1957], p. 139.
[2] Maximum breadth of tooth only recorded.
[3] Formerly *S. leakeyi.* Data of M_2 included in LEAKEY and WHITWORTH's [1958] ranges.

cusps, and the buccal cusps are slightly more worn than the lingual. It is embedded in a fragment of mandible, which, although broken, has sufficient bone available to indicate the possible thickness (c 14 mm) at the alveolar border. Posteriorly the fragment presents part of a smoothwalled broad cavity which does not resemble the cavity for the M_2 mesial root. Possibly it housed an unerupted (or about to erupt) M_2. The sequence of eruption of the permanent teeth in *Papio* is given as M1, I1, I2, M2, P3, P4, C, M3, the upper following directly after their lower equivalents (SCHULTZ [1935]). However, it should be noted that the alveolus around the base of the distal root appears to have been eroded and smoothed and that a small notch appears posteriorly in the socket, resembling that for the edge of the mesial root (lingual side) of M_2. If this is for the root of an erupted M_2 then the smoothed cavity could (taken in conjunction with the appearance of M_1 socket) either represent an erosion due to a disease process or the smoothed surface resulting from erosion due to weathering (see also description of 6882 B).

The description of an unworn M_2 of *S. danieli* given by FREED-

compared with specimens of other African *Simopithecus* species.

	S. oswaldi			*S. jonathani*
ANDREWS [1916] Female (1)	LEAKEY [1943] Female (1)	HOPWOOD [1936] Female (2)[3]	LEAKEY & WHITWORTH [1958] Males and females combined	LEAKEY & WHITWORTH [1958] Female
20	17.5	21.9;26	17.5–27.5	24.5
11[2]	11[2]	–	11–17[2]	16.5[2]
		HOPWOOD (1934) Male (M. 14680)[3]		
14	16	21.5	13–22	17.5
—	11.5[2]	16[2]	10–16[2]	15.5[2]

MAN [1957, p. 210] fits, almost word for word, this M_1, except that in this specimen the central fossa is not completely open lingually, as a small low ridge spans across the gap between the mesial and distal cusps.

The size of the tooth indicates that it belonged to a young female. It approximates LEAKEY's [1943] female specimen (though slightly longer and broader). Its length falls into the range of variation of the three male specimens of *S. danieli*. However, only three female specimens of this species are recorded so far, one of these teeth being damaged. Consequently when one estimates that the maximal difference between males and females of one species (as recorded at present) is about 20% in length only, and that the difference between the smallest male M_1 of *S. danieli* and the largest male M_1 of *S. oswaldi* is in the same order of difference (and less in the case of the females) then one should hesitate, at least on the basis of M_1 (and also M_3), to split off a small group of specimens (*S. danieli*) found at a great geographical distance from the type species (*S. oswaldi*) (see also Discussion below).

Table IV. Measurements (mm) of M_1 compared with other African *Simopithecus* species.

	Hopefield 6882 A	*S. danieli* FREEDMAN [1957] Male (3)	*S. danieli* FREEDMAN [1957] Female (3)	*S. darti* FREEDMAN [1957] Male (2)	*S. darti* FREEDMAN [1957] Female (1)	*S. oswaldi* HOPWOOD [1934] Male (M. 14680)[3]	*S. oswaldi* ANDREWS [1916] Female (1)	*S. oswaldi* LEAKEY [1943] Female (1)	*S. oswaldi* LEAKEY & WHITWORTH [1958] Males and females combined
Length	13.8	13.1–15.8	c11.3–12.5	11;11.8	9.6	16.4	11	13	10.5–17
Bm (across mesial cusps)[1]	9.7	9.6;11.8	9.8;10.1	9.5	—				
Bd (across distal cusps)[1]	9.9	10.4;12.3	10.0–11.4	9.6	9.0	12[2]	—	9.5[2]	9 –12[2]

[1] Measurements of breadth as defined by FREEDMAN [1957], p. 139.
[2] Maximum breadth of tooth only recorded.
[3] Formerly *S. leakeyi.*

Specimen 6882B: This is a right P_4 in a very early stage of wear (fig. 4). The M_1 (6882A) is a bit more worn than this tooth, which, if they belong to the same individual, would be reasonable as M_1 erupts before P_4. But it seems peculiar that in 6882A there still appears to be a socket for the unerupted M_2 which should (if *Simopithecus* resembles *Papio*) already have erupted if P_4 is in wear. Consequently if these two specimens do belong to the same individual, either the order of eruption is different or the hypothesis that the concave area posterior to M_1 is apparently a socket for an unerupted M_2 is incorrect. There is a difference in appearance between them, the roots of 6882B being more heavily stained with iron oxide than those of 6882A. The crown of the former is also more discoloured than that of the latter, but this is not always a significant difference at Hopefield because of the movement of the sand with subsequent variation in the degree of "bleaching" in adjacent specimens. However, the remarkable similarity in stage of wear between specimens found so close together cannot be dismissed and thus it would appear more reasonable to assume that the cavity behind M_1 (6882A) is not a socket for an unerupted M_2 but the result of erosion, either due to disease or postmortem weathering.

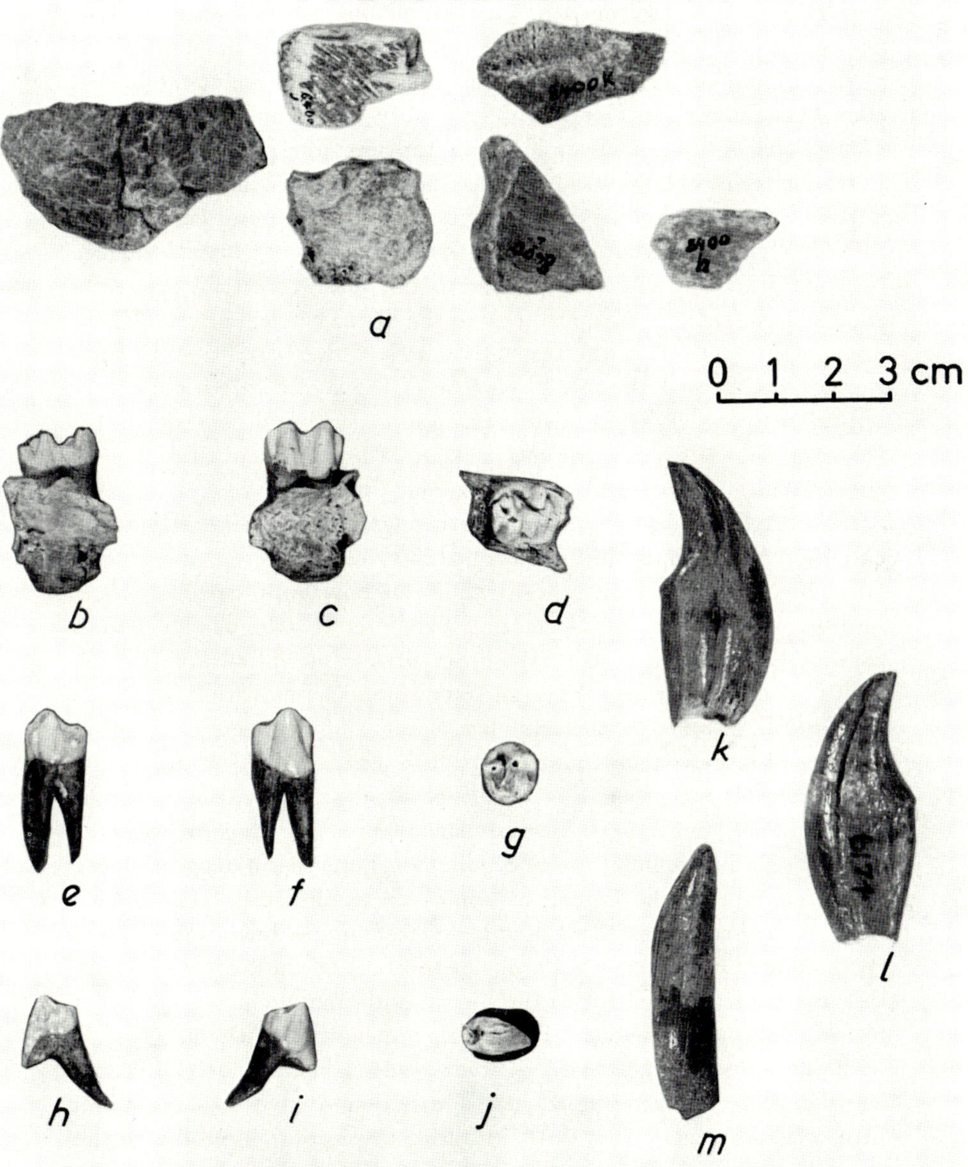

Fig. 4. a = Six cranial fragments which could not be fitted into the reconstruction of the calvaria; b, c, d = Lingual, buccal, occlusal views of 6882 A (M_1); e, f, g = Lingual, buccal, occlusal views of 6882 B (P_4); h, i, j = Lingual, buccal, occlusal views of 6882 C (P_3); k, l, m = Mesio-lingual, buccal, mesio-buccal views of 6174 ($\bar{C}$).

The main buccal cusp has a marked bulge, the maximal point of the convexity being just above the cingulum. The lingual surface of the lingual cusp is straighter than the buccal surface of the buccal cusp. The lingual surface has only a very slight bulge. The buccal enamel projects to a lower level on the anterior root than on the posterior root. The buccal surface presents two distinctive deep vertical grooves, sloping towards the apex of the buccal cusp. These tend to "pinch" and further exaggerate the bulging buccal surface of the tooth. The enamel anterior to the mesial vertical groove is smaller in area than that posterior to the distal vertical groove. These areas of enamel reflect the respective sizes of the anterior and posterior foveae. In fact the mesial surface of the tooth bulges anteriorly only slightly, whereas the distal surface has a marked posterior bulge ("heel"). Viewed from all directions, then, the P_4 presents a decidedly constricted appearance at the crown-root junction.

At the base of the mesial vertical groove, the enamel at the cingulum is thickened to form a subsidiary cuspule.

The apex of each cusp lies in the same horizontal occlusal plane, but the occlusal rim of the mesial surface is at a higher level than that of the heel. The occlusal border of the mesial surface (which bounds the anterior fovea) has fine crenations facing distally (towards the fovea). The larger posterior fovea has a higher enamel ridge on its buccal aspect (continuous with the buccal cusp) than on its lingual aspect where there is a distinct V-shaped depression, so that the fovea is "open" on its lingual aspect. As a late stage of wear (as may be seen in the holotype of *S. jonathani*) one sees a deep infolding of the enamel on the lingual aspect distal to the cusps. The buccal ridge of the heel persists as a double layer of enamel behind the buccal cusp, connecting the distal border of the heel to the buccal cusp. At this late stage the dentine of the buccal and lingual cusps have fused to form a large oval central fossa. This appearance of the unworn P_4 with the subsequent pattern of wear seems constant for the genus.

The buccal and lingual cusps are demarcated by a median furrow which continues into the anterior fovea mesially and into the lingual side of the posterior fovea distally. The occlusal border of the heel also presents fine crenations facing into the posterior fovea.

The area of the crown anterior to the distal vertical groove straddles both roots almost completely, the heel resting only on the posterior edge of the posterior root. Both roots have a convexity buccalwards, while the posterior root also has a slight convexity directed posteriorly. The anterior root has a deep furrow on both the mesial and distal aspects, while on the posterior root the deeper furrow is on the mesial aspect and only a faint furrow is on the distal aspect.

Table V. Measurements (mm) of Hopefield P_4 (6882B) compared with specimens from other African sites.

	Hopefield	*S. danieli*		*S. darti*		*S. oswaldi*			*S. jonathani*
	6882B	FREEDMAN [1957] Male (3)	FREEDMAN [1957] Female (2)	FREEDMAN [1957] Male (3)	FREEDMAN [1957] Female (1)	ANDREWS [1916] Female	LEAKEY [1943] Female	LEAKEY & WHITWORTH [1958] Males and females combined	LEAKEY & WHITWORTH [1958] Female
Length, maximum	11.1[1]	10.6–12.0	9.4;9.5	9–10.4	8.2	9	9	9–13	11.5
Breadth (maximum across cusps)	9.9	8.5–10.0	7.8;8.4	8.1–9	7.1	8	7	7.5–10	10.5

[1] At crown-root junction, below heel, the length is 9.5 mm.

The dimensions (table V) of the Hopefield specimen would favour it belonging to a male of *danieli* or *oswaldi*, or to a narrow-toothed female of *jonathani*. The length at the crown-root junction, below the large posterior heel, is 9.5 mm. This would be just under the measurement of length in a very worn specimen and this then falls just about in the range of the female specimens of *danieli* and *oswaldi*. However, this tooth undoubtedly belongs to the same individual as specimen 6882C, which is a P_3 of a female. As will be shown below, these specimens are probably referable to *S. oswaldi*, and so at present this specimen extends the size range of the described female specimens. Unfortunately LEAKEY and WHITWORTH [1958] do not enumerate individual measurements for males and for females.

Specimen 6882C: This is a right P_3 of a female in a very early stage of wear (fig. 4). The obvious great breadth of the tooth is produced mainly by the buccalward bulging of the main outer cusp. The lingual cusp is represented by a cusplet, the apex of which is continuous with a ridge coursing down the lingual aspect of the outer cusp. The posterior fovea is large with a well-formed posterior heel (almost half the total length of the tooth) which is connected to the outer cusp by a high ridge. The anterior fovea is poorly formed, outlined only by a low lingual ridge which meets a ridge from the outer cusp mesially. The buccal surface of the tooth has two poorly-marked vertical grooves, of which the posterior one is deeper and more obvious.

The anterior root is broken off at the crown-root junction to which the enamel of the bucco-mesial part of the tooth has extended in a typical downward and forward projection.

The length of the tooth is greater than that of any of the other few females of the genus recorded. The only female to outstrip its breadth is the holotype of *S. jonathani*.

Table VI. Measurements (mm) of Hopefield female P_3 (6882C), compared with specimens from other African sites.

	Hopefield 6882C	*S. danieli* FREEDMAN [1957] Males (2)	*S. danieli* FREEDMAN [1957] Female (2)	*S. darti* FREEDMAN [1957] Male (2)	*S. oswaldi* ANDREWS [1916] Female (1)	*S. oswaldi* LEAKEY [1943] Female (1)	*S. oswaldi* LEAKEY & WHITWORTH [1958] Combined males and females	*S. jonathani* LEAKEY & WHITWORTH [1958] Female (1)
Length[1]	12.9	25.1	10.8; 11.3	25; 23.4	—	—	—	—
Maximum length	13.0	—	—	—	10	8	7.5–19	10
Breadth (max. bucco-lingual)	8.0	6.6; 7.8	5.6; 6.0	7; 7.0	7	6	5.5–8.5	9

[1] L (h) of FREEDMAN [1957]; viz., diagonal measurement from most mesial point on enamel to tip of buccal cusp.

Specimen 5487: The distal portion of a right M^1 comprising the distal cusps and a fragment of the mesial cusps. Typical of the upper dentition, the lingual cusp is slightly anterior to the buccal cusp (fig. 5).

The tooth is in fairly advanced wear, and at a more worn stage than 6882 A, 6882 B or 6882 C. It also probably (see below) is a female but despite it being more worn it is higher crowned than 6882 A. The maximum height for the distal lingual cusp of 5487 is 11.6 mm, while that for the distal buccal cusp of 6882 A is 11.2 mm.

The enamel between the mesial and distal cusps is pinched into a narrow longitudinal (mesio-distal) ridge, so that the fossa buccal to it is larger than the deeper lingual fossa. There is a crenated ridge (broken) spanning this fossa buccally between paracone and metacone. In the lingual fossa, between protocone and hypocone, a cuspule (conule) is evident, fused to protocone and demarcated from it by a shallow vertical ridge. Distally on the lingual aspect of hypocone is a well-marked deep vertical ridge demarcating a distinct cuspule, the enamel of which is also pinched in on the buccal side of the demarcating groove. This cuspule is continuous with a thick, slightly crenated ridge of enamel which, becoming fused to the disto-buccal aspect of metacone, forms a heel outlining a stellate-shaped posterior fovea. Approximately opposite this fusion and on the bucco-distal surface of the metacone there is a small vertical dimple adja-

Table VII. Measurements (mm) of Hopefield M[1] (5487 and 5486), compared with specimens from other African sites.

	Hopefield		*S. darti*	*S. danieli*	*S. oswaldi*			
	5486	5487	FREEDMAN [1957] Female (2)	FREEDMAN [1957] Female (7)	LEAKEY [1943] Male (1)	LEAKEY [1943] Female (1)	ANDREWS [1916] Female (1)	LEAKEY & WHITWORTH [1958] Males and females combined
Length	c14	>12	12.0	11.7–15.1	14	13.5	12	12–16.5
Breadth across mesial cusps	14.0	—	9.9	10.9–12.2				
Breadth across distal cusps	c12.5	12.0	9.4;9.5	9.9–10.9	12.5[1]	10[1]	11[1]	9–15[1]

[1] Maximum breadth of tooth only recorded.

cent to which the enamel of the cingulum region is heaped up into a rather inconspicuous horizontal ridge.

The lingual root is complete, while only the basal half of the distal buccal root is present.

In all the female specimens of *S. danieli* (FREEDMAN [1957]) the breadth across the mesial cusps is greater (average 1 mm) than that across the distal cusps. It would then appear that the maximum breadth of the Hopefield specimen is greater than that recorded across the distal cusps. The Hopefield specimen is thus broader than the females of *S. darti* and *S. danieli* and also than the *S. oswaldi* females of LEAKEY [1943] and ANDREWS [1916]. However the breadth of 5487 is more in line with the one male recorded by LEAKEY and WHITWORTH [1958]. It would thus appear to be more reasonable to consider, in this respect, the Hopefield specimen as belonging to a male. Against this is the consideration that it is unlikely that the heel of 5487 occluded with a M_2 of the great size as that in the mandible 3409. Consequently 5487 must be diagnosed, in the light of the few specimens available, as a large female M^1. Another alternative diagnosis is possible, namely, that 5487 is a portion of a female M^2, in which case it would fall just below the range (vide infra) of the known female M^2 of the genus. As the other Hopefield specimens tend to fall nearer or beyond the upper end of the *Simopithecus* range, this diagnosis for 5487 is less likely than that it is a large female M^1.

Specimen 5486: This is an almost complete left M^1 (fig. 5). The posterior rim of enamel of the hypocone is broken off. The dentine of both paracone and metacone is eroded, this erosion extending through the crown-root junction into a rounded cavity in the alveolus between the roots. This has the superficial appearance of a chronic parodontal abscess associated with caries (especially as the base of the roots is pitted with minute foramina resembling those of blood vessels), but it may, equally likely, be due to weathering. The latter is the more probable explanation because if a disease process had been present the remaining bony alveolus adjacent to the roots would not have been so closely adherent to them.

Mesial to the paracone, a vertical ridge on the buccal aspect separates a cuspule-like projection. In the M^2 of *S. darti* described by FREEDMAN [1957], a large cuspule is isolated by a deep fovea from the paracone. This is also seen in the M^1 of the *darti* female (M672) and in the M^1 of the *danieli* female (SK564). The Hopefield specimen is in late wear and this deep fovea noted by FREEDMAN cannot be

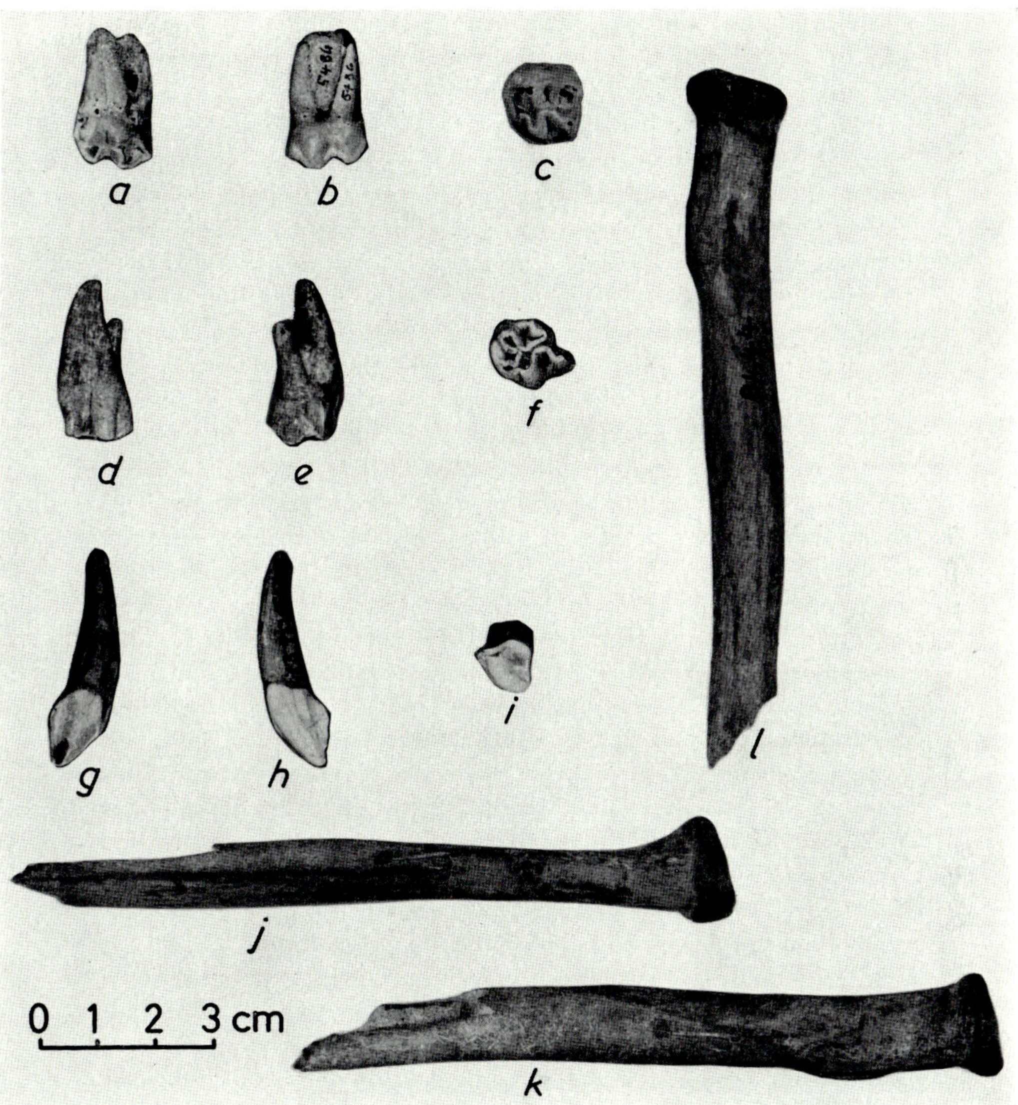

Fig. 5. a, b, c = Lingual, buccal, occlusal views of 5486 (M^1); d, e, f = Lingual, buccal, occlusal views of 5487 (M^1); g, h, i = Lingual, buccal, occlusal views of 13905 ($\underline{C}$); j, k, l = Medial, anterior, posterior views of 8444 (radius).

elicited in this specimen. Disto-lingually, in the Hopefield specimen, an infolding of the enamel mesial to hypocone produced a fovea and a narrow cuspule, the base of which is fused with the lingual surface of the hypocone. An equal-sized disto-lingual infolding is noted in the *darti* and *danieli* M^2 and in the *danieli* M^1 but is rather insignificant in the female *darti* (M672, M669). Disto-buccally a minute dimple demarcates a projection of enamel distally from the metacone. Again, FREEDMAN [1957] notes a large cuspule and fovea (albeit smaller than that mesio-buccally) in this region in *danieli* and *darti*. Buccally between the two outer cusps a high cingular ridge outlines an inverted V-shaped fossa, the limbs of which are formed by vertical grooves, one distal to paracone and one mesial to metacone. A somewhat higher crenated ridge links the apices of the two outer cusps.

Between the mesial and distal pairs of cusps the infolded enamel almost meets along a median ridge, only a very thin layer of dentine separating the two enamel sides of the ridge. Buccal to this median ridge a large square-shaped fossa (with a stellate groove pattern) is outlined, while on the lingual side of the ridge a triangular fossa (containing a transverse slit) is formed, the lingual aspect of which is "open". Two small fused cusplets are seen here between protocone and hypocone.

From the state of wear and also the difference in colour, it is obvious that 5486 does not belong to the same individual as 5487. The lingual root of the latter is more massive (18.1 × 11 × 6 mm; height × length × breadth) than that of 5486 (12.5 × 7.8 × 5.8).

Specimen 6174: This is a lower left canine showing signs of wear (fig. 4). It has a major vertical crack filled with consolidated sand. Part of the root tip is broken off. The tooth is rather low-crowned and is extremely long and broad at the crown-root junction. Above this junction the crown tapers rapidly to the tip. Lingualwards the cingulum forms a thick shelf-like projection. Extending up from the mesial end of this shelf a deep narrow groove sweeps up to the apex. On the medial surface about halfway between the buccal and lingual borders is a broad shallow groove extending from tip of crown right down into the root as far as the point where the root is broken off.

FREEDMAN [1957] indicates that no lower canines of *S. darti* are available, although from the alveoli and broken fragments he infers "it seems probable that in the male the $\overline{C}$ was a large tooth, about the same size as that of the male *P. ursinus*". As regards the female he states "it must be concluded that the tooth was small and probably about the same size as that in the *P. ursinus*". In respect of *S. danieli* he states "The one female $\overline{C}$ (SK.405) which is present is also very worn but appears to have been more or less the same size as that in the female *P. ursinus*; the single male $\overline{C}$ available is still erupting but appears to be much the same size and structure as that of the male *P. ursinus*."

LEAKEY and WHITWORTH [1958] do not describe the lower canines of *S. oswaldi*. In their plate VII, they figure the mandible of a female *S. oswaldi oswaldi*, in which the canines are present. Unfortunately the photograph is small and details of the teeth cannot be definitely elicited. In respect of *S. jonathani* they state: "The male canine is not at present known." Of the female they state: "The lower canines are stout teeth with an almost rectangular section measuring 14.5 mm antero-posteriorly and 9.5 mm transversely. They are moderately low crowned and they are everted to a rather marked extent". The Hopefield specimen does not appear to be more everted than is noted in canines in some modern *Papio ursinus* mandibles. The maximum antero-posterior diameter of Hopefield 6174 is 19.7 mm, and the maximum transverse diameter is 11.0 mm. When one uses FREEDMAN's [1957] system of measurement, the length (mesio-distal) is 11.0 mm, the breadth (bucco-lingual measurement at the lingual enamel line height) is 19.7 mm, and the height (on buccal surface from enamel line to tip) is 29.0 mm. FREEDMAN [1957] records the measurements (mm) of the *S. danieli* female canine (SK.405 and SK.402) as H=10.3; B=8.5; L=5.4.

LEAKEY [1943] states that the canines of a female juvenile *S. oswaldi* are "9 mm long, 5.5 mm wide measured at the alveolar margin and 9.5 mm high from alveolar margin at top". It would appear that LEAKEY's measurements of length and breadth are the reverse of FREEDMAN's system.

When one considers the dimensions of the upper canine (13905) of a female from Hopefield, it becomes obvious that Hopefield 6174, despite its shortness, must belong to a male. It may then quite possibly have belonged to the same individual as 3409. The equivalent upper canine would correspondingly also have been massive and would have produced considerable squaring-off of the anterior region of the muzzle. This is evident in the male *S. oswaldi* illustrated by LEAKEY [1943].

Specimen 13905: This is an upper left canine in early wear (fig. 5). No upper canines of *S. darti* have been recovered (FREEDMAN [1957]) but an almost completely unworn upper canine of a female *S. danieli* (SK.564) is available. He states: "This tooth is shorter and considerably broader than that in the female *P. ursinus*, but it is otherwise very similar in structure." The Hopefield specimen is long, there being a marked distal flange outlined by a shallow groove buccally and by a deeper groove lingually. At the crown-root junction this flange is raised and thickened, with a raised ridge on the lingual aspect leading up to the distal border of the tooth. The mesial border of the tooth is ridged and is separated from the central part of the tooth by a shallow fossa. The mesial border is also thickened and raised as it nears the crown-root junction, thereby producing a thickened cingulum in this region. This cingulum spreads to the mesio-lingual and mesio-buccal aspects of the tooth. The tooth is very broad.

The mesial aspect of the curved root has a deep groove running from base to tip. The maximum length of the tooth taken across the mesial and distal borders just below the crown-root junction is 10.2 mm and the maximum breadth is 9.3 mm. The maximum height of the crown (buccal) is 18.0 mm.

The female upper canine of *S. oswaldi* described by ANDREWS [1916] has a length of 8 mm and a breadth of 7 mm.

FREEDMAN [1957] defines two measurements of length for upper canines viz., *L1* as the distal surface to mesio-lingual border, and *L2* as mesial surface to disto-lingual border. The present author cannot quite visualize what additional information is obtained by this subdivision. FREEDMAN gives the following dimensions for two canines of female *S. danieli*:

	H	B	L1	L2
SK.561	11.3	8.5	8.2	7.5
SK.563	(14.0)	8.5	(9.0)	

The figures in brackets are doubtful because of damage. FREEDMAN states that specimen SK.563 almost certainly belongs to the same individual as SK.405 plus SK.402 (see under specimen 6174). Here again there is ample proof that 6174 cannot possibly be from a female. For the Hopefield specimen 13905, L1 is measured as 9.2 mm and L2 as 10.2 mm. From the degree of attrition and the state of the specimen, it is likely that specimen 13905 belongs to the same individual as 6882B and 6882C.

Postcranial remains

Specimen 8444: This is the proximal half of a right radius (fig. 5). The bone is massive with a large head, the maximal diameters of which are 19.0 mm antero-posteriorly (in the supine position) and 18.5 mm transversely (at right angles to the former diameter), which is within the range of modern male *Papio ursinus*. The head of the radius has a relatively (to modern *Papio ursinus*) broad rim, and the plane articulating with capitulum is tilted somewhat so that posteriorly it projects proximally more than the anterior rim. The neck is thickened more anteriorly than posteriorly. There is an elongated neck terminating in a pronounced tuberosity for the biceps. The bony lipping around the attachment of the biceps tendon indicates that the animal was an adult, and not young. Leading distally from the tuberosity is a rather ridged anterior oblique line ending in a rounded anterior border. Between this border and the thick interosseous border is a hollowed out region for the long flexor of the first digit. The region distal to the neck and lateral to the bicipital tuberosity is flattened antero-posteriorly for a short distance and then broadens suddenly where the oblique line meets the anterior border (fig. 5).

The region for attachment of the abductor pollicis longus is rather rough and raised and this, taken in conjunction with marked ridges for attachment of the radial head of the flexor digitorum superficialis and for the biceps, indicates that the bone belongs to a mature (at least) adult. The massiveness of the specimen, though not particularly more massive than adult male specimens of modern *Papio*, suggests that it belonged to an adult male.

The specimen may have belonged to the same individual as 3409.

4. Discussion

I. Number and Sex of Individuals

The Hopefield specimens described belong to more than one individual. A few cranial fragments (8400d and five *Simopithecus* pieces, 8400g, h, i, j, k) cannot be fitted into the reconstructed skull (8400a, b, c, e, and unnumbered fragments undoubtedly fitting these four fragments). It is thus possible that the remains of two skulls are represented. The length of the reconstructed skull approximates more that of the male *S. oswaldi* but the minimum frontal breadth could be either of a male or a female. Because so few complete calvariae of *Simopithecus* are available for comparison, the sex of the Hopefield specimen is difficult to determine. However, in the light of the apparent absence of a sagittal crest and of the appearance of the temporal ridge it is suggested that this cranium belongs to a large female.

The mandibular fragment (3409) with M_3 and M_2 undoubtedly belongs to a male. It is also probable that the lower canine 6174 belongs to a male, possibly to the same individual as the mandibular fragment. Associated with these may also be the proximal half of the radius (8444).

The upper canine 13905 belongs to a female and it appears to be at the same stage of attrition as 6882 A, B and C. Specimen 6882 C morphologically belongs to a female, but 6882 B, which is definitely in series with 6882 C, is very large. On dimensions alone, had 6882 B been found as an isolated specimen, it would have qualified as belonging to a male in the light of the dimensions known for *S. danieli* and *S. oswaldi.* A similar argument holds, to a lesser extent, for 6882 A (see also under Description). These Hopefield specimens then greatly extend the range of size of female *Simopithecus* with a distinct overlap into the male series as known at present.

The upper M^1 5487 is unfortunately broken. It is however high-crowned, very broad and probably very long. As outlined in the description of this specimen its dimensions fall more into the range of other known *Simopithecus* M^1 males than into the female range. Its length is probably within the range for that of the female *danieli* and that of the male and female *oswaldi.* Its breadth is greater than that of the female *danieli* and of the female *oswaldi* but is the same as that of the male *oswaldi.* However, it is well recognized that the size of *Simopithecus* teeth vary greatly. When one observes the similarity of dimensions of the *S. oswaldi* specimens (LEAKEY [1943], ANDREWS [1916]) then the Hopefield specimen may well be considered a female. Furthermore when one considers it in relation to the male M_2 of 3409 it seems that it would more probably be a large female specimen. However, as the M_2 of 3409 is very worn and the male M_1 is unknown, it is postulated that 5487 should tentatively be considered as a large female M^1. This tooth would more easily occlude with teeth about the size of the female M_1 (6882 A).

For similar reasons the other upper female M^1, specimen 5486, with an almost equal breadth across the distal cusps as 5487 and probably the same length, is also considered to be a large female specimen. But 5487 is from a different individual than 5486, and neither are at the same stage of wear as 6882 A, B, C.

Thus it appears that there is at least one male (3409 ?plus 6174 ?plus 8444) and at least three females (13905 plus 6882 A, B, C; 5486; 5487), and possibly four (i.e. the reconstructed skull).

II. Diagnosis of Species

All the Hopefield specimens belong to *Simopithecus*.

FREEDMAN [1957] has stated that "*S. darti* has considerably smaller teeth than either of the other two species, but *S. danieli* and *S. oswaldi* differ only in that M^2 and M^3 (at least in the female) are slightly longer in the former ... On the available skull material, which is very meagre ..., the only important difference between the species which one can be certain of is the considerably greater height of the female muzzle in *S. danieli* as compared to *S. oswaldi*."

There are two contentious points in LEAKEY and WHITWORTH's [1958] revised diagnosis for *S. oswaldi* ANDREWS [1916]. They state that in this species "temporal crests (actually situated on frontal bones) unite posteriorly at bregma". It has been pointed out (above and in FREEDMAN [1957]) that in *Papio ursinus* the meeting points of the temporal lines are very variable, and in the light of the small sample of skulls available of the various species of *Simopithecus*, this must remain a debatable feature.

Secondly, they state of *oswaldi* "ascending ramus of mandible high and approaching vertical". A study of a series of *Papio ursinus* skulls reveals a considerable sex and individual variation in the slope of the ascending ramus relative to the body. LEAKEY and WHITWORTH [1958] indicate in their diagnosis of *S. jonathani* that "ascending ramus more nearly vertical than in *S. oswaldi*". It is here considered that this distinction should be held in abeyance until more *Simopithecus oswaldi* jaws are available.

Despite the limited amount of material available from Hopefield, the morphological appearance of the specimens would be applicable to both *oswaldi* and *danieli*. Unfortunately M^2 and M^3 have not yet been recovered from Hopefield, so that FREEDMAN's mode of differentiating the material is not possible. However, the author must agree with LEAKEY and WHITWORTH [1958], particularly in the light of the new material from Hopefield, that *Simopithecus* is a genus in which considerable size variation occurs. FREEDMAN's differentiation of *danieli* was based on five females for M^2 and three females for M^3, which he compared with two females of *oswaldi*. In breadth of M^2

the largest *oswaldi* measured 13 mm, while in *danieli* the lowest breadth diameter was 13.6 mm (largest 14.9 mm). In length of M^2 the largest specimen measured 15.5 mm, while the smallest in *danieli* measured 15.9 mm (largest 18.1 mm). In breadth of M^3 the larger *oswaldi* measured 13 mm, while the smallest *danieli* measured 14 mm (largest 14.5 mm). In length of M^3 the larger *oswaldi* measured 16.5 mm, while the smaller of the *danieli* measured 16.6 mm (the larger 17.6 mm). Unfortunately LEAKEY and WHITWORTH [1958], in recording the data on dimensions of a larger number of specimens, did not separate the males from the females. Nevertheless, the above size differences alone appear as modest for separating species as those which FREEDMAN [1957] declared inadequate for separating *S. leakeyi* from *S. oswaldi.* The author does not wish to comment extensively on the question of the muzzle height, except that in *Papio ursinus* individual muzzle heights vary rather considerably within a sex. Furthermore, the skull of the modern subspecies, *orientalis,* of *ursinus* differs considerably in morphology (GOLDBLATT [1926]) from the other two South African subspecies even though their dentitions are practically identical.

Consequently the author agrees with LEAKEY and WHITWORTH [1958] in so far as *S. danieli* may be considered as a geographical (subspecific) variant of *S. oswaldi.* Because of the great similarity in appearance of the *darti* and *danieli* dentitions, it would appear reasonable also to consider *darti* on the same basis. It would then seem more logical to consider these two Transvaal species as subspecies of *S. oswaldi* until such time as distinct structural differences between them can be elicited.

The Hopefield specimens, both male and female, are large and extend the ranges of variation of the dentition of *Simopithecus.* In respect of the thickness of the male mandible opposite M_3, the size of M_3 and the length of P_1, the Hopefield specimens outstrip the dimensions of the corresponding type specimen of *S. jonathani,* viz., a female mandible. In respect of M_1, M_2 and P_4 the Hopefield specimens are almost as large as the *jonathani* specimens. The Hopefield lower canine, probably a male, is very large. It would seem then that, with the recovery of more complete specimens both in East Africa and at Hopefield, possibly even the specific status of *S. jonathani* may have to be changed to that of a subspecies of *oswaldi.*

Consequently, in the light of the great size of the Hopefield specimens (with the exception of the skull which is similar to *oswaldi* and probably *danieli*) it is reasonable to consider the Hopefield specimens as constituting a geographical variant of *Simopithecus oswaldi* and to assign them to a new subspecies, viz., *hopefieldensis*.

LEAKEY and WHITWORTH [1958] proposed three subspecies for *Simopithecus oswaldi*, viz., *oswaldi* (Kanjera), *mariae* (Olorgesailie) and *olduvaiensis* (Olduvai). Three subspecies are also now proposed for South Africa, viz., *danieli* (Swartkrans), *darti* (Makapan) and *hopefieldensis* (Hopefield).

It is possible that, when further specimens are recovered and the material is re-assessed as a whole, one or more of these subspecies may be found sufficiently different to be re-evaluated as a separate species.

ACKNOWLEDGMENTS

The author is very glad to contribute to the Festschrift in honour of Professor ADOLPH H. SCHULTZ. It has been a great pleasure to him to prepare the paper for this purpose which is only a small token of his great esteem for Professor SCHULTZ's outstanding contributions to science.

The author thanks Dr. L. FREEDMAN, Anatomy Department, University of the Witwatersrand, Dr. A. S. BRINK and Mr. J. W. KITCHING, Bernard Price Institute for Palaeontological Research, Johannesburg, and Dr. J. T. ROBINSON, Transvaal Museum, Pretoria, for kindly lending specimens for comparative study.

The collecting of the material described was carried out under grants to the author by the Wenner-Gren Foundation for Anthropological Research Inc., New York, the South African Council for Scientific and Industrial Research and the Dr. C. L. Herman Research Fund of the University of Cape Town.

REFERENCES

ANDREWS, C. W.: Note on a new baboon (*Simopithecus oswaldi*, gen. et sp. n.) from the (?) Pliocene of British East Africa. Ann. Mag. nat. Hist. *18*: 8th series, 410–419 (1916).

ARAMBOURG, C.: Contribution à l'étude géologique et paléontologique du Bassin du Lac Rodolphe et de la Basse Vallée de l'Omo. – 2e partie: Paléontologie. Miss. sci. Omo, 1932–1933, *1*/III, 75–562 (Editions du Muséum, Paris 1947).

DIETRICH. W. O.: Ältestquartäre Säugetiere aus der südlichen Serengeti, Deusch-Ostafrika. Palaeontographica *94*: Abt. A, 52–54 (1942).

FREEDMAN, L.: The fossil cercopithecoidea of South Africa. Ann. Transvaal Mus. *23*: 121–262 (1957).

GOLDBLATT, I.: The cranial characters of some South African baboons. S. Afr. J. Sci. *23*: 764–783 (1926).

HOPWOOD, A. T.: New fossil mammals from Olduvai, Tanganyika territory. Ann. Mag. nat. Hist. *14*: 10th series, 546–550 (1934). – New and little-known fossil mammals from the pleistocene of Kenya Colony and Tanganyika Territory. Ann. Mag. nat. Hist. *17*: 10th series, 636–641 (1936).

LEAKEY, L. S. B.: Notes on *Simopithecus oswaldi* Andrews from the type site. J. E. Afr. nat. Hist. Soc. *17*: 39–44 (1943).

LEAKEY, L. S. B. and WHITWORTH, T.: Notes on the genus *Simopithecus*, with description of a new species from Olduvai. Coryndon Memorial Museum Occasional Papers, No. 6 (1958).

REMANE, A.: Der fossile Pavian (*Papio* sp.) von Oldoway. Nebst Bemerkungen über die Gattung *Simopithecus* C. W. Andrews. Wiss. Erg. Oldoway-Exped. 1913 (N. F. H. 2., Leipzig 1925).

SCHULTZ, A. H.: Eruption and decay of permanent teeth in primates. Amer. J. phys. Anthrop. *19*: 489–581 (1935).

SINGER, R.: The Saldanha skull from Hopefield, South Africa. Amer. J. phys. Anthrop. *12*: 345–362 (1954). – Recent discoveries in Southern Africa. Mitt. Anthrop. Ges. Wien *87*: 110–114 (1957). – Neue Entdeckungen im südlichen Afrika. Anthrop. Anz. *21*: 261–267 (1958).

SINGER, R. and BONÉ, E. L.: Modern giraffes and the fossil giraffids of Africa. Ann. S. Afr. Mus. *45*: 375–548 (1960).

SINGER, R. and CRAWFORD, J. R.: The significance of the archaeological discoveries at Hopefield, South Africa. J. roy. Anthrop. Inst. *88*: 11–19 (1958).

SINGER, R. and KEEN, E. N.: Fossil suiformes from Hopefield. Ann. S. Afr. Mus. *42*: 169–179 (1955).

STRAUS, W. L.: Saldanha man and his culture. Science *125*: 973–974 (1957).

Bibl. primat. vol. 1, pp. 71–92 (Karger, Basel/New York 1962)

Institut Géologique, Université de Louvain

RYTHMES ÉVOLUTIFS COMPARÉS DES HOMINIDÉS ET DES MAMMIFÈRES PLÉISTOCÈNES

Par ÉDOUARD L. BONÉ, S. J.

1. Plasticité de l'espèce

La conquête de la notion d'évolution a depuis un siècle et demi fait litière de la vieille croyance en la stabilité des espèces linnéennes. Essentiellement fondées sur des considérations d'anatomie comparée, les premières intuitions de LAMARCK, GEOFFROY SAINT-HILAIRE et DARWIN surtout, se sont progressivement étayées d'arguments paléontologiques: les documents fossiles vinrent combler les vides et effacer graduellement nos lignes de séparation toujours plus ou moins arbitraires entre espèces: on l'avait annoncé: «plus nos collections s'enrichissent, plus nous rencontrons des preuves que tout est nuancé, que les différences remarquables s'évanouissent, et que le plus souvent la nature ne laisse à notre disposition, pour établir des distinctions, que des particularités minutieuses et en quelque sorte puériles.»[1]

La génétique expérimentale de son côté réalise d'ores et déjà la formation d'espèces nouvelles, en particulier par le mécanisme d'hybridation dans les cas d'amphidiploïdie; tout indique d'ailleurs que si elles ne dépassent guère à l'observation directe l'importance de la variété et se montrent souvent récessives, les mutations géniques et chromosomiques produites par voie chimique ou physique peuvent à leur tour s'additionner cumulativement en un processus d'orthosélection aboutissant à l'apparition d'espèces et de genres nouveaux, sinon de catégories taxionomiques plus hautes.

La stabilité de l'espèce est donc toute relative, et il convient habituellement de réduire considérablement les limites spatio-tempo-

---

[1] LAMARCK, Philosophie Zoologique, 1809.

relles à l'intérieur desquelles on étudie un groupe vivant pour pouvoir l'y mettre en lumière. Alors que Darwin[1] se préoccupait de réunir consciencieusement les arguments en faveur de la plasticité, cette notion nous paraît désormais si banale que ce sont plutôt les fossiles vivants *Hatteria*, limule, coelacanthe ou *Lingula*, qui surprennent et retiennent l'intérêt! L'espèce est donc essentiellement plastique et mouvante. La matière vivante est lestée de complexité biochimique qui l'entraîne inlassablement vers des états nouveaux d'équilibre, sens obvie et premier de la dérive évolutive.

2. Les tempos évolutifs

Dès 1859, dans son Origine des Espèces, Darwin soulignait les notables différences de tempos évolutifs entre les divers groupes zoologiques. Les animaux marins, remarquait-il, sont en général sujets à des transformations plus lentes que les espèces dulcicoles ou terrestres, et les types plus complexes connaissent une évolution plus rapide que les formes primitives. Ce n'est pourtant que depuis quelque 15 ans que les études comparées de vitesse évolutive ont pris un réel essor. Trois conditions essentielles y étaient requises: il fallait une accumulation considérable de matériel paléontologique, recueilli aux divers horizons stratigraphiques, dans de très différentes provinces géographiques et dans des conditions écologiques et de faciès fort variables, avant qu'on se puisse faire une idée objective de l'allure du phénomène évolutif; il fallait de surcroît disposer, pour la datation des sédiments fossilifères, de méthodes plus rigoureuses: or le développement des chronomètres faunistique, climatologique, radioactif surtout a depuis 20 ou 30 ans singulièrement contribué à préciser la chronologie absolue et relative des différentes ères géologiques; la génétique enfin et le renouveau qu'elle assure à la systématique garantit une ordonnance plus organique et plus rationnelle aussi du matériau paléontologique, distribué désormais selon des phylogénèses mieux établies et plus sûres.

Dans ces conditions renouvelées, de nombreux auteurs se sont

[1] "Whoever is led to believe that species are mutable will do good service by conscientiously expressing his conviction; for thus only can the load of prejudice by which this subject is overwhelmed be removed" (The Origin of Species, 1876, p. 423).

appliqués à exprimer avec plus de précision les tempos évolutifs des divers groupes biologiques: entre beaucoup d'autres, ABEL [1920], WEBER [1927–28], HENNING [1932], KUHN [1938–39], EKMAN [1940], SIMPSON [1944, 1949], SCHINDEWOLF [1950], RENSCH [1954], ZEUNER [1958] et tout récemment KURTÉN [1959 et 1960] ont essayé de définir la vie moyenne ou la longévité, ou encore de calculer des taux d'apparition et d'extinction des différentes unités taxionomiques. C'est ainsi par exemple qu'on a pu évaluer à 460 millions d'années environ la durée moyenne des classes non encore éteintes: les ordres varient considérablement et la longévité est bien fonction, comme on le pressentait, de leur degré de complexité et de leur milieu: ainsi parmi les Mollusques, les Céphalopodes ont une durée moyenne de 245 à 285 millions d'années (respectivement les ordres fossiles Ammonoidea et Belemnoidea, et les ordres actuels Nautiloidea Decapoda et Octopoda). La famille a une durée moyenne de 110 millions d'années chez les Trilobites et de 160 millions chez les Brachiopodes.

Il est moins aisé de déterminer la longévité moyenne des genres et des unités taxionomiques inférieures, car les erreurs méthodologiques et les lacunes sédimentaires influencent plus sensiblement les durées plus courtes à mesurer. Essentiellement pourtant, des constatations valables ont pu être faites: SCHINDEWOLF [1950] attribue une durée moyenne de 71 millions d'années à des genres fossiles de Foraminifères, et de 60 millions d'années à des Gastéropodes pulmonés.

Les vertébrés semblent avoir des longévités généralement plus courtes: le calcul direct de la vie moyenne doit être souvent remplacé ici par l'appréciation soit de la date d'apparition d'une forme nouvelle, soit du nombre de formes nouvelles apparues durant une période déterminée, ce dernier chiffre suggérant alors la dynamique évolutive de genres ou d'espèces moins stabilisés et plus ou moins rapidement relayés.

Les plus vieux genres de mammifères de notre faune actuelle apparaissent à l'Oligocène, et ils sont rares; *Sus*, *Tapirus*, *Canis*, la Loutre et le Putois apparaissent au Miocène; il y a moins de 10 millions d'années qu'avec le Pliocène bon nombre de genres modernes font leur première apparition: Bœuf, Bison, Chèvre, Gazelle, Giraffe, Eléphant, Chameau, Cheval, Rhinocéros, Cerf, Hyène, Ours... (EKMAN [1940]); tandis que d'autres – les derniers venus – attendent le Pléistocène, soit il y a quelques centaines de milliers d'années. La durée de vie des genres de mammifères plus évolués semble donc se situer en moyenne aux environs de quelques millions d'années, de 5 à

15 pour ne pas trop préciser. Dans certaines lignées phylétiques plus complètes, elle a pu être déterminée avec fidélité: c'est le cas des Equidés par exemple, qui d'*Hyracotherium* de l'Eocène à *Equus* du Pléistocène, soit en quelque 60 millions d'années, ont connu sur leur phylum direct et continu la succession de 8 genres, de durée moyenne de 7,5 millions d'années.

La durée des espèces a été l'objet de nombreuses recherches récentes: la paléontologie du Quaternaire ne révèle pas de changements substantiels – sinon par extinction – dans la faune au cours des derniers épisodes glaciaires du Pléistocène moyen et supérieur, encore moins depuis le retrait des glaces. L'isolement de l'Angleterre à l'Holocène, celui de Jersey au cours du dernier interglaciaire (il y a donc 7.500 et 70.000 ans) a sans doute déterminé la formation de races géographiques, mais ces formes sont purement phénotypiques et ne revêtent aucun caractère de stabilité, ainsi que l'a montré Zeuner [1940 et 1946] pour le Cerf élaphe. Les faunes de Wallertheim (Zeuner [1945]) et de Predmost, du dernier interglaciaire, ne fournissent pas un seul exemple d'espèce réellement nouvelle apparue depuis 150.000 ans, et les études de Wehrli [1935] sur les marmottes alpines et russes ont clairement montré que l'évolution intervenue ne dépassait pas les cadres de la distinction subspécifique.

Les faunes du grand interglaciaire et de la glaciation de Riss sont elles aussi spécifiquement identiques à la faune récente: l'espèce *Capra camburgensis* créée par Toepfer [1934] pour la forme repérée dans le gravier de la terrasse thuringienne de la première phase de la glaciation de la Saale (230.000 ans) n'a qu'une valeur subspécifique, ainsi que l'a montré Zeuner [1958]. Depuis le début du Pléistocène moyen, c'est-à-dire la fin de l'antépénultième glaciation ($\pm$ 450.000 ans), nous ne possédons pas d'indication franche d'apparition de nouvelle espèce de mammifère.

Il faut donc pénétrer dans le Pléistocène inférieur pour rencontrer une faune sensiblement distincte; la différence est à vrai dire d'emblée marquée: 63 à 86% des associations faunistiques au moins y apparaît subspécifiquement nouveau depuis cette seconde glaciation (Mauer et Mosbach) ou l'interglaciaire qui lui précéda immédiatement (450 à 600.000 ans); et le renouvellement spécifique est maintenant tout à fait franc. Plusieurs lignées en effet y ont pu être suivies avec précision: *Elephas* notamment et *Hippopotamus*, et les chiffres communément proposés pour la durée d'une espèce dans ces phyla, soit le temps requis pour l'individualisation de deux espèces à partir de leur ancêtre commun sont – il s'agit d'espèces pléistocènes – de 500.000 ans environ. Les faunes de Senèze et du Val d'Arno, d'âge Villafranchien, soit de 600.000 à 800.000 ans, ne contiennent virtuellement plus aucune espèce actuelle, et confirment donc – dans les cadres de ce Pléistocène et de sa limite inférieure – le tempo évolutif proposé ci-dessus, qui est celui d'espèces continentales. Pour les 18 espèces Pléistocènes – partiellement encore actuelles ou disparues par extinction – KURTÉN [1959] de son côté propose une longévité moyenne de 328.000 ans. Ce chiffre ne constitue sans doute qu'une approximation valable pour le seul Pléistocène et pour les mammifères supérieurs.

En réalité la vitesse de spéciation est fort variable: le tempo varie avec les groupes sans doute, et suivant les différents rameaux évolutifs parallèles d'une même unité systématique[1]; il varie également à l'intérieur du même groupe au cours des différentes périodes de son histoire phylogénétique.

La précision de la vitesse de spéciation selon cette méthode offre pourtant une difficulté majeure: elle mesure en effet la longévité d'une espèce ou le taux d'apparition et d'extinction de formes distinguées comme espèces, mais elle ne garantit pas pour autant l'objectivité des distinctions spécifiques retenues. Or il saute aux yeux que c'est là question particulièrement délicate et, au niveau paléontologique surtout, spécialement épineuse. Le paléontologiste en effet ne dispose pas du critère d'isolement naturel des patrimoines héréditaires par défaut de reproduction, accessible au néontologiste. Il en est donc réduit à utiliser des critères morphologiques habituellement très lacunaires, sinon radicalement insuffisants. L'espèce de l'un risque de devenir le genre ou la sous-espèce de l'autre, et les exemples abondent de définitions périmées, de diagnoses mises au rancart ou aboutissant à un décalage d'unités taxionomiques. L'élément subjectif est malaisément éliminable de la délimitation d'une espèce paléontologique[2], et sans verser dans le scepticisme, il faut reconnaître avec G. THOMAS

---

[1] Ainsi que l'a montré COLBERT [1948] par exemple pour les Dinosauriens du Mésozoïque, où le coefficient d'accroissement de taille varie de 0,26 à 6,10 en passant des Ankylosauria aux Ceratopsia.

[2] "The species is a fiction, a mental construct, the creation of the systematist: a 'good' species is what a competent systematist considers to be a 'good' species; a species is what is conveniently a species; a species is as it is used; a species is not found, it is made" (T. Neville GEORGE [1956], p. 123–124).

[1956] que «la taxionomie paléontologique est un art au moins autant qu'une science»!

3. Taux d'évolution «Darwin»

Pour se débarrasser autant que faire se peut de cette difficulté méthodologique de l'appréciation des vitesses d'évolution sur la base de la reconnaissance de l'espèce, on s'est efforcé de calculer directement l'importance des transformations observables, sans plus s'appuyer sur la distinction spécifique à laquelle elles donnait éventuellement lieu; en d'autres termes on vise à exprimer mathématiquement, au niveau de telle structure particulière, la valeur du tempo évolutif en fonction duquel le clivage spécifique s'est – le cas échéant – opéré.

HALDANE [1949] a suggéré comme unité le «Darwin», correspondant à une modification de $^1/_{1000}$ d'une valeur donnée en 1000 ans. Comme les valeurs observables peuvent être très diverses, la difficulté réside ici à choisir les structures utiles, c'est-à-dire réellement significatives de l'évolution phylétique. Car les tempos évolutifs des structures particulières d'un même groupe à un même moment du temps peuvent aussi être très divers, voire opposés. C'est ainsi par exemple que le long de la lignée *Hyracotherium – Mesohippus – Merychippus – Neohippus*, l'accroissement millénaire de longueur du paracone est de $3{,}6 \times 10^{-5}$, 10×10^{-5} et $8{,}6 \times 10^{-5}$ respectivement pour les trois transitions considérées; l'ectolophe de son côté subit un accroissement parallèle, mais beaucoup moins rapide, puisqu'il se chiffre par $2{,}3 \times 10^{-5}$, $3{,}7 \times 10^{-5}$ et $0{,}8 \times 10^{-5}$, si bien que l'indice des longueurs paracone: ectolophe est accru respectivement de $1{,}3 \times 10^{-5}$, $6{,}3 \times 10^{-5}$, $6{,}3 \times 10^{-5}$ et $7{,}8 \times 10^{-5}$.

Sur cette base mathématique il devenait désormais possible d'apprécier la vitesse d'évolution des groupes zoologiques en préscindant des implications taxinomiques trop subjectives; il est loisible de surcroît de comparer les taux d'évolution de diverses formes contemporaines et de suivre la variation des tempos dans un même groupe, le long de l'échelle du temps, aux divers moments de son histoire phylétique.

Reprenant ainsi les données de BADER [1955] pour les Oréodontes, de SIMPSON [1944 et 1953] pour les Equidés, et les complétant par ses (KURTÉN [1955]) propres données sur les Ursidés, KURTÉN [1959] distingue du Tertiaire à l'Holocène trois tempos évolutifs nettement tranchés: un tempo A, accéléré, caractéristique de la dentition des Ursidés depuis la fin du Würm, atteint des valeurs exceptionnelles de 13,8 darwins (moyenne 12,6). On peut affirmer à priori que pareil taux ne saurait être que très épisodique: soutenue pendant 30.000 ans seulement en effet, cette vitesse spectaculaire aboutirait à un accroissement en longueur de 41,0%.

En réalité pendant le Pléistocène, l'évolution des mammifères a progressé à un taux plus réduit, le tempo B, ou moyen, de KURTÉN: le même phylum des Ursidés, suivi depuis *Ursus etruscus* (du Villafranchien inférieur de St-Vallier) jusqu'à notre ours brun, *Ursus arctos arctos* actuel, subit une élongation de M_2 dont le tempo se montre fort variable: réduit pendant les interglaciaires, accéléré au cours des périodes froides, il est inférieur aux vitesses calculées pour l'Holocène, et oscille entre 0,34 et 3,2 darwins, avec une moyenne située aux environs de 0,5 darwin.

Le tempo C, ou lent, caractérise de son côté l'évolution des Ursidés à l'époque tertiaire, comme d'ailleurs d'autres groupes de mammifères sur lesquels la recherche a pu être développée (Oréodontes et Equidés): le coefficient darwin se situe ici entre 0,003 et 0,2 darwin, avec une moyenne de 23 millidarwins.

Les trois coefficients C, B et A caractéristiques de ces mammifères, du Cénozoïque à l'Holocène, sont donc entre eux comme les puissances successives de 25, soit 1:25:625.

4. Taux d'évolution des Hominidés pléistocènes. Le gabarit dentaire

Il n'est pas sans intérêt d'essayer de situer l'Homme et ses ancêtres immédiats dans le cadre de ces tempos évolutifs, et de comparer leurs expressions mathématiques avec celles de la faune environnante de l'époque.

Afin de comparer des choses comparables, nous nous sommes d'abord efforcés de préciser les tempos évolutifs des gabarits dentaires chez quelques Hominidés, au cours de leur histoire phylétique depuis l'Australopithèque jusqu'à la différenciation raciale actuelle. Les accroissements en longueur et en largeur se révèlent en général très parallèles: nous avons donc choisi comme expression de la «dimension» des dents la demi-somme de ces deux mesures, ou le module. Le matériel d'étude comporte la dentition d'*Australopithecus transvaalensis* (Sterkfontein) (ROBINSON [1956]), *Pithecanthropus pe-*

Tableau I

Coefficients "Darwin" des modules dentaires
(Les chiffres en italique correspondent à une évolution dans le sens d'un accroissement du module)

		Australopithecus – *Pithecanthropus*	*Australopithecus* – Esquimaux	*Australopithecus* – Bantous	*Australopithecus* – Boschimans	*Australopithecus* – Europoïdes	*Australopithecus* – Australoïdes	*Australopithecus* – Moyenne des sapiens	*Pithecanthropus* – Esquimaux	*Pithecanthropus* – Bantous	*Pithecanthropus* – Boschimans	*Pithecanthropus* – Europoïdes	*Pithecanthropus* – Australoïdes	*Pithecanthropus* – Moyenne des sapiens	*Pithecanthropus* – Moyenne des sapiens (Australoïdes exceptés)
	I^1	.26		.12	.26	.17	.14	.16		.36	.59	.36	.18	.36	.41
	I^2	*1.02*		.17	.01	.05	.22	*.06*		.50	.66	.75	.34	.58	.61
	I_1	.24		.12	.36	.21	.09	.25		.26	.67	.36	.15	.41	.42
	I_2	.17		.30	.35	.25	.15	.29		.47	.66	.34	.14	.42	.47
	C^+	.11	.30	.25	.30	.27	.08	.24	.57	.64	.74	.68	.36	.60	.64
	C_+	.28	.40	.37	.51	.41	.32	.40	.55	.46	.77	.55	.37	.57	.58
	P^3	.18	.35	.37	.37	.37	.25	.37	.59	.66	.79	.66	.31	.55	.65
	P^4	.40	.44	.42	.51	.47	.33	.44	.55	.55	.72	.62	.31	.56	.60
	P_3	.33	.46	.42	.49	.49	.32	.44	.68	.60	.71	.71	.38	.61	.66
	P_4	.35	.49	.48	.52	.50	.39	.48	.69	.69	.76	.72	.45	.65	.70
	M^1	.35	.24	.35	.32	.24	.12	.26	.14	.28	.39	.11	*.11*	.13	.21
	M^2	.63	.42	.44	.51	.48	.29	.42	.25	.28	.45	.36	*.05*	.26	.32
	M^3	.84	.46	.46	.58	.54	.35	.48	.06	.06	.34	.28	*.22*	.15	.17
	M_1	.28	.22	.32	.35	.30	.14	.27	.19	.40	.46	.41	.03	.28	.36
	M_2	.54	.39	.45	.49	.47	.27	.41	.30	.43	.51	.49	.05	.35	.41
	M_3	.69	.36	.42	.54	.47	.33	.42	.11	.20	.52	.34	*.03*	.23	.28
Moyennes	I-C	.34		.22	.29	.22	.16	.23		.49	.68	.50	.25	.49	.52
	P	.31	.43	.42	.47	.45	.45	.43	.61	.61	.74	.67	.36	.59	.65
	I–P	.33		.30	.36	.31	.28	.31		.51	.70	.57	.29	.53	.57
	M	.55	.34	.40	.46	.41	.41	.36	.17	.44	.46	.33	.08	.23	.29
Moyenne totale		.41	.38	.34	.39	.34	.33	.33	.38	.49	.68	.48	.21	.41	.46

kinensis (WEIDENREICH [1937]) pour les formes fossiles, des groupes boschiman (DRENNAN [1929]), australoïde (CAMPBELL [1925]), esquimaux (PEDERSEN [1949]), bantou (SHAW [1931]) et europoïde (BLACK [1902]) pour les populations *Homo sapiens* de comparaison.

On a daté le groupe d'*Australopithecus transvaalensis* à 600.000 ans, celui de *Pithecanthropus pekinensis* à 300.000 ans. Les différents tempos ont été calculés pour les 16 types de dents définitives, à chaque coup pour l'échelon *Australopithecus-Pithecanthropus* d'une part, pour l'échelon reliant *Australopithecus* ou *Pithecanthropus* à chacun des cinq groupes de *Homo sapiens* de l'autre, enfin pour les deux distances *Australopithecus* (ou *Pithecanthropus*) à la moyenne des sapiens actuels (avec et sans le groupe des aborigènes australiens).

216 coefficients ont été ainsi précisés, qui figurent au tableau I. A 6 exceptions près, où ils traduisent un accroissement du module le long de l'axe du temps, ils sont tous négatifs, et correspondent donc à une réduction du gabarit dentaire. Un coup d'œil montre d'emblée que ces coefficients ne sont pas très variables: ils se situent généralement dans les limites du tempo B de KURTÉN (ou le taux horotélique de SIMPSON), rarement inférieurs à 200 millidarwins (15 %), une seule fois (0,4 %) supérieur à un darwin; 68,6 %, soit plus des $^2/_3$ se situant entre 200 et 600 millidarwins (cfr tableau II), avec une moyenne de 395 millidarwins.

Dans le cadre de ce tempo uniformément modéré il y a pourtant moyen de distinguer différents courants: s'il est vrai que la moyenne des coefficients de l'ensemble de la dentition reste constante de la première à la seconde partie du Pléistocène (*Australopithecus-Pithecanthropus* = 0,41, *Pithecanthropus* – moyenne *Homo sapiens* = 0,41), on constate 1°) que du Pléistocène moyen au Pléistocène supérieur le tempo évolutif réel n'est pas demeuré invariable au niveau d'une même structure, et 2°) que ces variations dans le temps se sont doublées d'une différenciation le long des rameaux parallèles aboutissant aux races actuelles. Précisons ces deux constatations (cfr figure 1).

1°) Les oscillations chronologiques sont mises en lumière par la comparaison des tempos évolutifs des groupes antérieur (incisives[1] et canines), prémolaire et molaire, aux deux échelons *Australopithecus-Pithecanthropus* et *Pithecanthropus-Homo sapiens.*

---

[1] I^2 excepté à cet endroit, la valeur exceptionnelle étant suspecte.

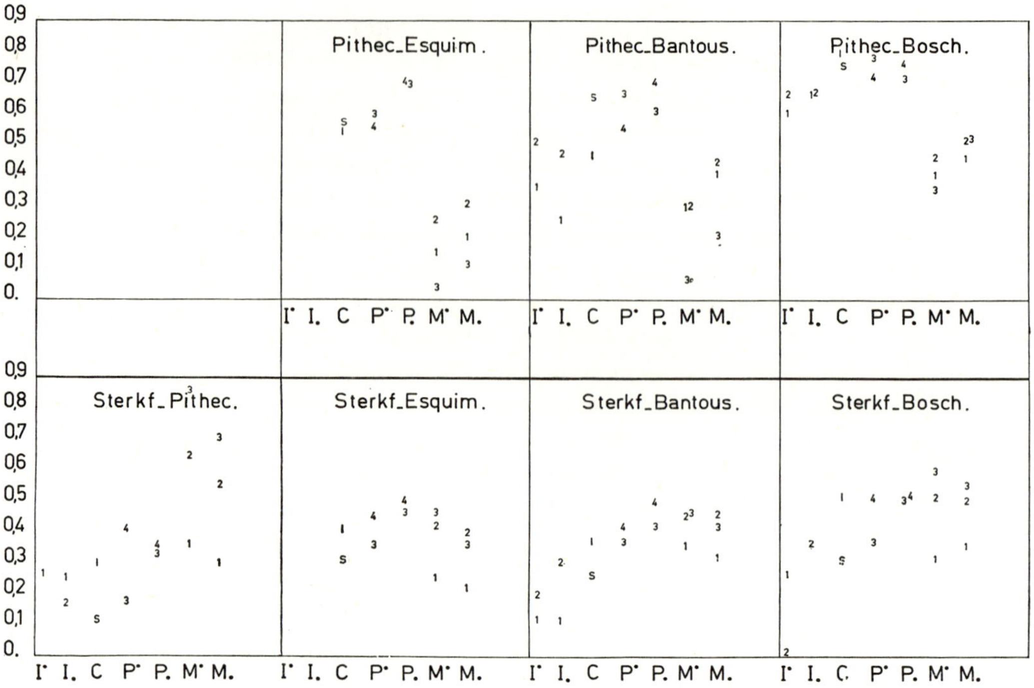

Fig. 1

Tableau II

Valeurs et fréquences des coefficients évolutifs

Valeurs (en millidarwins)	Fréquence	% Fréq.
10– 99	12	5,5
100–199	22	10,1
200–299	33	15,2
300–399	46	21,2
400–499	45	20,7
500–599	24	11,1
600–699	22	10,1
700–799	10	4,6
800–899	1	0,4
900–999		
1000 et au delà	1	0,4
	216	99,3

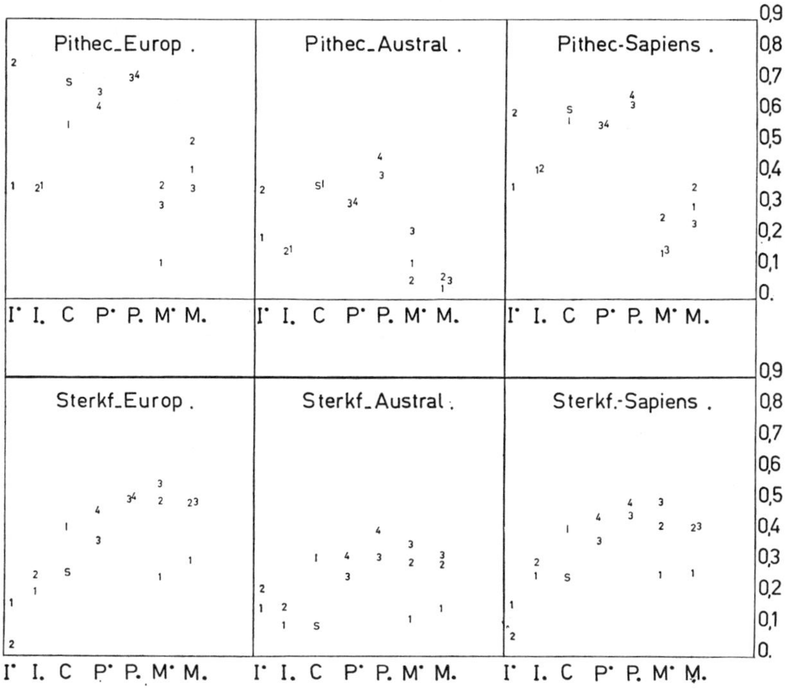

Fig. 1. Valeur des coefficients Darwin de régression du module dentaire dans diverses lignées phylétiques hominidées. – Les chiffres 1–4 indiquent la dent correspondante, dans la rangée supérieure ou inférieure du groupe signalé en abcisse; I = incisive, C = canine, P = prémolaire, M = molaire; S = supérieur, I = inférieur. Les coefficients Darwin sont proposés en ordonnée.

Tableau III

Valeurs moyennes des coefficients évolutifs des modules

	I–C	P	M
Australopithecus-Pithecanthropus	0,20	0,31	0,55
Pithecanthropus-Homo sapiens	0,49	0,59	0,23
Australopithecus-Homo sapiens	0,23	0,43	0,36

Alors que le coefficient des I-C et des P double de valeur à partir de la glaciation de Mindel, le coefficient caractéristique des molaires tombe à 41% de sa valeur initiale. Ceci veut dire que, tandis que dans le processus réductionnel qui caractérise l'évolution du gabarit dentaire des Hominidés au Quaternaire, les molaires furent à l'origine très significativement affectées (le groupe antémolaire restant davantage stable), à partir des Pithécanthropiens au contraire, le mouvement s'inverse, amenant une accélération de la réduction des incisives-canines et spécialement des prémolaires, le groupe des molaires freinant désormais son évolution à l'approche d'un point d'équilibre au moins provisoire. La différence de vitesse des deux groupes antérieur et postérieur (et l'inversion de la relation) ne ressort plus guère lorsqu'on traite cumulativement les deux phases de l'évolution phylétique le long des 600.000 ans considérés comme une seule tranche indivisible, de l'Australopithèque à *l'Homo sapiens*: incisives-canines = 0,23, molaires = 0,36.

2°) En comparant de surcroît les coefficients «darwins» de la réduction des modules le long des rameaux qui à partir du stade Pithécanthropien aboutissent aux races modernes, des constantes se dégagent, en même temps que des caractéristiques raciales. Les constantes d'abord: l'existence de deux massifs dentaires plus ou moins nettement tranchés: un bloc antémolaire et un bloc molaire, séparés par une rupture du gradient réductionnel. En effet l'importance du trend réductionnel croît selon un gradient mésiodistal de I_1 à P_4, dans tous les groupes (Esquimaux, Australoïdes, Bantous, Boschimans et Europoïdes): le coefficient, expression de la vitesse de réduction gabaritique est minimum pour les incisives et maximum pour les prémolaires: dans chaque groupe, il est de surcroît moindre pour la dent mésiale, et plus élevé pour la dent latérale ou distale; il croît de haut en bas, les dents inférieures étant affectées d'une vitesse de réduction plus grande que leurs correspondants supérieurs; le gradient maximum de P4 tombe brusquement à des valeurs minima au niveau de M1. Il convient en outre de remarquer que le gradient M1–M3, très régulier dans la première phase de l'évolution à partir de l'Australopithèque, est plus ou moins troublé au cours de la seconde phase débutant avec le Pithécanthrope, soulignant ainsi sans doute la proximité du point d'équilibre. Enfin les coefficients réductionnels des molaires supérieures offrent une plus grande dispersion que ceux des molaires inférieures. C'est une donnée de fait, qu'il est malaisé d'interpréter pour le moment.

Parmi les caractéristiques raciales, on soulignera en particulier, à l'examen de la figure 1, l'accroissement exceptionnel de gabarit dentaire chez les Australoïdes, où les unités darwins signifient un retour vers le module australopithèque et donc un renversement du trend réductionnel.

Dans un même ordre d'idées, la comparaison des moyennes des trends dans les différents rameaux parallèles conduisant de *Pithecanthropus* à l'homme moderne, permet d'établir la série suivante: Australoïdes 0,21, Esquimaux 0,38, Europoïdes 0,48, Bantous 0,49, Boschimans 0,68: il est intéressant de voir que c'est dans le groupe Boschiman que le processus a été poussé le plus loin.

5. La capacité crânienne

L'accroissement de la capacité céphalique est unanimement regardée comme un des éléments essentiels de l'évolution des Hominidés au Pléistocène. Il est donc tentant d'exprimer mathématiquement la vitesse de céphalisation au sein de cette famille de primates depuis 600.000 ans. En réalité le projet est malaisé: la précarité du matériel d'abord fait difficulté; car les crânes fossiles sont rares et davantage encore ceux qui permettent des estimations volumétriques valables; la variabilité est de surcroît vraisemblablement considérable au sein d'une même population fossile – s'il faut en juger par l'amplitude reconnue chez l'*Homo sapiens* actuel: la signification des moyennes retenues s'en trouvera donc doublement suspectée; l'impossibilité enfin où nous sommes de reconstituer avec quelque certitude les lignages phylétiques enlève aux expressions mathématiques risquées dans ce cadre la rigueur souhaitable...

Tableau IV

Longueur Glabelle-Opisthocranion

Projection de l'Opisthion sur le Plan de Francfort	
Homo sapiens	736
Homme de Néandertal (moy. 6 crânes)	596
Crânes de la Solo (Ngandong) (moy. 6 ind.)	518
Sinanthropus pekinensis	541
Pithecanthropus erectus	521

(d'après les données de HALDANE [1949]).

HALDANE [1949] a proposé l'indice longueur totale: hauteur de l'opisthion projetée sur le plan de Francfort, mesure dont l'intérêt réside dans son indépendance pratique du volume céphalique et du sexe de l'individu. Les valeurs proposées (tableau IV) suggèrent une évolution rapide: si l'on suppose même (généreuse invraisemblance!) que la hauteur crânienne du Sinanthrope est déjà celle des Hominidés d'il y a un million d'années, date arbitraire de la séparation des Pithécanthropiens du rameau moderne, l'accroissement millénaire de l'in-

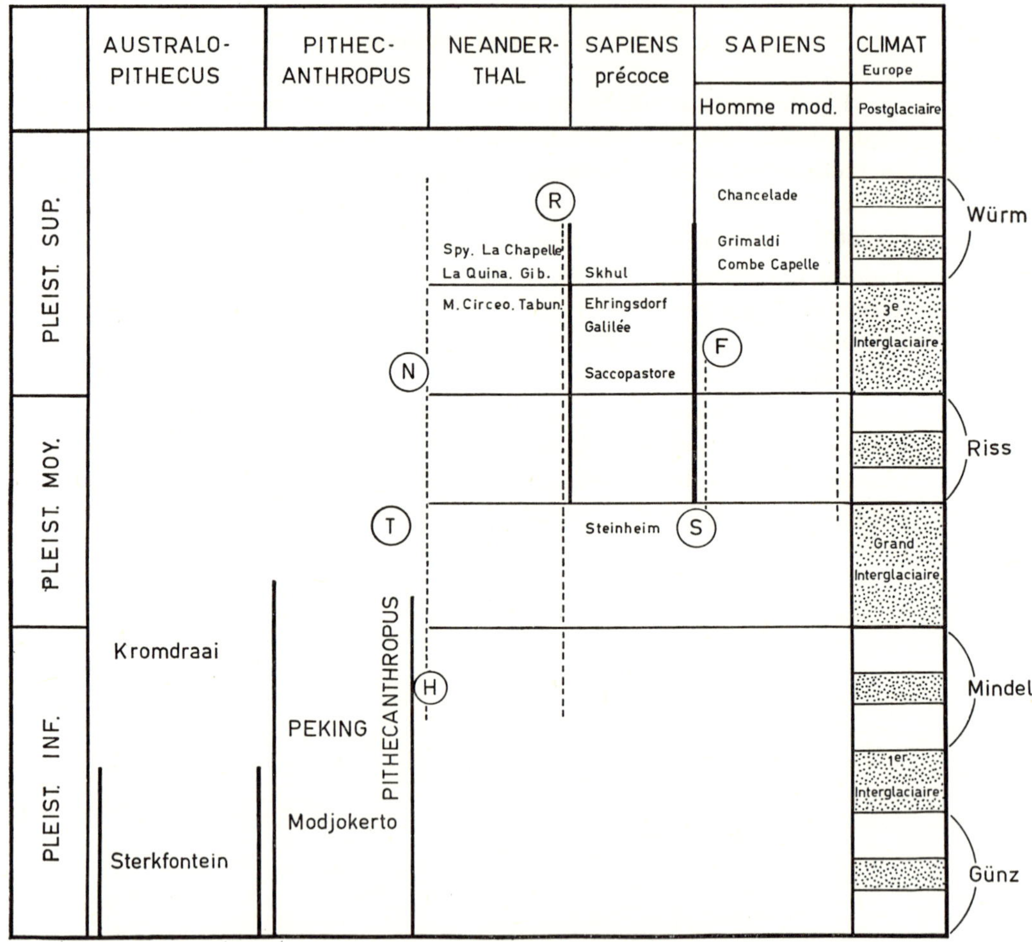

Fig. 2. Répartition phylétique et chronologique des Hominidés pleistocènes (d'après WEINER [1956]). – F = Fontéchevade, H = Heidelberg, N = Ngandong, R = Homme de Rhodésie, S = Swanscombe, T = Atlanthropus de Ternifine.

dice est encore de 3×10^{-4}, soit un accroissement de 10 à 20 fois supérieur aux modifications calculées chez les Equidés du Tertiaire, ou les Dinosauriens du Mésozoïque: l'augmentation est caractérisée par un tempo de 1,02 darwin environ. Si l'on se refuse à pareille extrapolation et si on se limite à la période des derniers 300.000 ans, on calcule deux coefficients de 1,20 et 0,37, correspondant aux deux étapes parallèles Sinanthrope – *Homo sapiens* d'une part, Sinanthrope-Homme de Néandertal de l'autre; la différence souligne l'accroissement de hauteur de la voûte crânienne dans la lignée conduisant à l'homme moderne.

KURTÉN [1959] de son côté a préféré utiliser directement les volumes crâniens: comparant *Pithecanthropus erectus*, *Sinanthropus*, Homme de Steinheim et *Homo sapiens*, de capacité moyenne de 860, 1075, 1200, et 1300 cc, il obtient sur la base des racines cubiques de ces volumes, trois coefficients successifs de 1,16, 0,56 et 0,29 darwins, caractérisant les tempos de l'un à l'autre de ces divers paliers évolutifs, et 0,59 pour l'écart *Sinanthropus-Homo sapiens*.

Nous avons pour notre part développé un peu la même méthode, sur la base purement volumétrique, adaptant seulement au calcul d'autres moyennes les capacités mesurées et les durées respectives (cfr tableau V).

Tableau V

Types hominidés	Capacité crânienne	Durée approchée
Homo sapiens[1]	1450	–
Broken Hill	1280	40.000
Néandertal classique	1625	80.000
Ehringsdorf	1450	120.000
Fontéchevade	1400	150.000
Saccopastore I	1175	160.000
Solo	1200	160.000
Swanscombe	1325	200.000
Steinheim	1175	225.000
Sinanthropus[2]	1090	350.000[3]
Australopithecus	500	450.000[3]

[1] Moyenne d'après MARTIN, pour les individus mâles.

[2] Moyenne des crânes 10, 11 et 12.

[3] Nous avons choisi ces dates différentes de celles adoptées plus haut au sujet du gabarit dentaire, pour pouvoir comparer nos données à celles de KURTÉN [1959] qui propose cet écart réduit.

Calculés sur cette base et selon une ramification phylétique vraisemblable des Hominidés quaternaires, inspirée de Howell [1951] et de Weiner [1956] et proposée à la figure 2, les coefficients darwin ont la valeur suivante:

Tableau VI

Australopithecus – Pithecanthropus pekinensis	11.80
Pithecanthropus pekinensis – Homme de Steinheim	0.61
Pithecanthropus pekinensis – Crânes de Ngandong	0.53
Steinheim – Saccopastore I	0.23
Steinheim – Swanscombe	5.08
Steinheim – Ehringsdorf	2.23
Ngandong – Néandertals classiques	4.42
Swanscombe – Fontéchevade	1.12
Saccopastore I – Broken Hill	0.85
Fontéchevade – *Homo sapiens*	0.71
Moyenne	2.76

L'amplitude de variation est considérable (0,23–11,80) au point de couvrir à la fois les trois types de tempos reconnus par Kurtén, les taux A, B et C (ce dernier à peine représenté, il est vrai), à première vue sans groupement particulier.

Il est significatif pourtant de noter, suivant la répartition chronologique et morphologique suggérée par la figure 3, que les taux d'évolution réduits (inférieurs à 1 darwin) se trouvent plus ou moins localisés dans le temps, dans la seconde partie du Pléistocène, se développant parallèlement dans divers rameaux. *P. pekinensis* – Steinheim – Saccopastore d'une part, *P. pekinensis* – Ngandong de l'autre, relayés ultérieurement par les trends Saccopastore – Broken Hill et Fontéchevade – *Homo sapiens*. Sans qu'il soit possible de faire correspondre avec précision ces données aux alternances reconnues par Kurtén pour les vitesses d'évolution chez les Ursidés du Quaternaire selon la succession des périodes glaciaires et interglaciaires, le phénomène oscillatoire se retrouve partiellement ici et suggère peut-être une influence analogue, plus complexe sans doute, et vraisemblablement troublée par le caractère défectueux de nos datations, comme

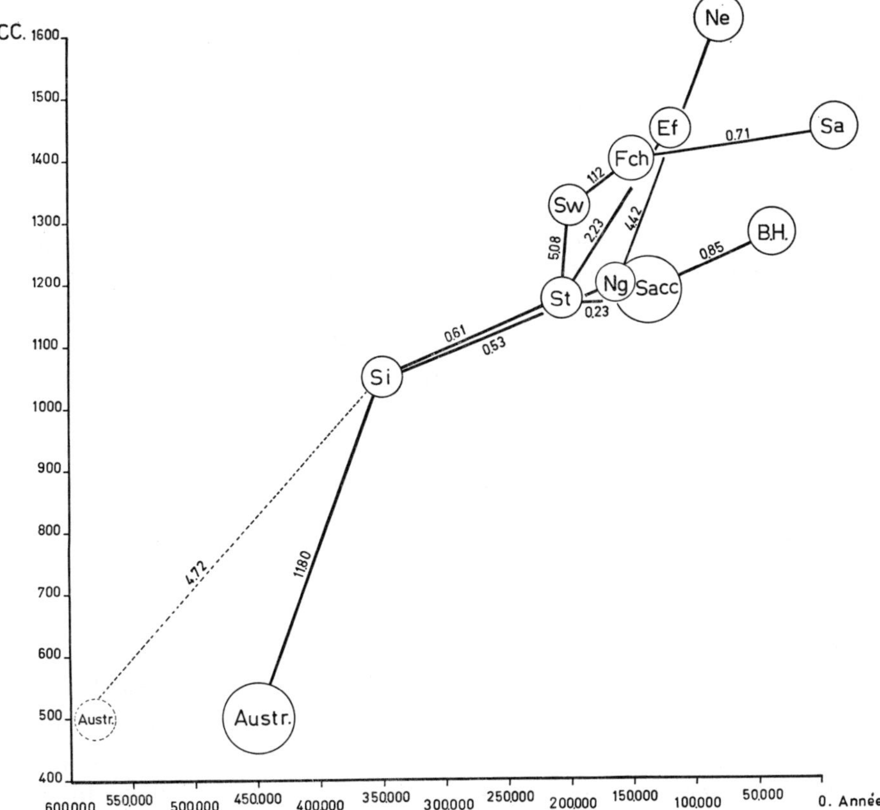

Fig. 3. Accroissement de la capacité crânienne chez les Hominidés Quaternaires. – Les volumes sont proposés en ordonnée, les dates en abcisse. Les chiffres bordant les lignes reliant deux formes fossiles distinctes correspondent au coefficient Darwin d'accroissement de l'une à l'autre de ces formes, pendant la durée qui les sépare. – (Austr. = Australopithèque, B. H. = Broken Hill, Ef = Ehringsdorf, Fch = Fontéchevade, Ne = Neanderthal, Ng = Ngandong, Sa = Sapiens, Sacc = Saccopastore, Si = Sinanthrope, St = Steinheim, Sw = Swanscombe.) – Pour *Australopithecus*, outre la datation de KURTÉN (450 000), la datation plus classique de 600 000 ans est proposée.

aussi par les lacunes de l'échantillonage et les incertitudes de nos relations phylétiques[1].

[1] Il est virtuellement sûr par exemple que les Néandertaloïdes de Ngandong n'ont pu constituer qu'une forme insulaire et terminale issue des Pithécanthropes (*P. robustus* et *erectus*) par isolement géographique, et qu'ils ne sont donc pas directement à l'origine des Néandertals classiques.

Ce phénomène oscillatoire pourrait d'ailleurs être davantage lié à des conditions de rééquilibration provisoire à tels niveaux de céphalisation: il est en effet assez remarquable de découvrir les vitesses d'évolution uniformément freinées dans la zone de céphalisation située entre 1100 et 1200 cc, ou au delà de 1400 cc, les taux étant au contraire généralement accélérés avant l'étage 1100 et entre les paliers 1200 et 1400. Ce sont là des données de fait dont la signification n'est pas directement évidente, mais qu'il est sans doute important de verser au dossier des facteurs et des circonstances de l'hominisation.

Il est en tous les cas symptomatique de voir que d'une manière générale les taux d'évolution des Hominidés quaternaires, exprimés en darwins, sont assez franchement plus élevés au niveau de l'accroissement crânien qu'à propos de la réduction du module dentaire (moyennes respectives 2,76 et 0,39): on peut voir ici une nouvelle expression du caractère différentiel de l'évolution. On souligne de plus en plus en anthropologie paléontologique la précocité des facteurs d'émergence des Hominidés dans leurs structures odontologiques et dans l'appareil locomoteur; l'expansion cérébrale est beaucoup plus tardive et ne caractérise même pas le groupe comme tel, mais seulement ses représentants les plus récents. L'importance du coefficient darwin appliqué au volume crânien fournit donc une expression mathématique de ce retard et de l'accélération rendue dès lors nécessaire pour restabiliser la forme hominidée à son nouveau palier d'équilibre.

On peut certes s'étonner du taux particulièrement élevé caractérisant l'expansion cérébrale entre les niveaux Australopithéciné et Pithécanthropiné: le chiffre 11,80 est en effet exceptionnel et ne saurait être comparé à aucune autre donnée dans le groupe des Hominidés. On ne peut le rapprocher que des taux tout à fait accélérés des Ursidés holocènes (moy. 12,6), encore que l'amplitude de variation calculée à ce propos pour ce tempo A s'étende occasionnellement jusqu'à la valeur de 43 darwins! Il convient de remarquer pourtant que le coefficient de 11,80 a été calculé sur la base des plus évolués des Pithécanthropinés d'une part, sur la base aussi d'un rajeunissement exceptionnel (et peut-être excessif) des Australopithécinés de l'autre: l'écart séparant *Australopithecus* de *Pithecanthropus pekinensis* dans la chronologie de Kurtén se réduit à 100.000 ans; or l'écart classiquement admis jusqu'à ce jour[1] était plus important, et en dépit du très

[1] Et que nous avons conservé dans le calcul de l'évolution du module dentaire, plus haut.

grand intérêt et de la haute précision de la révision du paléontologiste finnois, les dates proposées restent peut-être partiellement incertaines encore. Un écart de 250.000 à 300.000 ans ferait en tout cas tomber le coefficient à 4,72, valeur considérable encore, mais toute comparable à celles d'autres paliers: Steinheim-Swanscombe 5,08, Ngandong-Néandertals classiques 4,42).

6. Conclusion

Mais même s'il faut tenir compte de l'accélération de l'expansion crânienne et du caractère éventuellement très élevé de cette accélération dans la première partie du Pléistocène, il ne paraît pas que les Hominidés aient bénéficié de taux d'évolution exceptionnels. Les chiffres cités – et ils sont encore trop lacunaires – soulignent plutôt la similitude des processus évolutifs entre l'Homme et les mammifères pléistocènes, et l'allure de leurs tempos respectifs de transformation peut être comparée. Au niveau des structures morphologiques, et des facteurs de leur émergence ou de leur expression, le «phénomène humain» réside donc moins dans des accélérations spectaculaires et des taux particuliers que dans le point d'application d'un processus très normalement accéléré. La tachytélie des Hominidés n'a rien d'inouï: elle n'est pas généralisée, tant s'en faut, à toutes les structures, et moins encore uniformément soutenue au niveau de telle structure particulière; si on l'y découvre de fait, comme dans les groupes environnants, elle est oscillante entre des maxima et des minima tout à fait «classiques». Il est seulement remarquable que le point d'application de cette tachytélie soit précisément l'expansion crânienne.

On voit donc que contrairement à ce qui est fréquemment affirmé l'évolution des Hominidés ne semble pas avoir connu des vitesses exceptionnelles au cours du Pléistocène du moins, c'est-à-dire pendant la seule période où elle peut être abordée, dans l'état actuel de nos connaissances. La question se pose dès lors de savoir si la multiplication des espèces et des genres à l'intérieur de la famille des Hominidés telle que l'anthropologie classique l'a développée est pleinement justifiée. On a vu plus haut que les différentes espèces de mammifères étudiées au Pléistocène avaient une longévité minima de 320.000 à 500.000 ans et que le genre accuse une durée de vie moyenne de quelques millions d'années. Or sans présenter de tempos évolutifs anormalement élevés quand on les chiffre en unités darwin, les Hominidés sont classiquement représentés dans nos systématiques par une grande diversité de genres, une quinzaine au bas mot[1], et de plus nombreuses espèces encore. Sans doute plusieurs de ces genres et espèces ont-ils été progressivement rayés de nos listes, mais le problème subsiste encore.

Voilà plusieurs années que WEIDENREICH [1943], MAYR [1950], DOBZHANSKY [1944], LIVINGSTONE [1961] et d'autres s'efforcent de le résoudre: ils estiment que les Hominidés n'ont pas connu le phénomène de spéciation; que la transformation est chez eux essentiellement de l'ordre de l'évolution phylétique, donnant seulement naissance de la base au sommet du Pléistocène à 3 formes (d'importance spécifique ou sub-spécifique) progressivement relayées dans le temps sans qu'à aucun moment une ramification ne se soit produite donnant naissance à des populations simultanées spécifiquement distinctes.

Sans aboutir nécessairement à ces positions radicales ou extrémistes, la tendance est manifestement à la simplification et à l'économie. ROBINSON [1961] propose récemment pour toute la durée du Pléistocène deux genres seulement, *Australopithecus* et *Homo*, entre lesquels d'ailleurs, la dimension céphalique mise à part, il n'y aurait pas de différence nette. A son avis, cette unique différence générique est «commode»: mais elle a une valeur très différente de celle qu'on lui attribue généralement en systématique classique: il s'agit d'un «type vertical de distinction taxinomique arbitraire», au sein d'une séquence phylétique continue et d'une dérive évolutive non ramifiée. Il apparaît que l'étude approfondie et comparée des vitesses de transformation peut apporter de très utiles soutiens et de valables arguments à ce courant nouveau et sain qui se dessine en paléoanthropologie.

7. Résumé

En dépit de l'opinion courante qui leur reconnaît un tempo évolutif particulièrement accéléré, la vitesse de transformation des Hominidés n'est pas différente de celle des autres groupes de mammi-

---

[1] *Australopithecus, Paranthropus, Plesianthropus, Zinjanthropus, Telanthropus, Pithecanthropus, Meganthropus, Atlanthropus, Sinanthropus, Giganthropus, Hemanthropus, Africanthropus, Javanthropus, Paleanthropus, Euranthropus, Cyphanthropus, Homo*, et on en passe...

fères pléistocènes. Pour éviter l'appréciation toujours subjective de différences spécifiques souvent arbitraires, on recourt à une expression mathématique (*Darwins* de Haldane) de la transformation du module dentaire et de l'accroissement de la capacité cérébrale. Les taux obtenus correspondent à ceux des mammifères quaternaires; ils soulignent seulement le retard de l'expansion crânienne sur les autres facteurs d'émergence, et situent le «phénomène humain» davantage dans le point d'application que dans l'intensité des processus évolutifs en jeu.

BIBLIOGRAPHIE

Abel, O.: Lehrbuch der Paläozoologie (Jena 1920).

Bader, R. S.: Variability and evolutionary rate in the oreodonts. Evolution *9*: 119–140 (1955).

Black, G. V.: Descriptive anatomy of the human teeth (Philadelphia 1902).

Campbell, T. D.: Dentition and palate of the Australians (Adelaide 1925).

Colbert, E. H.: Evolution of the horned Dinosaurs. Evolution *2*: 145–163 (1948).

Darwin, Ch.: The origin of species (London 1859 et 1876).

Dobzhansky, Th.: On species and races of living and fossil man. Amer. J. Phys. Anthrop. *2*: 251–265 (1944).

Drennan, M. R.: The dentition of a Bushman tribe. Ann. Sth. Afr. Mus. *24*: 61–87 (1929).

Ekman, S.: Begründung einer statistischen Methode in der regionalen Tiergeographie. Nova Acta R. Soc. Scient. Upsal, ser. IV, *12*: 1–117 (1940).

George, T. N.: Biospecies, chronospecies and morphospecies. In: The species concept in Palaeontology. System. Assoc. Publ. *2*: 123–137 (1956).

Haldane, J. B. S.: Suggestions as to quantitative measurements of rates of Evolution. Evolution *3*: 51–56 (1949).

Henning, E.: Wesen und Wege der Paläontologie (Berlin 1932).

Howell, F. Clark: The place of Neanderthal man in human evolution. Amer. J. Phys. Anthrop. *9*: 379–415 (1951).

Kuhn, O.: Die Phylogenie der Wirbeltiere auf paläontologischer Grundlage (Jena 1938). – Die fossilen Amphibien (Berlin 1939).

Kurtén, B.: Sex dimorphism and size trends in the cave bear, *Ursus spelaeus* Rosenmüller and Heinroth. Acta Zool. Fennica *90*: 1–48 (1955). – On the longevity of mammalian species in the Tertiary. Soc. Scient. Fenn. Comment. Biol. *21*: 1–14 (1959). – Chronology and faunal evolution of the earlier European glaciations. Soc. Scient. Fenn. Comment. Biol. *21*: 1–62 (1960). – The age of the Australopithecinae. Acta Univ. Stockh. Contrib. Geol. *6*: 9–22 (1960).

Lamarck, J. B.: Philosophie Zoologique (Paris 1809).

Livingstone, F. B.: More on Middle Pleistocene Hominids. Current Anthrop. *2*: 117–118 (1961).

Mayr, E.: Taxonomic categories in fossil hominids. Cold Spring Harbor Symp. Quant. Biol. *XV*: 109–118 (1950).

PEDERSEN, P. O.: The east Greenland Eskimo dentition. Meddelelser om Grønland *142*: 1–256 (1949).

RENSCH, B.: Neuere Probleme der Abstammungslehre (Stuttgart 1954).

ROBINSON, J. T.: The dentition of the Australopithecinae (Pretoria 1956). – The Australopithecines and their bearing on the origin of man and of stone toolmaking. Sth. Afr. J. Sci. *57*: 3–16 (1961).

SCHINDEWOLF, O.: Der Zeitfaktor in Geologie und Paläontologie (Stuttgart 1950).

SHAW, J. C. MIDDLETON: The teeth, the bony palate and the mandible in Bantu races of South Africa (London 1931).

SIMPSON, G. G.: Tempo and mode in evolution (New York 1944). – The meaning of evolution (New York 1949). – The major features of evolution (New York 1953).

THOMAS, G.: The species conflict. In: The species concept in Palaeontology. System. Assoc. Publ. *2*: 17–31 (1956).

WEBER, M.: Die Säugetiere (Jena 1927–28).

WEIDENREICH, F.: The dentition of *Sinanthropus pekinensis*: a comparative odontography of the hominids. Palaeont. Sinica *101* (1937). – The skull of *Sinanthropus pekinensis*, a comparative study on a primitive hominid skull. Palaeont. Sinica *127* (1943).

WEINER, J. S.: The evolutionary Taxonomy of the Hominidae in the light of the Piltdown Investigation. Selected Papers of the Vth Intern. Congr. Anthrop. Ethnol. Sci. pp. 741–752 (Philadelphia 1956).

WEHRLI, H.: Die diluvialen Murmeltiere Deutschlands. Palaeont. Z. *17*: 204–243 (1935).

ZEUNER, F. E.: A new subspecies of Red Deer from the Upper Pleistocene of Jersey, Channel Islands. Ann. Mag. nat. Hist. London (11) *5*: 326–328 (1940). – The Pleistocene Period, its climate, chronology and faunal successions (London 1945). – *Cervus elaphus jerseyensis* and other fauna in the 25-foot beach of Belle Houghe cave, Jersey. C. I. Bull. Soc. Jers. St-Hélier *14*: 238–254 (1946). – Dating the past (London 1958).

Bibl. primat. vol. 1, pp. 93–102 (Karger, Basel/New York 1962)

Department of Anthropology, Panjab University, Chandigarh, India

THE INNOMINATE BONE OF THE AUSTRALOPITHECINAE AND THE PROBLEM OF ERECT POSTURE

By S. R. K. CHOPRA[1]

1. Introduction

It has been widely held that man's upright attitude and bipedal gait were preceded by an evolutionary phase in which he walked "nearly upright" with his body leaning forward. This view, which derives largely from descriptions of the bones of Neanderthal Man (e. g. BOULE [1923]), has been questioned by many writers in the past, and recently by SCHULTZ [1955], who points out that such a posture "is never maintained by any child learning to walk nor by any ape standing on its hind legs". "Even in the beginning stages of upright posture", he goes on to say, "the trunk must already have been held fully erect". The force of this comment, which is also endorsed by GOFF [1955], has now been greatly strengthened by observations, reported by STRAUS & CAVE [1957], and by CAVE [1958], which show that the Neanderthal bones from which the idea mainly derives were effected by arthritic changes. DELMAS's [1958] recent analysis of the problem also makes it doubtful whether a condition intermediate between the human erect stance and the kind of semi-erect posture sometimes adopted by the great apes, in which the forelimbs act as struts to the upper part of the body, would ever have been mechanically possible from the anatomical point of view.

Criticisms of the proposition that a semi-erect posture ever

---

[1] This work was carried out during the author's tenure of a Research Fellowship at the University of Birmingham, U. K.

characterized a phase of man's descent make it useful to re-examine the belief that, while bipedal, the Australopithecines had not developed the erect posture to the degree of perfection found in modern man (LE GROS CLARK [1955 a, b]). However, DART [1949, 1957], and BROOM & ROBINSON [1950], hold that the Australopithecines were erect bipedal animals which, as "hunters of the plains", could, in OAKLEY's [1955] paraphrase, "run and walk erect on two legs in the open".

Published statements about the upright attitude of these fossil Primates focus predominantly on the position of the occipital condyles relative to the long axis of the skull, an anatomical index which may (although this is by no means certain) relate to the balance of the head, and on certain structural features and dimensions of the innominate bone. According to ASHTON AND ZUCKERMAN [1951, 1952] the relative position of the foremen magnum in the Australopithecine skull approximates more to the simian than the human condition. In so far as the relative position of the occipital condyles reflect the way the head is carried, there is, therefore, far less reason to suppose that the Australopithecines held their heads like men than like apes.

Most authorities hold that the essential features which characterise a human as opposed to a simian iliac bone are shortening (i. e. reduction in the length), "bending back" (see below), and widening (cf. MEDNICK [1955]). These osteological criteria are believed to be related to a dorsal alignment of the gluteus maximus muscle in relation to the hip joint, and to a more extensive area of origin for the gluteal and the sacrospinalis muscles. The present communication briefly records the results of an anatomical study of these two features of the ilium, and of certain characteristics of the ischium, in modern man, apes, monkeys, and the Australopithecine fossils. The study has been facilitated by the use of a pelvimeter designed by the author (cf. CHOPRA [1958]), which makes it possible to define the angle between the main iliac and the ischiopubic planes of the innominate bone, and to measure its main dimensions, in a constant orientation, regardless of alterations in the form of the bone due to species differences. It thus provides an exact procedure for measuring the degree of backward rotation of the iliac in relation to the ischiopubic plane.

Thanks are due to Dr. J. T. ROBINSON for a cast of the Sterkfontein innominate bone (*Plesianthropus transvaalensis*), in which the obturator and pubic region as originally figured had been corrected, and for a series of measurements taken on the actual specimen which show that in the main, and presumably all its dimensions, this cast is accurate to a millimetre or so. Observations have also been made on a cast of the Makapansgat ilium (*Australopithecus prometheus*) the two main measurements of which were kindly checked against the original by Professor R. A. DART. For purpose of comparison, observations were made on the extensive series of primates innominate bones listed in tables I and II. Full details of this study will be submitted for publication in a report on the primate innominate bone, which also takes into account twenty-one linear measurements, four angular measurements, and five measurements of surface-area. The writer feels indebted to Professor Sir SOLLY ZUCKERMAN, C. B., F. R. S. for providing laboratory facilities. Expenses in the field were met by a grant from the Wenner-Gren Foundation for Anthropological Research, Inc. New York.

2. Iliac breadth

The iliac breadth index is defined by SCHULTZ [1930] as the value of the iliac breadth (maximum antero-posterior dimension) × 100 divided by the iliac height, which is the distance between the most distant point of the iliac crest and the point on the inner edge of the lunate surface of the acetabulum where the three bones of the innominate meet ("Point A" of SCHULTZ). The broader the bone, therefore, the greater the index.

As is clear from table I, the index is invariably more than 100 in modern man of all ages and, with some exceptions, varies from 50 to 100 in the apes, and from 30 to 50 in monkeys.

The actual iliac breadth in the Sterkfontein specimen, as measured from the cast and as confirmed from the original fossil by Dr. ROBINSON, is 101 mm. To this figure, which is not given in the original monograph describing the specimen, and which, to the best of our knowledge, has never been published, BROOM, ROBINSON & SCHEPERS [1950] added 14 mm to allow for a defect in the region of the anterior superior iliac spine of the fossil.

In the same study they measured the height of the ilium from the "edge of the acetabulum to the most distant part of the iliac crest, above the posterior superior spine", the distance being 90 mm. As measured from SCHULTZ's point A, it is 95 mm. It should, however, be noted that the iliac crest of the fossil, comparing both the cast in

Table I. The iliac index in the primates

	Mean	No. of observations	Standard deviation	Standard error of mean	100 × S.E. mean / Mean	95% limits Upper	95% limits Lower
I. *Homo sapiens* (Foetuses and newborns)	115.9	30	4.6	0.8	0.7	125.3	106.6
(Adults)	122.4	43	6.1	0.9	0.8	134.9	110.0
II. *Gorilla* (Adults)	90.3	32	4.9	0.9	1.0	100.3	80.3
III. *Pan* (Adults)	67.0	51	4.9	0.7	1.0	76.9	57.2
IV. *Pongo*	75.9	11	4.4	1.3	1.7	85.6	66.2
V. *Hylobates*[1]	50.8	2	–	–	–	–	–
VI. *Papio*	45.9	6	2.3	0.9	2.0	51.8	40.0
VII. *Cercopithecus*	40.3	13	3.5	1.0	2.4	47.9	32.7
VIII. *Macaca*	42.3	18	4.6	1.1	2.5	51.9	32.6
IX. *Plesianthropus*	106.0	1	–	–	–	–	–

[1] range 41.0–60.5

Table II. The angle of pelvic torsion in the primates

	Mean	No. of observations	Standard deviation	Standard error of mean	100 × S.E. mean / Mean	95% limits Upper	95% limits Lower
I. *Homo sapiens* (Foetuses and newborns)	77.0	29	4.4	0.8	1.1	86.2	67.9
(Adults)	65.6	47	5.8	0.8	1.3	77.3	54.0
II. *Gorilla* (Adults)	108.1	33	4.1	0.7	0.7	116.6	99.7
III. *Pan* (Adults)	118.7	51	6.2	0.9	0.7	131.2	106.2
IV. *Pongo*	111.1	11	5.6	1.7	1.5	123.6	98.6
V. *Hylobates*[1]	98.5	2	–	–	–	–	–
VI. *Papio*	90.8	6	3.0	1.2	1.4	98.6	83.0
VII. *Cercopithecus*	72.2	13	7.4	2.0	2.8	88.3	56.1
VIII. *Macaca*	76.5	18	8.4	2.0	2.6	94.2	58.8
IX. *Plesianthropus*	86.5	1	–	–	–	–	–

[1] range 92–105

the Birmingham University and the one in the British Museum, with the original free-hand drawing by Broom, is also defective. The height of the iliac bone in its fossilized state is almost certainly less than it was in the living condition.

As determined from its actual dimensions, the iliac index of the specimen is 106. This is at the lower 95% fiducial limit for modern human foetuses and newborn babies, and 6 points greater than the 95% upper fiducial limit for the adult gorilla (table I). If the allowance of 14 mm for the defective anterior superior spine is accepted, and following Broom et al., no allowance is made for the defect in the iliac crest, the index is 121. This is far outside the range for any sub-human primate, but well within the fiducial limits for adult human-beings. If, instead of 14 mm, only 10 mm were added to the width to allow for the defect in the region of the anterior superior spine, and if as little as 3 mm were added to the height to allow for the defect in the iliac crest, the index becomes 113. This is just within the lower 95% fiducial limit for the adult human-beings, but again outside the range for any sub-human Primate.

It is obvious that impressions about the apparent width of the *Plesianthropus* iliac bone will be materially affected by whatever allowances are made for the defects in the specimen, and that it would be difficult, if not impossible, not to be somewhat arbitrary in making these allowances.

The maximum antero-posterior dimension of the iliac blade of the Makapangsgat fossil, *Australopithecus prometheus*, as measured from a cast, is 108 mm. The figure of 108 mm has been confirmed by Professor Dart from the original specimen, and should therefore be taken in place of the 113 mm given by Dart [1949] in his original description. The maximum height of the bone is 90 mm (88 mm according to Professor Dart, if measured on its gluteal aspect). Unfortunately, the acetabular region of this specimen is missing, and only guesswork could provide an estimate of the true iliac height which could be used for purposes of comparison.

Zuckerman [1953] had pointed out that in the total height of the ilium the two Australopithecine bones were significantly smaller than both the human and ape bones, whereas in their maximum iliac breadth they were smaller than in man, but of the size usual in chimpanzees and orangs. Nevertheless, as was also pointed out, the relationship of the height of the ilium to its greatest breadth was more hominid than pongid. The present analysis confirms this conclusion.

3. Iliac bending

There appears to be no clear definition of the concept of "bending backwards" of the iliac bone. REYNOLDS [1951] uses the term to describe the fact that in all unspecialized mammalian pelves (including monkeys and apes) the ilium is an approximately straight bone whose long axis continues that of the ischium in more or less a straight line; whereas in man the long axis of the ilium is bent back in relation to that of the ischium. LE GROS CLARK [1955 a, b] refers to "the bending down of the posterior extremity of the iliac crest" and to "a dorsal extension of the dorsum ilii, which brings the gluteus maximus and gluteus medius muscles into a different alignment with the hip joint". This definition can be readily realted to SCHULTZ's [1930] detailed description of the characteristics of the innominate bones of monkeys, apes and man, and in which he emphasizes the development of the sacral part of the iliac bone as an anatomical feature reflecting the human erect posture and bipedal gait. In addition, some writers seem to combine with the action of bending the sense of a twist in the ischiopubic and iliac planes.

A backward growth of the iliac blade, of a kind which brought the origin of the gluteus maximus behind the hip joint, would almost certainly be associated with a change in the direction of pull of the muscle. It would then act mainly as an extensor of the trunk on the thigh, and vice versa, as opposed to an abductor of the femur, which is what the axis of the muscle suggests its function is in the apes. Any backward rotation (torsion) of the main plane of the iliac bone on the ischiopubic plane, of a kind which made the dorsum ilii face more posteriorly than laterally, would be expected to have the same effect.

Paradoxically, this is not so. Accepting the proposition that the gluteus maximus is more dorsally disposed in man than in the great apes or monkeys, the fact is that in man the main plane of the ilium is also less twisted in relation to the ischiopubic part of the innominate bone than it is in the great apes, and of the same order as observed in the quadrupedal macaques and cercopitheque monkeys.

This conclusion emerges from table II, which gives values for "the angle of pelvic torsion" in various Primates. The angle is defined (CHOPRA [1958]) as the angle between the iliac and ischiopubic planes relative to the axis formed by a straight line joining the mid-point between the "anterior superior spine" and the "posterior superior spine" on the iliac crest to the mid-point between the "symphysion" and the "ischial point" on the ischiopubic ramus. The two planes are respectively defined by three non-collinear points of which one, on the iliopectineal line, is common to both planes.

Table II shows that in the great apes the angle of torsion is almost invariably about 100°. In the gibbon it seems to be just below 100°, in adult man it is 65°, and in human foetuses 77°. The average value for adult macaques (76.2°) and *Cercopithecus* (72.2°) is far closer to that for the human newborn (77.05°), or the human adult (65.6°) than to that of the great apes. On the other hand, baboons, in this respect, more closely resemble apes, particularly the gibbons.

It is obvious from these results that the amount of torsion of the iliac blade on the ischiopubis bears little obvious relation to the nature of a Primate's posture, given that the latter can be inferred from the relation of the apparent axis of contraction of the gluteus maximus to the lateral or posterior aspect of the hip joint.

In the Sterkfontein fossil the angle is 86.5°, and lies within the 95% fiducial limits for macaques, cercopitheques and baboons. It is well outside the range for adult man, but approaches very closely the upper 95% fiducial limits for a newborn baby.

4. Ischial tuberosity

The ischial tuberosity of the Sterkfontein fossil is described by Broom, Robinson & Schepers [1950] as being markedly different from the human. "...The most striking character is that this tuberosity is well removed from the margin of the acetabulum, the distance between the two being 16 mm. The lower part of the ischium is flattened out as it forms the lower part of the ring of bone surrounding the obturator foramen. This part of ischium is differently shaped from the condition we see in at least the Bushman". Elsewhere, Broom & Robinson [1950] write: "The tuberosity is narrow and not rounded as in man, but much flatter, and situated further from the acetabulum. The edges round the tuberosity are for the most part sharp and it seems fairly likely that the gluteus maximus passed over it, and that while it had no callosity it may have had a pad somewhat like that of a Chimpanzee".

No reason is given by Broom & Robinson for their assumption that, contrary to the condition which prevails in all other sub-human Primates, the sharp edge of the tuberosity in *Plesianthropus* could have been associated with a gluteus maximus which "rode" over the bone, as in man.

BRODIE (unpublished) has studied the disposition of the gluteal musculature in several species of the Primates. Whereas the lower fibres of the gluteus maximus in the loris arise from the ischial tuberosity, they get no such attachment in any monkeys that were studied. In two gibbons, BRODIE found that although the gluteus maximus arises from the body of the ischium as an extension of its origin from the sacrotuberous ligament, its fibres lay lateral to the tuberosity as they passed to their insertion. In an adult female chimpanzee the muscle had a similar but more extensive origin than in the gibbon, the most inferior fibres again passing lateral to the ischial tuberosity, the outer border of which they only slightly overlaid. In the gorilla, according to RAVEN & HILL [1950], some of the lower part of the muscle also arises from the tuberosity, which again, however, is to all intents and purposes uncovered. In man, on the other hand, while the gluteus maximus does not take any origin from the ischium, the inferomedial border of the muscle completely overlies the tuberosity, which is smooth and rounded. As SCHULTZ [1956] points out, "Man is the only catarrhine in whom nothing to correspond to ischial callosities has ever been found, most likely because his strong gluteal musculature has become interposed between skin and bone whereas in most apes and all monkeys the ischial callosities are not covered by muscle".

The important point is that wherever one meets a flattened ischial tuberosity with a sharp lateral border in the Primates, the association is with a gluteus maximus which passes lateral to, and not over the bone. This fact seems to conflict with the view that the ischial tuberosity of Plesianthropus was covered by the muscle.

5. Discussion

The critical question to which the observations reported in the present paper should be directed is whether the combination of characters (or the "total morphological pattern", to use the term used by LE GROS CLARK) of the Australopithecine innominate bone implies a gluteus maximus which was disposed in human as opposed to simian fashion. The osteological feature that favours the idea that the muscle was hominid in arrangement is the dorsal extension of the sacral part of the iliac bone. But against this, the torsion of the iliac plane suggests that the muscle in the Sterkfontein specimen was as monkey-like as it was human in its disposition. The conformation of the ischium and the ischial tuberosity seems to support the latter view. It is, therefore, difficult to avoid the further conclusion that the gluteus maximus in *Plesianthropus* was perhaps more an abductor of the hip joint than an extensor of the thigh on the trunk, or of the trunk on the thigh.

This conclusion seems to accord with certain observations reported by MEDNICK [1955], and which seem to suggest that it is only in the development of the sacral part of the iliac bone that the Australopithecines had, as it were, departed from the normal simian pattern, and approached a hominid kind of development. MEDNICK points out that the iliac crest of the Australopithecine innominate is curved in a single plane, as opposed to being S-shaped with two gluteal planes, as in man; that it lacks a powerful iliac tubercle, as well as the bony "pillar" which in the human innominate is related to the development of the gluteus medius and minimus muscles. In man these muscles control the lateral stability of the body in walking. Their contraction tilts the pelvis laterally over the limb which is maintaining the weight of the body, at the time the other limb is raised from the ground.

MEDNICK's indication that the latter two muscles may not have been as well developed in the Australopithecines as in man, and that they may also have been differently disposed, may be related to the observation that the angle of pelvic torsion in the fossils was greater than it is in modern man. This could imply—but further study would be necessary to test the hypothesis—that the gluteus medius and minimus are worse disposed anatomically to act as abductors in the apes than in man, and that they therefore are less able to stabilize the body in walking.

REFERENCES

ASHTON, E. H. and ZUCKERMAN, S.: Some cranial indices of Plesianthropus and other primates. Amer. J. phys. Anthrop. *9*: 283 (1951). – Age changes in the position of the occipital condyles in the chimpanzee and gorilla. Amer. J. phys. Anthrop. *10*: 277 (1952).

BOULE, M.: Fossil Men (Oliver and Boyd, Edinburgh, 1923).

BROOM, R. and ROBINSON, J. T.: Notes on the pelves of the fossil ape-man. Amer. J. phys. Anthrop. *8*: 489 (1950).

BROOM, R.; ROBINSON, J. T. and SCHEPERS, G. W. H.: Sterkfontein ape-man Plesianthropus. Pretoria, Transv. Mus. Mem. 4 (1950).

CAVE, A. J. E.: Posture of the Neanderthal man. Proc. XV. Int. Congr. Zool., London 1958.

CHOPRA, S. R. K.: A "Pelvimeter" for orientation and measurements of the innominate bone. Man *58*: 126 (1958).

DART, R. A.: Innominate fragments of *Australopithecus prometheus.* Amer. J. phys. Anthrop. *7*: 301 (1949). – The osteodontokeratic culture of *Australopithecus prometheus.* Pretoria. Transv. Mus. Mem. 10 (1957).

DELMAS, A.: L'apparition de la station debout. Coll. Int. C. N. R. S., No. 84, Paris 1958.

GOFF, C. W.: Postural evolution related to backache; in: Clinical Orthopaedics No. 5 (Lippincott, Philadelphia 1955).

LE GROS CLARK, W. E.: a) The fossil evidence for human evolution: an introduction to the study of palaeoanthropology (University of Chicago Press, Chicago 1955). – b) The os innominatum of the recent Ponginae with special reference to that of the Australopithecine. Amer. J. phys. Anthrop. *13*: 19 (1955).

MEDNICK, L. W.: The evolution of the human ilium. Amer. J. phys. Anthrop. *13*: 203 (1955).

OAKLEY, K. P.: Tools or brains—which came first? Listener *ii*: 1027 (1957).

RAVEN, H. C. and HILL, J. E.: Regional anatomy of the gorilla (The Henry Cushier Raven Memorial volume). (Columbia University Press, New York, 1950.)

REYNOLDS, E.: The evolution of the human pelvis in relation to the mechanics of the erect posture. Pap. Peab. Mus. Amer. Arch. Ethn. Harv. Univ. Camb. *11*: 255 (1931).

SCHULTZ, A. H.: The skeleton of the trunk and limbs of higher primates. Hum. Biol. *2*: 303 (1930). – The position of the occipital condyles and of the face relative to the skull base in primates. Amer. J. phys. Anthrop. *13*: 97 (1955). – Postembryonic age changes; in: Primatologia *I*. Ed. Hofer, H., Schultz, A. H. and Starck, D. (Karger, Basel/New York 1956.)

STRAUS, W. L. JR. and CAVE, A. J. E.: Pathology and the posture of Neanderthal man. Quart. Rev. Biol. *32*: 348 (1957).

ZUCKERMAN, S.: Correlation of change in the evolution of higher primates; in: Evolution as a Process. Ed. Huxley, J. S.; Hardy, A. C. and Ford, E. B. (Allen and Unwin, London 1953).

Bibl. primat. vol. 1, pp. 103–119 (Karger, Basel/New York 1962)

DIE OLDOWAY (OLDUVAI)-SCHLUCHT (TANGANYIKA) ALS FUNDORT FOSSILER HOMINIDEN

Von GERHARD HEBERER, Göttingen

I.

Im Jahre 1911 entdeckte der deutsche Zoologe KATTWINKEL am Ostrande der Serengeti-Steppe, hart nördlich der Vulkane Oldeani und Lemagrut, nordöstlich der riesigen Kaldera des Ngorongoro, eine Erosionschlucht von höchst eindrucksvoller Gestaltung. Sie wird nach der wilden Sisalpflanze Oldoway (Olduvai), ein Massai-Wort, genannt. Sie liegt auf etwa 3° südlicher Breite. In ihrem westöstlichen Verlauf sich zunehmend vertiefend, schneidet sie als ober- bis post-pleistozän entstandene Erosionsspalte mit meist steiler werdenden Wänden, die im östlichen Teil bis 100 m hoch sind, in die Sedimente eines pleistozänen Sees, des Oldoway-Sees, ein und mündet in die Balbal-Senke ein, die der Ngorongoro-Kaldera westlich vorgelagert ist.

Die Schlucht gehört heute zu den wichtigsten und ergiebigsten paläanthropologischen Fundstätten nicht nur Afrikas, sondern der ganzen Welt.

Über die topographischen Verhältnisse orientiert schematisch die Abbildung. Sie zeigt, daß die Schlucht etwa 10 km vor ihrer Einmündung in die Balbal-Senke sich in einen Haupt- und einen südlicheren Nebenarm gabelt. Verfolgt man die Hauptschlucht weiter nach Westen, so werden die Wände meist immer flacher. Sie mündet schließlich nach etwa 20 km in eine große Salzpfanne, den «Lake El' Garja» auf der Serengeti-Ebene.

Als KATTWINKEL nach Überquerung der Serengeti von West nach Ost auf die Schlucht stieß, konnte er an den Abhängen eine Anzahl herauserodierter Knochen fossiler Säugetiere sammeln. Schon SCHLOSSER und STROMER VON REICHENBACH machten auf die Bedeutung des Fundortes für die pleistozäne Geschichte der Säugetiere aufmerksam.

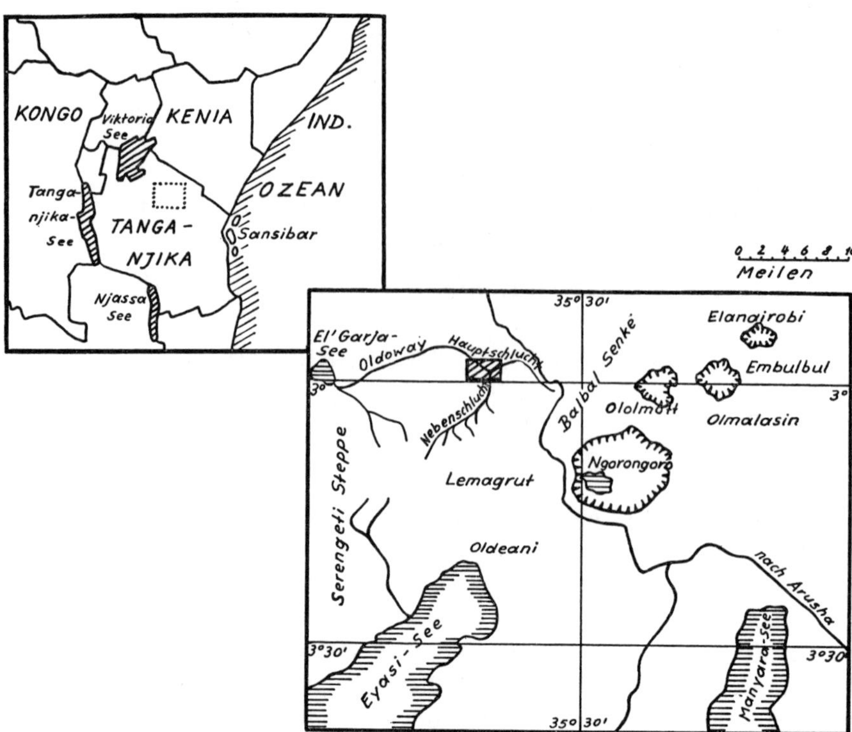

Abb. 1 rechts: Übersichtskarte zur Lage der Oldoway-Schlucht. Fundort: schräg schraffiertes Viereck. – Links: Karte des östlichen Afrika. Das gepunktete Viereck entspricht der Karte rechts. Umgezeichnet nach LEAKEY aus HEBERER [1960b].

Unter anderem wurden in Berlin unter dem Material die Reste eines dreizehigen Equiden festgestellt.

Im Jahre 1913 begab sich dann der Berliner Vulkanologe HANS RECK nach dem Studium des östlich der Serengeti gelegenen ostafrikanischen Vulkanhochlandes an die Oldoway-Schlucht und konnte hier in drei Monaten eine Fülle fossiler Säugetier-Reste bergen und die geologischen Verhältnisse des Kañons näher studieren. Die Funde RECKS gipfelten aber in der Bergung eines vollständigen neanthropinen Hominidenskelettes, dem RECK ein sehr hohes geologisches Alter glaubte zuschreiben zu sollen. Er stellte es in das mittlere Pleistozän und hielt es für gleichzeitig mit den im selben Horizont gefundenen fossilen Säugetieren, unter denen sich eine Reihe heute ausgestorbener Formen befanden (RECK [1932]). Der anthropologische Typus des Oldoway-Skelettes aber sprach eindeutig für *Homo sapiens* relativ moderner Gestaltung (Mollison [1929], Gieseler [1929]). Gegen die hohe Altersansetzung des Fundes machte sich bald eine starke Skepsis geltend, und es wurde sogar die Meinung vertreten, daß es sich um ein rezentes Massai-Grab handele. Kulturfunde fehlten damals noch völlig. Heute wissen wir, daß das Skelett nicht mittel-, sondern oberpleistozänen Alters ist und mit den Typen von Elmenteita und Gambles Cave (kulturell Aurignacium = Oberes Kenya-Capsium C) Ähnlichkeiten besitzt. Der Geologe Boswell fand im Thorax des Skelettes Material aus den hangenden Schichten. Die 1931 wieder aufgesuchte Lagerstätte des Grabes[1] ergab ebenfalls Material jüngeren Alters (Boswell [1932]). Das Skelett ist jünger als der Schichtenkomplex «Bed» II (in den Reck den Fund stellte), III und IV, aber älter als der Komplex V (über die Schichtenfolge in Oldoway siehe unten). Die genauere Datierung des Skelettes verdanken wir im wesentlichen L. S. B. Leakey, dem Kurator am Coryndon Memorial Museum in Nairobi, heute der führende Kopf unter den afrikanischen Archäologen.

Durch Recks Arbeiten und die Auffindung des Grabes war die Oldoway-Schlucht zu einem hochinteressanten und problemreichen Fundort geworden. Eine zweite Expedition nach Oldoway wurde 1914 unternommen, erreichte aber infolge des Ausbruches des Ersten Weltkrieges ihr Ziel nicht mehr. Nach jenem Kriege war von Leakey die Erforschung des Pleistozäns Ostafrikas bedeutsam gefördert und unter anderem die oberpleistozänen Fundstätten von Elmenteita, Gambles Cave mit ihren fossilen Hominiden ausgewertet worden, die (siehe oben) mit dem Funde Recks parallelisiert werden konnten, aber eine moderne oberpleistozäne Begleitfauna hatten, während Reck für seinen Fund an eine mittelpleistozäne Begleitfauna glaubte.

Zur Lösung dieses und anderer Probleme wurde von Leakey [1931–32] die dritte, die «East African Archaeological Expedition» organisiert und H. Reck zur Teilnahme eingeladen. Von ihm liegt im deutschen Schrifttum ein lebendig geschriebener Bericht über seinen ersten Besuch in Oldoway 1913 und über den zweiten Besuch zusammen mit Leakey vor. Aber Reck konnte sich noch nicht entschließen, das von ihm angenommene relativ hohe Alter seines Fundes preiszugeben und hielt das Problem noch für ungelöst (Reck [1932, 1933]). Die Expedition Leakeys hat dann schließlich die Altersfrage – wie erwähnt – doch lösen können. Sie hat auch (dazu treten spätere Auf-

[1] Der Verfasser konnte sie im Oktober 1961 wiederum besuchen.

enthalte LEAKEYS in der Schlucht) die geologisch-stratigraphischen, paläontologisch-faunistischen und archäologischen Probleme der Schlucht weitgehend aufgeklärt. Oldoway zeigt einen Schnitt durch die älteste pleistozäne Geschichte Afrikas bis zurück in das untere Pleistozän (Villafranchium), kulturell ohne größeren Bruch vom entwickelten Hochacheul bis hinab zu den Geröllgeräten («Pebble tools»), der ersten technischen Regungen der frühesten Menschheit. Diese ältesten «Kulturen» («Oldowan») werden etwa 8–600000 Jahre zurückdatiert. Neuere absolute Zeitbestimmungen mit der Kalium-Argonmethode datieren noch viel weiter (über eine Million Jahre) zurück (siehe unten).

LEAKEY hat [1951] in einer ausgezeichneten Monographie die geologisch-stratigraphischen und paläontologischen Verhältnisse und die Entwicklung der altpaläolithischen Kulturen der Oldoway-Schlucht eingehend behandelt. Auf diese Monographie sei besonders verwiesen. Hier können nur einige, für die gegenwärtige paläanthropologische Fundsituation notwendige Bemerkungen gemacht werden (vergleiche auch COLE [1954]). Zwei Pluvialperioden sind in starken Schichtstößen an den Schluchtwänden aufgeschlossen: Bed I und II entsprechen dem Kamasian-Pluvial (= Mindel-Kaltzeit), Bed IV dem Kanjeran-Pluvial (= Riß-Kaltzeit). Zwischen II und IV liegt, an der rötlichen Färbung erkennbar, ein einer Trockenperiode entsprechender Schichtenstoß, Bed III, der in dem Kamasian/Kanjeran-Interpluvial (= Mindel-Rißwarmzeit) abgelagert worden ist. Nach einer geologisch unruhigeren Periode folgt das Gamblian-Pluvial (= Würmkaltzeit) und in der nachfolgenden Trockenperiode wurde das Bed V gebildet. Die Parallelisierung der afrikanischen Pluviale und Interpluviale mit den europäischen Kalt- und Warmzeiten erscheint allerdings nicht ganz gesichert.

Die kulturelle Typenfolge verläuft ohne größere Lücken[1] von der durch Basaltlava unterlagerten Basis (Bed I), die Geröllgeräte (Pebble tools, Choppers) führt, über Chelles-Typen (Bed II) bis zu der technischen Endstufe der Faustkeilkulturen des Acheul in den oberen Schichten von Bed IV. In den folgenden Schichten (Bed V) liegt Jungpaläolithikum. Insgesamt sind von LEAKEY 11 Faustkeilstufen unterschieden worden, deren Gerätebestand in der genannten Monographie genau beschrieben wird:

---

[1] Es sind aber in den Hauptstufen der Kulturen nicht alle Spezialhorizonte vertreten.

Bed I	Prächelles-Kulturen (Geröllgeräte) mit 4 Horizonten.
Bed II	Stufen 1–4: Chelles-Kulturen, Stufe 5: Chelles-Acheul-Übergang.
Bed III	Stufe 6: Chelles-Acheul-Übergang.
Bed IV	Stufen 7–11: typische Acheul-Kulturen.

Der Fundort ist in dieser derart vollständigen Skala der Hauptstufen der Entwicklung der Faustkeilkulturen als einzigartig zu bezeichnen, wenn auch in Oldoway viele der Unterstufen nicht vertreten sind, wie solche zum Beispiel auf den «living floors» des pleistozänen Sees von Olorgesailie etwa 50 km südlich Nairobi im ostafrikanischen Graben in großer Zahl gefunden worden sind. Sie entsprechen Oldoway Bed IV.

II.

Im April 1961 konnte ich auf meiner ersten Afrika-Reise nach Süd- und Ostafrika das bis dahin gefundene paläanthropologische und archäologische Material aus der Oldoway-Schlucht im Coryndon-Museum in Nairobi eingehend untersuchen. Der ursprünglich geplante Besuch der Schlucht war allerdings infolge der fortgeschrittenen Jahreszeit nicht möglich und auch nicht angebracht, weil im April von LEAKEY und seinem Stabe keine Grabung durchgeführt wurde. Ich nahm daher gern die Einladung LEAKEYS an, auf einer zweiten Reise im Oktober und November 1961 zusammen mit ihm für einige Zeit nach Oldoway zu gehen und die dann wieder aufgenommenen Grabungen zu studieren. Ich hielt mich an der Schlucht 14 Tage auf (22. Oktober bis 2. November). Unter LEAKEYS Führung konnte ich die Schlucht in ihrer ganzen Ausdehnung kennenlernen und sämtliche Fundorte der in den Jahren 1959 und 1960 geborgenen Reste fossiler Hominiden besuchen und ein Urteil über die stratigraphischen Verhältnisse gewinnen. – Ich bin Herrn Kollegen L. S. B. LEAKEY ganz besonders für seine unermüdlichen Bemühungen, mir alle wesentlichen Abschnitte und sämtliche «Sites» zu zeigen und zu erläutern, zu größtem Dank verpflichtet. Für die genossene Gastfreundschaft im «Oldoway Excavation Camp» darf ich auch Mrs. LEAKEY meinen herzlichen Dank aussprechen. Dankbar bin ich auch Herrn MICHAEL TIPPETT, einem Studenten LEAKEYS, mit dem ich manche Exkursion in die Serengeti, auch zum El'Garja-See, unternahm. Der Deutschen Forschungsgemeinschaft und dem Universitätsbund Göttingen danke ich für die finanziellen Hilfen bei der Durchführung der beiden Reisen.[1]

Die paläanthropologische Erforschung der Oldoway-Schlucht befindet sich gegenwärtig in vollem Fluße. Seit dem Herbst [1961] arbeiten LEAKEY und sein Stab wiederum in der Schlucht. Mit großer Wahrscheinlichkeit sind neue Funde zu erwarten. Es soll jedoch schon jetzt eine erste Zusammenstellung der bisherigen Funde versucht werden, denn es zeichnen sich bereits Möglichkeiten, vielleicht sogar Lösungen, für die Analyse einiger Grundprobleme der Paläanthropologie und Humanphylogenie ab, die einen solchen interimistischen Überblick rechtfertigen.

Die ersten Nachweise der Anwesenheit von pleistozänen Hominiden in der Oldoway-Schlucht erbrachte die schon erwähnte «East African Archaeological Expedition» (LEAKEY und RECK [1931/32]) durch die Auffindung der kulturellen Hinterlassenschaften (vergl. die Monographie LEAKEYS). Es gelang aber bis zum Jahre 1954 nicht, fossile Reste der Hominiden zu bergen. Im Jahre 1958 aber veröffentlichte LEAKEY einen kurzen Bericht über die 1954 erfolgte Auffindung von zwei Zähnen. Einer derselben, ein M von besonderer Gestaltung und von sehr großen Ausmaßen, hat sich als zweifellos hominid erwiesen. Sie stammten aus der tiefsten Schicht von Bed II (mit Chelles-Kultur). LEAKEY erklärte den einen Zahn für einen dm_2 und wies auf morphologische Verwandtschaft mit *Homo erectus pekinensis* und *Homo heidelbergensis* hin, glaubte aber nicht an Beziehungen zu den Australopithecinen. Der andere Zahn wurde für einen cd gehalten. Der starke Abschliff erlaubte bei diesem Stück keinen Diagnoseversuch. Gegen diese Deutung der «giant»-Zähne von Oldoway hat sich ROBINSON [1960a] gewandt. Er versuchte es auf Grund einer Analyse der Krone und des Wurzelsystems wahrscheinlich zu machen, daß in dem Backzahn ein oberer Dauermolar eines Australopithecinen vorliege. Kurz danach hat auch VON KOENIGSWALD [1960] sich zu diesem Zahn geäußert und ROBINSON zugestimmt (Molar eines Australopithecinen). Gegen die Deutung ROBINSONS hat nun DAHLBERG [1960] eingewendet, daß einige Merkmale des Zahnes es schwer machen, die Möglichkeit, daß im Sinne LEAKEYS ein Milchmolar (dm_2) vorliegt, auszuschließen. Meine eigene Meinung zu diesem Problem tendiert mehr zu der letzteren Lösung, ja, nicht zuletzt auf Grund der Datierung (Bed II) scheint mir auch LEAKEYS Meinung, daß die Zähne zu *Homo*

[1] Ein Reisebericht erscheint demnächst in der Zeitschrift «Homo».

(Archanthropini) zu stellen sind, die größere Wahrscheinlichkeit zu besitzen. Nach LEAKEY (mündliche Mitteilung) basiert das von dem seinigen abweichende Urteil auf unzureichenden Abgüssen. Vielleicht haben wir bald durch neue Funde aus Bed II die Möglichkeit, hier ein fundierteres Urteil zu gewinnen.

Die Arbeiten in der Oldoway-Schlucht wurden intensiv fortgesetzt und im Jahre 1959 (am 17. Juli) durch einen wahrhaft prachtvollen Fund gekrönt. In Bed I, Lokalität FLK, 22 Fuß unterhalb dessen Oberkante, wurde mit Oldowan-Pebble-tool-Kultur von Mrs. M. LEAKEY das Calvarium eines männlichen Australopithecinen gefunden. Das Stück war stark zerbrochen, doch lagen die Fragmente nahe beisammen (innerhalb eines Quadratfußes auf 4 Zoll Tiefe verteilt). Auch fragile Teile, wie die Nasalia, sind vorhanden. Die Fragmentierung ist durch den Bodendruck (Bewegungen im Seeschlamm) erfolgt. Die mit aller Vorsicht durchgeführte Bergung war erst am 6. August beendet. Mit dem Calvarium zusammen fanden sich die Reste zahlreicher Tiere, u. a. immature ausgestorbene Suiden, Antilopen, Vögel, Amphibien, Reptilien und Rodentier. Dazu die Oldowan-Choppers und zahlreiche Abschläge («Flakes») und ein Schlagstein. Diese Fundkombination kennzeichnet eine «living floor» (= «Siedlungs»fläche auf trocken gefallenem Seegrunde). Die Zusammensetzung der Schädelfragmente ergab einen zweifelsfreien Australopithecinen (Prähomininen), der sich dem ersten morphologischen Eindruck nach dem *Paranthropus*-Typus der Australopithecinen anschließt. Über diesen Schädel und die durch ihn aufgeworfenen Probleme ist bereits verschiedentlich berichtet worden (COLE [1954], HEBERER [1960a, 1960b], KURTH [1960a]). So können wir uns hier kurz fassen. – LEAKEY hatte bereits eine vorläufige morphologische Diagnose gegeben und dabei eine Anzahl Merkmale als für dieses Individuum charakteristisch herausgehoben (LEAKEY [1959]). Diese Besonderheiten hielt LEAKEY für ausreichend, eine neue Gattung innerhalb der Australopithecinae (Prähomininen) aufzustellen: *Zinjanthropus* mit der Art *boisei* («Zinj» ist eine antike Bezeichnung für Ostafrika, Mr. BOISE ein interessierter Geldgeber). Unter anderem weist LEAKEY auf folgende Besonderheiten hin: Nuchalwulst, tiefe Inionlage, Steilheit des Occipitale, hohe Wölbung des Hinterschädels, massive Leiste über den Mastoidfortsätzen, Tympanicum-Platte ähnlich «*Pithecanthropus*», starke Pneumatisierung der gesamten Mastoidregion bis zum Squamosum, Massivität der Einzelelemente relativ zum Temporale, Bau der Sagittalcrista, ungewöhnliche Position des Nasions, sehr tiefes Palatinum, keine malar-maxillare Verstrebungen, große Masseteransatzregion am unteren Rande der Malaria, relativ starke Reduktion der Incisiven und Caninen. Von ROBINSON [1960b] ist zu der Rangierung von «*Zinjanthropus*» als ein neues Genus der Prähomininen kritisch Stellung genommen worden. ROBINSON macht darauf aufmerksam, daß zahlreiche der von LEAKEY angeführten morphologischen Eigentümlichkeiten innerhalb der Variationsbreite der *Paranthropus* (Swartkrans)-Gruppe angetroffen werden und zum Teil mit darauf beruhen, daß es sich bei dem Oldoway-Bed-I-Fund um ein größeres männliches Individuum handelt, wie es von Swartkrans nicht bekannt ist und daß keine echten Differenzen vorliegen. Die Strukturen der Schädel von «*Zinjanthropus*» und *Paranthropus* als vorwiegende Vegetarier sind weitgehend funktionelle Korrelationssysteme, Reaktionen des Schädels auf das starke Gebiß und die entsprechenden Kaumuskulaturen. So schlägt ROBINSON vor, die Gattung «*Zinjanthropus*» zu streichen und den Oldoway-Fund aus Bed I als eine neue Art der *Paranthropus*-Gruppe zu führen: *Paranthropus boisei* (LEAKEY). Selbst diese Rangierung als Art hält ROBINSON für nicht ganz gesichert, da nur ein Individuum aus Oldoway vorliege. LEAKEY [1960a] hat in seiner Entgegnung auf diese Bemerkungen ROBINSONS den trotz seiner Kürze beachtlichen Versuch gemacht, sein ursprüngliches Urteil und die Aufstellung einer neuen Australopithecinengattung zu rechtfertigen.

Der Verfasser hatte die Möglichkeit, im März und April 1961 in Pretoria das gesamte Paranthropusmaterial im Transvaal-Museum zu studieren. Er ist Herrn Kollegen ROBINSON für die Erlaubnis dazu zu größtem Dank verpflichtet. In Nairobi aber konnte kurz darauf (in der zweiten Aprilhälfte) auch «*Zinjanthropus*» eingehend untersucht werden, und es waren nunmehr Vergleiche möglich. Ohne auf Einzelheiten hier weiter eingehen zu können, werden die Resultate dieses Vergleiches nur allgemein formuliert: Es wurde die Überzeugung gewonnen, daß über eine Rangierung als eigene Art im Falle des Oldowayfundes nicht der geringste Einwand erhoben werden kann, legt man die allgemein paläontologische Norm zugrunde. Hinsichtlich der Frage einer neuen Gattung innerhalb der *Paranthropus*-Gruppe kann der Verfasser sich aber nicht entschließen, LEAKEY zuzustimmen, so daß er der Rangierung ROBINSONS: *Paranthropus boisei* (LEAKEY), den Vorzug gibt[1]. Hier möge nun die Aufmerksamkeit auf eine neue,

[1] Der Schädel wird von TOBIAS (Johannesburg) monographisch bearbeitet. Sein Urteil dürfte dann maßgebend werden.

Mitte Februar 1960 aufgedeckte «living floor» in Bed I gelenkt werden (LEAKEY [1960b]), die ebenfalls an der Lokalität FLK I liegt, etwa 20 Fuß unter der obersten Schicht von Bed I. Viele zertrümmerte Tierknochen (Markgewinnung, in hohem Prozentsatz junge Tiere), darunter viele für Oldoway überhaupt neue Arten und zahlreiche «Oldowan»-Geräte wurden hier gefunden. Auch ein zweifelsfreies Knochengerät konnte geborgen werden.[1] Es bestand die Hoffnung, den bisher vermißten Unterkiefer zu dem Calvarium von *Paranthropus boisei* zu finden. Diese Hoffnung realisierte sich nicht. Es wurden aber eine Fibula und eine Tibia (beide fast vollständig) gehoben, dazu ein Knochenfragment, das wahrscheinlich dem Becken entstammt. Weiterhin wurden einige Zähne und Fragmente eines Schädels von einem zweiten Individuum entdeckt. Die Extremitätenreste sprechen dafür, daß *Paranthropus boisei* völlig biped war. An einer weiteren Lokalität FLKNN haben die Arbeiten im Herbst 1961 erst begonnen.

Paranthropus boisei lag inmitten der zerschlagenen Knochen seiner Beutetiere (daß es sich tatsächlich um solche handelt, ist auch die Überzeugung des Verfassers) und der Spuren der Herstellung der Oldowan-Geräte neben diesen. LEAKEY war von vornherein der Auffassung, daß *Paranthropus boisei* der Hersteller («maker») des Oldowayums war. Hierin ist er von HEBERER [1960a, b], HOWELL [1959], KURTH [1960a, b], OAKLEY [1959] u.a. unterstützt worden, während von anderer Seite (ROBINSON [1961], MASON [1961]) diese Frage skeptisch, ja ablehnend betrachtet wurde. ROBINSON denkt an den noch immer etwas spärlich belegten «*Telanthropus capensis*»[2], MASON aber sieht in einem archanthropinen (pithecanthropinen) Hominiden den Hersteller der Oldowan-Kultur ganz allgemein. Neue Funde, auf die wir sogleich eingehen werden, aber geben hier der ursprünglichen Meinung LEAKEYs eine bessere Grundlage als bisher. Seine vorübergehende Unsicherheit in diesem Punkte hat neuerdings einer neuen Meinung Platz gemacht: Unter dem «Zinjanthropus»-Horizont sind weitere australopithecine Reste zutage gekommen (s.u.), die von der progressiven Hominidenlinie weniger abspezialisiert erscheinen als «*Zinjanthropus*» und der P-Typus der Australopithecinen. Mit diesen neuen australopithecinen Resten zusammen treten aber bereits

---

[1] Insgesamt sind bisher drei Knochengeräte bekannt.

[2] Eine genaue Überprüfung der Reste von *Telanthropus* in Pretoria hat den Verfasser, entgegen seiner früheren Meinung, zu der Auffassung geführt, daß hier ein in der Tat über die Australopithecinen hinaus in Richtung auf die (Eu) Homininen differenzierter Hominide vorliegen kann.

Pebble-tools auf. Infolge dieses Befundes (1. Unspezialisiertheit des betreffenden Australopithecinen; 2. Geröllgeräte) neigt LEAKEY jetzt zu der Meinung (mündliche Diskussion in Oldoway und Nairobi), daß der ältere Australopithecine, dessen Spuren auch in dem «*Zinjanthropus*»-Horizont vorzuliegen scheinen (oberer M), der wahre «Maker» des Oldowayums ist. Er dürfte auf jeden Fall ein Australopithecine gewesen sein. Ob *Paranthropus boisei* tatsächlich der Hersteller der Pebble-tool-Kultur («The oldest yet discovered maker of stone tools») ist, bleibt vorerst offen. Die Probleme der Geräteherstellung durch Australopithecinen sind eingehender durch HEBERER [1960a, b] und KURTH [1960a, b] in ihren Konsequenzen für die Beurteilung des Status der Australopithecinen diskutiert worden.

Zur Datierung: *Paranthropus boisei* wurde von LEAKEY in das obere Villafranchium (Unterpleistozän) datiert und Bed I mit den Breccien von Taung parallelisiert. Von KURTÉN [1960] sind neuerdings alle Australopithecinen auf Grund von vergleichenden Faunenanalysen in das Mittelpleistozän gestellt worden (Cromer-Interglacial bis Mindel-Glacial). Soeben hat OAKLEY [1962] erneut zum Datierungsproblem wiederum Stellung genommen: «*Zinjanthropus*» wird danach in das obere Unterpleistozän (Villafranchium) gestellt und absolut zeitlich mit nahezu 1 000 000 Jahren bewertet. Auch die Transvaalfundorte der Australopithecinen Makapan, Taung und Sterkfontein werden in das obere Villafranchium datiert.

Vor kurzem wurde nun, wie oben schon kurz erwähnt, eine absolute Datierung mit der Kalium-Argon-Methode an Anorthoklasen und Biotiten durchgeführt. Die Bestimmung wurde von EVERNDEN und CURTIS (Universität Californien) ausgeführt[1]. Es ergab sich der überraschend hohe Wert von 1,75 Millionen Jahren. Man tut gut, dieser Bestimmung noch eine recht handfeste Skepsis entgegenzustellen, denn die Methode ist für eine geologisch relativ so junge Zeit, wie das Pleistozän sie darstellt, mit bedeutender Unsicherheit behaftet! Die großen Fehlerquellen verlieren erst bei längeren geologischen Zeiten ihre Bedeutung. Aber man darf wohl mit oberem Unterpleistozän für Bed I von Oldoway rechnen (OAKLEY [1961]), auch ist, wie KURTH [1961] mit Recht betont hat, die große Ähnlichkeit zwischen den Australopithecinen der Paranthropus-

[1] Vergl. J. F. EVERNDEN a. G. H. CURTIS: Proc. NQUA Congress, Warsaw 1961 (das Original dieser Arbeit lag mir nicht vor) und LEAKEY, L. S. B., J. F. EVERNDEN a. G.H. CURTIS: Age of Bed I. Olduvai-Gorge, Tanganyika. Nature *191*:478–479.

gruppe und *Paranthropus boisei* eine so große Zeitdifferenz, wie sie die Kalium-Argon-Bestimmung zu fordern scheint, wenig wahrscheinlich. Hier muß also abgewartet werden, welche Werte weitere Tests ergeben. Es müßte vor allem auch die Bed I unterlagernde Basaltlava zeitlich getestet werden.

Seit diese Bemerkungen niedergeschrieben wurden, liegen nun neue Zeitbestimmungen mit der Kalium-Argon-Methode durch GENTNER und LIPPOLT (Heidelberg) vor (cit. nach OAKLEY [1962]). Untersucht wurde die das Bed I unterlagernde Basaltlava. Es ergab sich von den bisherigen mit dieser Methode gewonnenen Ergebnissen eine starke Abweichung, denn es wurde für die ältere Lava nur ein Wert von 1 300 000 Jahren gefunden.

Die Grabungskampagne im Herbst 1960 zeitigte nun weitere äußerst interessante Ergebnisse: In Bed I wurden in einem etwas tieferen Niveau, also unterhalb *Paranthropus boisei*, an der Lokalität FLKNN 1 folgende Reste weiterer Australopithecinen entdeckt: Große Teile eines rechten Fußes, 6 Fingerknochen, einige Schädelfragmente, 2 Claviculae, dazu (am 2. Dezember von JONATHAN LEAKEY JR. gefunden) eine juvenile Mandibula. Außer der einen Clavicula scheint alles von einem Individuum zu stammen. Vorläufig spricht LEAKEY hier unverbindlich von «*Präzinjanthropus*» oder kurz von dem «Child». Von besonderer Bedeutung ist der Fuß. Eine genaue Analyse steht noch aus, aber es dürfte sich um einen durchaus typisch differenzierten hominiden Standfuß (Bipedie) handeln. Nach dem Zahnalter stammt die Mandibula von einem etwa 12 Jahre alten Individuum, dabei ist das Zahnalter heutiger Hominiden zugrunde gelegt. Vielleicht müssen wir, wie LEAKEY hervorhebt, aber mit schnellerem Wachstum und demnach mit größerer Jugend des Besitzers der Mandibula rechnen. Erhalten ist das Corpus mandibulae, es ist aber am unteren Rande stark defekt, am Symphysenteil besteht ein schwerer Bruch mit Dislokationen der Corpushälften gegeneinander. Die aufsteigenden Äste fehlen. Aber das Gebiß ist soweit erhalten, daß es eine ausreichende Diagnose gestattet. M_2 ist erst wenig abgekaut, M_3 macht sich noch nicht bemerkbar. Über die Mandibula macht LEAKEY [1960b] u. a. die folgenden Mitteilungen: Die allgemeine Struktur des Gebisses kann mit der von *Paranthropus boisei*, mit der bei diesem relativ starken Reduktion des Vordergebisses und Vergrößerung des Hintergebisses nicht verglichen werden. Es kann auch nicht mit den Gebissen der anderen Australopithecinen parallelisiert werden. Interessant ist die Bemerkung LEAKEYS, daß gewisse

Ähnlichkeiten zu Frühhominiden (Euhomininen) bestehen. Dies beruht besonders auch auf der geringen Ausprägung der australopithecinen Differenzierungstrends des Gebisses, das heißt, das Vordergebiß ist zum Hintergebiß noch nicht relativ so stark verkleinert, das Hintergebiß zum Vordergebiß noch nicht relativ so stark vergrößert, wie bei den bekannten Australopithecinen, von denen *Paranthropus boisei* ein Extrem darstellt. Die Canini sind relativ groß und zeigen völlig hominінen Typus. Das gilt auch für die Incisiven. PM_3 und PM_4 sind mesiodistal länger als buccolingual breit. Neuerdings gibt LEAKEY [1961b] auch schon Meßwerte und vergleicht sie mit den bei Australopithecinen bekannten. In den Maßen fallen die Zähne des «Child» Bed I aus der Variationsbreite der Australopithecinen heraus und morphologisch ist die Zahnstruktur einfacher, erinnert nach LEAKEY sogar an australide Verhältnisse. Die Untersuchungen an dem Originalfundstück, die in Nairobi durchgeführt werden konnten, decken sich in ihren Ergebnissen weitgehend mit LEAKEYS Angaben. Es wurde der Eindruck gewonnen, daß in dem «Child» ein Australopithecine vorliegt, der primitiver ist als die Gattung *Australopithecus* (*Australanthropus*), wie das bei dem noch nicht so stark differenzierten Gebiß besonders auffällig deutlich wird. Die Reduktion des Vordergebisses und die Vergrößerung des Hintergebisses sind noch nicht so weit fortgeschritten. Vielleicht liegt, phylogenetisch gesehen, in dem «Child» ein Australopithecinenvertreter vor, der dem Anzestor der doch aus den Australopithecinen abzuleitenden Euhomininenlinie (*Homo*-Linie) nähersteht als die übrigen Australopithecinen. Dazu würde auch sein relativ hohes Alter passen.

Über die sonstigen Skelettreste, die an dieser Fundlokalität geborgen wurden, ist nur noch über die Parietalia etwas Näheres auszusagen. Sie zeigen keinerlei Anhaltspunkte, daß das Individuum die Anlage zu einer Sagittalcrista besaß. Das kann einesteils an dem jugendlichen Alter liegen, es kann sich aber bei der Primitivität des Typus auch um ein genuines Fehlen handeln. Auch die *Australopithecus*-Gruppe der Prähomininen bildet, so hat es den Anschein, keine Sagittalcristen aus. Ob sie die Potenz dazu besaß, ist eine andere Frage. Die Bruchstücke lassen aber erkennen, daß das betreffende Individuum durch einen Schlag getötet worden ist (Schlagmarke mit radialen Sprüngen). Der Fundkomplex gewinnt aber deshalb noch ein besonderes Interesse, weil hier, stratigraphisch immerhin unterhalb des *Paranthropus boisei*-Niveaus, ebenfalls Oldowan-Geräte recht primitiver Art auftreten (s.o.). Will man dem «Child»-Typus nicht die

Fähigkeit zuschreiben, Pebble-tools herzustellen, sondern erst der nächst«höheren» Form, wie das in der Paläanthropologie gern getan worden ist (erinnert sei an die Skepsis gegenüber der Gerätekultur des «*Sinanthropus*»), so würde hier die nächst«höhere» Form *Paranthropus boisei* sein.

Ein wichtiger Fund, auch wenn es sich bisher nur um einen 2. oder 3. unteren Molaren handelt, wurde in einem Horizont von Bed I unmittelbar über der basalen Lava an der Lokalität MK geborgen. Es ist wohl der bisher älteste Hominidenrest überhaupt. Mit ihm zusammen aber wurde auch ein aus Quarz hergestelltes Geröllgerät gefunden. Nach OAKLEY [1962] müßte man dieser Lokalität ein absolutes Alter von annähernd einer Million Jahren zuschreiben können. Daß nun die Australopithecinen der Oldoway-Schlucht die Hersteller des «Oldowans» gewesen sind, wird nun auch durch den sogleich zu besprechenden, wiederum erstaunlichen Fund aus Bed II der Oldoway-Schlucht unterstrichen. Bemerkt sei hier noch, daß im Niveau («living floor») der «Child»-Form auch das schon erwähnte Knochengerät gefunden worden ist, dessen Habitus sich durchaus in den Rahmen der für die Makapansgat-Australopithecinen von DART (vergleiche die Monographie 1957) beschriebenen «osteodontokeratischen» Kultur einfügt (wie oben schon bemerkt, sind noch 2 weitere Knochengeräte bekannt).

Der eben schon erwähnte neue Fund wurde am 2. 12. 1960 in dem Bed II mit Chellesstadium 3 an der Lokalität LLK II von L. S. B. LEAKEY gemacht. Mit ihm wurde zum ersten Male ein Hominide mit Chelles-Geräten entdeckt (sehen wir von den zwei Zähnen des Jahres 1954 ab). «*Atlanthropus*» (*Homo erectus mauritanicus*) von Palikao-Ternifine ist mit differenziertem Acheul vergesellschaftet. LEAKEY hat schon in seiner ersten Mitteilung (1961) über diesen neuen wesentlichen Fund die Meinung zum Ausdruck gebracht, daß mit ihm ein Typus entdeckt sei, der eine unverkennbare Ähnlichkeit zu den Archanthropinen besitzt (*Pithecanthropus*-Gruppe), er sieht aber auch Ähnlichkeiten zu Steinheim und Broken Hill-Saldanha. Der Verfasser konnte dank der Generosität LEAKEYS auch diesen Fund genauer untersuchen und vermessen. Das Ergebnis (allgemein) dieser Untersuchung: Vorhanden ist bisher ein defektes Neurokranium (Calvaria), dessen Erhaltungszustand aber ein Urteil über die Struktur des Hirnschädels gestattet. Das Stück ist auf jeden Fall ein Archanthropine und muß nach neuerem Usus der Gattung *Homo* zugeteilt werden. Aber es liegt eine Form vor, die ein durchaus spezifisches Gepräge besitzt und von allen bisher bekannten Archanthropinen nicht unwesentlich abweicht! Zu nennen ist der wohl bisher mächtigste Torus supraorbitalis, der durch eine starke supratorale Depression von der relativ gut gewölbten Stirn abgesetzt erscheint. Auffällt weiterhin eine große Flachheit der schräg zum Scheitel ansteigenden Parietalia, die Plastik der Temporallinie und die Lage der größten Schädelbreite auf den Mastoidfortsätzen, dazu die weit hinten liegenden Poria, um einige der Eigentümlichkeiten zu nennen, die durchaus gruppentypischen Eindruck machen. Wenn der Verfasser autorisiert wäre, das Stück zu benennen, so würde er den Namen «*Homo leakeyi*» vorschlagen! Wir müssen uns allerdings auf Wunsch LEAKEYS mit dieser kurzen allgemeinen Charakterisierung begnügen. Die Bedeutung von «*Homo leakeyi*» für das Gesamtoldoway-Problem kann gar nicht überschätzt werden. Aber auch für die Urgeschichte Gesamtafrikas und für den Aufbau des Bildes einer Phylogenie der Hominiden des Pleistozäns überhaupt ist der Fund von wesentlicher Wichtigkeit. Durch die Entdeckung von «*Homo leakeyi*» wurde auch der Nachweis erbracht, daß ein Archanthropine der Schöpfer des afrikanischen Chelles gewesen ist und nicht des Oldowans, das natürlich neben den Faustkeilen auch vorkommt – aber das Wesentliche ist ja die Erwerbung der neuen Technik und die zunehmende Beherrschung des Materials. Nunmehr kann es auch kaum noch einem vernünftigen Zweifel unterliegen, daß es tatsächlich die Prähomininen (Australopithecinen) waren, die das Oldoway herstellten. Man darf LEAKEY besonders gratulieren zu dieser neuen Entdeckung in «seiner» Schlucht! Wünschen wir ihm zunächst, daß weitere Grabungen von dem Stück ergänzende Fragmente erbringen, wozu allerdings wenig Aussicht besteht.

Damit haben wir die kurze Übersichtsschilderung und vorläufigen Beurteilungsmöglichkeiten der in der Oldoway-Schlucht bisher geborgenen paläanthropologischen Funde beendet. Die nebenstehende Tabelle stellt das Fundmaterial nochmals stratigraphisch geordnet (nach «Beds») zusammen.

III.

Aus der soeben gegebenen Übersicht über den gegenwärtigen Stand der paläanthropologischen Forschung in der Schlucht von Oldoway (Tanganyika) dürfte hervorgehen, daß diese Schlucht ein Fundgebiet von außerordentlicher Wichtigkeit darstellt. Es ist dabei

Tabelle

Die in der Oldoway-Schlucht bisher gefundenen Reste pleistozäner Hominiden[1]
(Stand Herbst 1961)

Mittleres Pleistozän	Bed II (L L K)	2 Zähne Calvaria (archanthropin) Schädelfragment Chelles-Kultur
Unteres Pleistozän	Bed I (F L K)	Calvarium (australopithecin P-Typus) Schädelfragmente eines 2. Individuums Zähne Beckenrest (?) Tibia, Fibula Oldowan-Kultur
	Bed I (F L K N N 1)	Schädelfragmente, (australopithecin, A-Typus) Parietalia, großer Teil vom rechten Fuß 6 Fingerknochen 2 Claviculae 2 Rippenstücke Mandibula Oldowan-Kultur Knochengeräte
	Bed I (M K)	Molar, Oldowan-Gerät

[1] Der größte Teil der Fundstücke wurde von LEAKEY in der «Illustrated London News» (1959, 1960, 1961) gut abgebildet.

noch zu bedenken, daß die bisherigen Arbeiten LEAKEYS und seines Stabes trotz der intensiven Bemühungen nur erst stichprobenhafte Ergebnisse geliefert haben. Aber diese Ergebnisse sind vielsagend genug! Weiterarbeit wird mit Sicherheit neues Fundmaterial aufdecken. Diese Weiterarbeit muß mit allen Mitteln gefördert werden! Die fortschreitende Erforschung der Schlucht, in der aufgeschlossene Schichtenstöße mindestens einen Zeitraum von 800 000 Jahren repräsentieren, wird die Funddokumentierung der Urgeschichte Afrikas während des Pleistozäns in immer hellerem Licht hervortreten lassen und unsere Basis für den Aufbau eines Geschichtsbildes in einem heute kaum zu erahnenden Umfang ermöglichen. Von dieser Basis aus wird aber auch die Grundlage für eine allgemeine Geschichte der ganzen

Menschheit ungemein an Breite gewinnen. Die Pleistozängeschichte aber wird rückwärts Licht werfen auf die präpleistozäne Ursprungsgeschichte des Menschenstammes und auf die postpleistozäne Entfaltungsgeschichte der Gattung *Homo* mit ihrem progressivsten Sproß *Homo sapiens*!

LITERATUR

BOSWELL, P. G. H.: The Oldoway human skeleton. Nature, Lond. *30*: 477 (1932).

COLE, S.: The prehistory of East Africa (Boston 1954). – The oldest tool-maker. Scientist 678–680 (1959).

DAHLBERG, A. A.: The Olduvai giant hominid tooth. Nature, Lond. *188*: 932 (1961).

DART, A. R.: The osteodontokeratic culture of *Australopithecus prometheus*. Transvaal Mus. Mem. 10 (Pretoria 1957).

GIESELER, W.: Untersuchungen über den Oldoway-Fund. Fundstelle, Lagerung des Skelettes und Morphologie des Extremitätenskelettes. Verh. Ges. Phys. Anthrop. 3: 50–59 (1929).

HEBERER, G.: Zur Altersfrage der ostafrikanischen Menschenfunde. Z. Rassenk. 2: 337–339 (1935). – «*Zinjanthropus boisei*» und der Status der Prähomininen (Australopithecinae). Zool. Jb. Abt. Systematik *88*: 91–106 (1960a). – Älteste Menschheit in Afrika. Natur u. Volk *90*: 309–321 (1960b). – Pre-hominid finds in South and East Africa. Germany *7*: 58–61 (1962).

HOWELL, F. C.: The Villafranchium and human origins. Science *130*: 831–844 (1959).

v. KOENIGSWALD, G. H. R.: Koninkl. Nederl. Akad. Wetensch, Amsterdam B 63, 20 (1960).

v. KOENIGSWALD, G. H. R.; GENTNER, W. and LIPPOLT, H. J.: Age of the basalt floor at Olduvai, East Africa. Nature, London *192*: 720–721 (1961).

KURTÉN, B.: The age of the Australopithecinae. Stockh. Contrib. Geol. *4*: 9–22 (1960).

KURTH, G.: *Zinjanthropus boisei* aus dem Unterpleistozän von Oldoway/Ostafrika. Ein Prähominine der Paranthropusgruppe mit Steingeräten. Naturwissenschaften *47*: 265–274 (1960a). Progressive Leistungsfähigkeit der humanen Phase bei Prähomininen. Naturw. Rundschau 215–220 (1960b). – Weitere Belege für Hominide aus der Oldowayschlucht/Ostafrika. Naturw. Rundschau *14*: 354 (1961).

LEAKEY, L. S. B.: Olduvai Gorge (Cambridge 1951). – Recent discoveries at Olduvai Gorge, Tanganyika. Nature, Lond. *181*: 1099 (1958). – A new fossil skull from Olduvai. Nature, Lond. *184*: 491–493 (1959). – Recent discoveries at Olduvai Gorge. Nature, Lond. *188*: 1050–1052 (1960). – News finds at Olduvai Gorge. Nature, Lond. *189*: 649–650 (1961a). – The iuvenile mandible from Olduvai. Nature, Lond. *191*: 417–418 (1961b).

MASON, R. J.: The earliest tool-makers in South-Africa. Sth. Afr. J. Sci. *57*: 13–16 (1961).

MOLLISON, TH.: Untersuchungen über den Oldoway-Fund. Der Fossilzustand und der Schädel. Verh. Ges. Phys. Anthrop. *3*: 60–67 (1929).

OAKLEY, K. P.: Dating the Australopithecines. Third Pan. African Congr. Prehist. pp. 155–157 (1955). – Tools makyth man. Smithsonian Inst. 4367 (1958). – The earliest tool-maker. In: G. KURTH (Herausgeb.): Evolution und Hominisation. Festschrift zum 60. Geburtstag von GERHARD HEBERER (Stuttgart 1962).

RECK, H.: Älteste Menschheit in Ostafrika. Naturwissenschaften *20*: 631–635 (1932). – Oldoway. Das Tal des Urmenschen (Leipzig 1933).

ROBINSON, J. T.: An alternative interpretation of the supposed giant deciduous hominid tooth from Oldoway. Nature, Lond. *185*: 407–408 (1960 a). – The affinities of the new Olduvai Australopithecine. Nature, Lond. *186*: 456–458 (1960 b). – The Australopithecines and their bearing on the origin of man and of stone tool-making. Sth. Afr. J. Sci. *57*: 3–16 (1961 a). – The Sterkfontein tool-maker. Leech *28*: 94–100 (1961 b).

ROBINSON, J. T. and LEAKEY, L. S. B.: The affinities of the new Olduvai Australopithecine. Nature, Lond. *186*: 456–458 (1960).

Bibl. primat. vol. 1, pp. 120–129 (Karger, Basel/New York 1962)

GENERAL REMARKS ON ABSOLUTE LENGTH AND RELATIONS IN SIZE OF THE PREMOLARS IN EARLY AND MODERN HOMINIDS

By G. H. R. VON KOENIGSWALD, Utrecht

1. The Conditions in the Pongidae

All Pongidae including the fossil Dryopithecinae, possess marked and prominent canines. There seems to be only one exception to this rule and this is *Parapithecus*, member of a family of its own. As *Parapithecus* has been found in the lower Oligocene of the Fayûm in Egypt and belongs together with *Propliopithecus* to the oldest known Hominoidea, the lack of such a prominent canine has sometimes been regarded as a real primitive condition, with the result that certain authors, as, e.g., ADLOFF [1908] have expressed the opinion that also the weak canine of modern man ought be regarded as primitive. This has been opposed especially by REMANE [1927] and WEIDENREICH [1937], and had played a certain part in the last years in the interpretation of the dentition of *Oreopithecus*. The latter, however, does not belong to the Hominoidea in a strict sense, so that it is not necessary to enter into details in this paper.

The small size of the canine in *Parapithecus* is puzzling indeed, but it should be borne in mind that this species is only known from a single jaw, which might be female, so we can not exclude the possibility that the male jaw might have possessed a much stronger canine.

In all Pongidae the lower row of teeth, molars, premolars, canines and incisors, are all more or less crowded together and form practically a continuous row. As the tip of the lower canine fits into a diastema in front of the upper canine—the famous simian gap—the upper canine shears along the anterior part of the first lower premolar (P_3). This direct contact between the upper canine and the first lower premolar has some consequences. The sexual dimorphism, most pronounced in the size of the canines, is generally also expressed in the size of the anterior lower premolar, in which the frontal part can be considerably enlarged. The most extreme case we find in the Cercopithecinae, where the South African Baboon *Papio porcarius* has an anterior premolar with an enormous shearing facet and where this tooth is about three times as long as the posterior premolar.

In connection with the size of the upper canine and therefore depending on the sex of the individual, the anterior premolar is especially variable and in all modern anthropoids longer than the posterior one. As the anterior premolar is sometimes triangular, we are not considering here Weidenreichs robustness-index or Robinson's module, but are only considering the anterior-posterior diameter.

Table I. Mesio-distal length of upper premolars in the Pongidae.

		P^3	P^4	difference
Chimpanzee	male (a)	7.9	7.5	+0.4
	female (a)	7.5	7.1	+0.4
Orang	male (a)	10.0	9.7	+0.3
	female (a)	9.0	8.8	+0.2
Gorilla	male (a)	11.4	11.2	+0.2
	female (a)	10.7	10.3	+0.4 mm

After Ashton and Zuckerman

In table I which was prepared after average measurements given by Ashton and Zuckerman [1950], we see that in all anthropoids the anterior upper molar is larger than the second. In the tables prepared for this paper we call the difference of first premolar larger than second, positive, if the reverse is the case, negative; an (a) between brackets gives average values. As we see in all three anthropoids the difference is positive, having an average value between 0.2 and 0.4 mm. According to that table, we find highest values in the male chimpanzee and the female chimpanzee and gorilla; one would expect a higher value for the male gorilla, but that is not the case.

Table II. Mesio-distal length of lower premolars in the Pongidae.

		P_3	P_4	difference
Chimpanzee	male (a)	10.4	7.9	+2.5
	female (a)	9.1	7.7	+1.4
Orang	male (a)	13.2	11.6	+1.6
	female (a)	11.2	10.3	+0.9
Gorilla	male (a)	15.4	12.2	+3.2
	female (a)	13.9	11.5	+2.4 mm

After Ashton and Zuckerman

The size difference of the lower premolar is for all three Pongidae positive, but reaches in all cases a much larger value. The difference between the sexes, too, is much more pronounced in all cases, reaching a maximum in the chimpanzee, and not as might be expected in the gorilla.

2. The Conditions in the Hominidae

There is not much morphological difference in the upper premolars of hominidae and pongidae, except that the anterior part of the first premolar is less developed and more rounded in the first group. As has already been remarked by Baume (vide Mühlreiter [1920, p. 129]) the anterior premolar in modern man always is larger than the second one. This can be seen at a glance in table III where the

Table III. Mesio-distal length of upper premolars in Man.

	P^3	P^4	difference
Pithecanthropus modjokertensis	8.4	8.1	+0.3
Sinanthropus (Weidenreich) (a)	8.3	7.9	+0.4
specimen I	8.0	7.3	+0.7
modern man:			
Aleuts (Moorees)	7.0	6.6	+0.4
E. Greenland Eskimo (Pedersen)	7.5	6.8	+0.7
Australian (Campbell)	7.8	7.2	+0.6
American Whites (Black)	7.2	6.8	+0.4 mm

difference for early and modern man is always positive and the same can be found in the larger tables given by PEDERSEN [1949] and MOOREES [1957].

The observations in the Australopithecinae show in most cases the reversed conditions, the difference is negative, with the exception of Sterkfontein, where it is 0. The extreme reduction within this group, which has affected especially the incisors and canines, apparently has also influenced the size of the first premolar: this forms an important contrast to the conditions we observe in modern man and his direct forerunners. Within the Australopithecinae we see the greatest difference in the enormous dentition of LEAKEY's *Zinjanthropus* ("*Paranthropus*") from Oldovai. According to observations we published elsewhere (v. KOENIGSWALD [1953 and 1961]) the size of the *Australopithecus* dentition increases in the course of their evolution, and therefore the *Australopithecus* from Olduvai must be the youngest and the most specialised form. In our table IV this finds its expression in the greatest negative value of –1.0 mm.

Table IV. Mesio-distal length of upper premolars in Australopithecinae.

	P^3	P^4	difference
Swartkrans (ROBINSON) (a)	9.9	10.6	–0.7
Sterkfontein (ROBINSON) (a)	8.9	8.9	0
Kromdraai (ROBINSON)	10.0	10.3	–0.3
Makapan (DART and ROBINSON)	8.8	9.4	–0.6
Oldovai (LEAKEY)	17.0	18.0	–1.0 mm

In tables recently prepared by SENYÜREK [1960] to show the relative size of the incisors among the anthropoids we see that the robustness values for the incisors of this form (p. 7–8) are far below those recorded for Early and Modern Man. For the first incisor, the index, is 28,87, while in the other group it is between 47 and 67; for the second incisor the value is 17,56 against 32 to 49 in the other group. The extremely small canine and incisors combined with enormous molars and premolars are proof of the extreme overspecialisation of this form, which cannot be related in any way to the modern hominids.

A comparision of the two tables given above shows that the Hominidae have a positive, the known Australopithecinae a negative size difference. It is interesting to see that in the Sterkfontein form both teeth are equal. Sterkfontein together with Taungs represent the oldest known level with Australopithecinae in South Africa, and from that we might conclude that earlier Australopithecinae might show a positive value as do the early hominids like *Sinanthropus* and *Pithecanthropus*. On account of this observation it is therefore not possible to decide whether the "*Meganthropus africanus*" from the Serengeti belongs to one group or the other. Of this species a small fragment of an upper jaw is known, containing two large premolars. According to REMANE [1951, p. 317] the anterior premolar has a length of 9.6 mm, the posterior 9.1 mm. The difference therefore is +0,5, we thus have two alternatives, either it is indeed a form related to *Meganthropus*, or it is an *Australopithecus*, more primitive and probably much older than one of the known South-African Australopithecinae.

As the morphology of the lower anterior premolar must be seen in connection with the upper canine, we now come to that important question of what kind of canine we might expect in Early Man. For many years this has been under dispute, since the oldest human jaw of Europe and the first find of this kind, the Heidelberg jaw, shows no deviations from the condition encountered in Modern Man. Not until the discovery of Peking Man, could we observe canines in a human form, which were much stronger developed than in Modern Man. In 1939 we found in Java the Upper jaw of *Pithecanthropus modjokertensis* which shows the most primitive conditions ever observed in a human palate. Here not only is the second molar larger than the first, but there is even a diastema of 4 mm in front of the strong canine, which, in spite of being well worn, is morphologically still a pointed canine, showing two distinct wearing facets. We must take these observations as a sign that our ancestors possessed larger canines. This has already been predicted while by REMANE [1922] studying the morphology of the first deciduous molar.

The posterior lower premolar has two main cusps and a talonid of variable size; this part might be smooth or has one or more cusps developed from it. In gorilla and chimpanzee the talonid part is generally short.

In the orang it might be so much elongated that the tooth nearly attains the length of a molar. In principle the posterior premolar shows the same basic pattern, only in the buccal cusp much exagger-

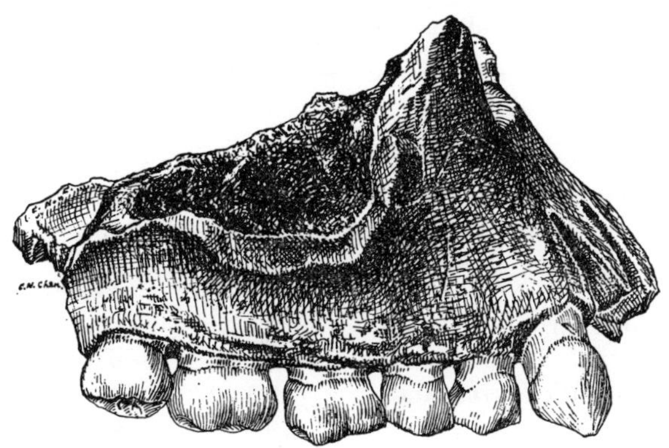

Fig. 1. Upper jaw of *Pithecanthropus modjokertensis*, Lower Pleistocene of Sanigran, Central Java, showing a well developed canine. The tooth in question is well worn, but in spite of this still morphologically a canine (natural size).

ated, which in extreme cases makes the tooth monocuspid. This is especially the case in the gorilla and here the conditions are foreshadowed by the first deciduous molar. In the Chimpanzee and the Orang often a weak lingual cusp is recognizable, and the deciduous molar of the latter shows two distinct cusps of about equal size. GREGORY has already shown how small the differences are between the deciduous dentitions of Man and chimpanzee [1922, fig. 288] and WEIDENREICH was able to demonstrate how closely, even in detail, the permanent anterior premolar of *Sinanthropus* compares with the corresponding tooth of that african anthropoid [1937, figs. 79–81].

In the lower dentition the change of conditions is less clear. As may be concluded from the table above, the predominance of the first premolar is evident in three mandibles of *Sinanthropus* and also in Heidelberg Man. The maximum length as observed in *Sinanthropus* is well above the maximum for *Homo sapiens:* the high values for the latter are only known from a few specimens, the average is below what we find in the Neanderthaliens.

The deterioration of the anterior premolar probably begins already in *Pithecanthropus*. The premolar known of *Pithecanthropus erectus* from Trinil has a length of only 7,0 mm, and is smaller than any of the 14 premolars described by WEIDENREICH from Chou-kou-Tien. The Trinil premolar "undoubtedly represents a recent Man type" is the conclusion of WEIDENREICH [1937, p. 146]; we have how-

Table V. Mesio-distal length of lower premolars in Man.

		P_3	P_4	difference
Sinanthropus (Weidenreich)	mand. K I	9.8	8.7	+1.1
	mand. G I	9.1	8.5	+0.6
	mand. C III	9.3	9.2	+0.1
		9.8–7.9	9.2–8.5	
Atlanthropus (Howell)	mand. I	8.5	8.0	+0.5
(cast.)	mand. II	9.0	9.0	0
Homo heidelbergensis (Schoetensack)		8.1	7.5	+0.6
Rabat (Vallois)		9.0	9.0	0
Homo neanderthalensis:				
Krapina (Schoetensack)		8.3–7.8	8.3–8.5	
Spy I (Schoetensack)		6.5	6.5	0
Ehringsdorf (Virchow)		7.3	7.3	0
Homo sapiens:				
maxima-minima		8.7–5.0	8.3–5.5	
Aleuts (Moorees)		8.3–5.9	8.4–5.9	
Dutch (de Jonge-Cohen)		8.1–5.2	9.0–5.2	
Canadian Eskimos (a)		6.9	6.6	+0.3
Australians (Campbell) (a)		7.7	7.6	+0.1
East Greenland Eskimos (Pedersen) (a)		7.1	7.1	0
Japanese		7.1	7.1	0
Dutch (de Jonge-Cohen)		6.7	6.9	–0.2
American Whites		6.9	7.1	–0.2
Pecos Indians		7.1	7.4	–0.3 mm

Homo sapiens mainly after Moorees and Pedersen

ever, found in Sangiran a second specimen of the same size, and small upper molars as well. There can be little doubt that the classical *Pithecanthropus* had relatively small teeth, about the size we expect in Heidelberg Man. There were evidently micro- and macrodont races of *Pithecanthropus*, and therefore it seems risky to us to regard the jaws from Rabat and Sidi Abderrahman as *Pithecanthropus* jaws only because they are macrodont. As we find such large size differences already among the Pithecanthropi, it might be the same in more advanced types of Early Man.

Furthermore it seems that the anterior premolar lost its dominant position already in *Atlanthropus*, perhaps even in certain specimens of *Sinanthropus*. There is some variability even still in Modern Man;

in certain races the anterior premolar is still longer than the second, in others we find the reversed condition, but in all cases the differences are small.

Table VI. Mesio-distal length of lower premolars in Australopithecinae.

	P_3	P_4	difference
Swartkrans (Robinson) (a)	9.7	11.0	–1.3
Sterkfontein (Robinson) (a)	9.1	10.0	–0.9
Kromdraai (Robinson)	10.0	11.1	–1.1 mm

If we now turn to the Australopithecinae we find, that here in all cases the anterior lower premolar is much shorter than the second, and this to a degree which exceeds the conditions we find in Modern Man. The Australopithecinae are in this respect ultrahominid. The aston-

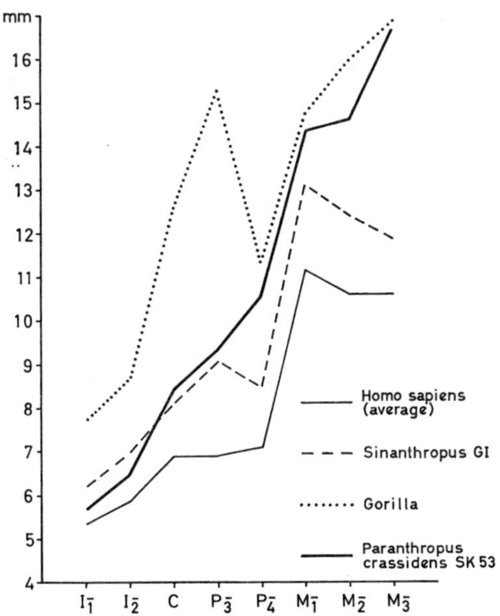

Fig. 2. Anterior-posterior length of the lower dention of *Paranthropus*, *Gorilla*, *Sinanthropus* and Modern Man (after von Koenigswald).

ishing fact is, that while in Man the reduction works from both ends of the dentition from the incisors to the first premolar in front and from the last molar to the first one from the back, leading in the white race even in many cases to a complete loss of the last molar—, in the Australopithecinae only the frontal part is reduced, while the last molar has even a trend to become dominant. It seems, that what is lost in front is added in the back (fig. 2), and that a strong reduction of the frontal part is not a sign of a general reduction of the dentition as we find in the line leading to Modern Man.

The size relations of the premolars, therefore, exclude the Australopithecinae from the claim of being ancestral to Man. We have discussed only a minor but significant detail, and our results are in complete accordance with what we observe in the rest of the permanent and the deciduous dentition.

3. Summary

The predominance of the mesio-distal length of the anterior over the posterior premolar is characteristic for the upper as well as for the lower dentition in the recent (and fossil) anthropoids. This relationship has been preserved even in the upper dentition of recent Man. In the lower dentition the predominance of the anterior premolar is still recognisable in Peking and Heidelberg Man, while at an early stage—probably within the *Pithecanthropus* group—both premolars are equal or even might show a slight predominance of the posterior premolar.

In the lower dentition of the Australopithecinae the anterior premolar is more reduced than in Man, whereas in the upper dentition of the youngest Australopithecinae (*Paranthropus crassidens*; *Zinjanthropus*) also the anterior premolar has lost its dominant position. In this respect, as in the molarisation of the anterior deciduous premolars, the Australopithecinae are ultrahominid and not ancestral to Man.

REFERENCES

ADLOFF, P.: Das Gebiß des Menschen und der Anthropomorphen. Vergleichend-anatomische Untersuchungen. Zugleich ein Beitrag zur menschlichen Stammesgeschichte (Berlin 1908).

ARAMBOURG, M. C.: Une nouvelle mandibule «*d'Atlanthropus*» du gisement de Ternifine. C. R. Acad. Sci. *241*: 895–897 (1955).

Ashton, E. A. and Zuckerman, S.: Some quantitative dental characteristics of the chimpanzee, gorilla and orang-outang. Philosoph. Trans. Roy. Soc. Lond. Ser. B. no. 616. *234*: 471–484 (1950).

Howell, F. C.: European and northwest african Middle Pleistocene Hominids. Current Anthropol. *1*: 195–232 (1960).

de Jonge-Cohen, Th. E.: Maximal-, Minimal- und Mittelwerte der mesiodistalen Dimensionen der postkaninen Zähne des menschlichen Gebisses. Z. Anat. Entw.Gesch. *99*: 324–337 (1932).

Von Koenigswald, G. H. R.: The Australopithecinae and *Pithecanthropus*. Proc. Kon. ned. Akad. Wet., Amsterdam, Ser. B. *56–57* (1953/54).

Leakey, L. S. B.: New fossil skull from Olduvai. Nature, Lond. *184*: 491–493 (1959).

Moorees, C. F. A.: The Aleut dentition, pp. 1–196 (Harvard Univ. Press 1957).

Mühlreiter, E.: Anatomie des menschlichen Gebisses. Bearbeitet von Th. E. de Jonge Cohen, pp. 1–175 (Leipzig 1920).

Pedersen, P. O.: The East Greenland Eskimo dentition. Medd. Gronland, Kbh. *142*: 1–256 (1949).

Remane, A.: Studien über die Phylogenie des menschlichen Eckzahnes. Z. Anat. Entw.Gesch. *82*: 391–481 (1927).

Robinson, J. T.: The dentition of the Australopithecinae. Mem. Transvaal Mus. *9*: 1–179 (1956).

Schoetensack, O.: Der Unterkiefer des *Homo heidelbergensis*. pp. 1–67 (Leipzig 1908).

Senyürek, M.: The relative size of the permanent incisors in the suborder Anthropoidea. Anatolia, Ankara *5*: 47–85 (1960).

de Terra, M.: Beiträge zu einer Odontographie der Menschenrassen. pp. 1–302 (Berlin 1905).

Vallois, H. V.: L'Homme de Rabat. Bull. Arch. Marroc. *3*: 87–91 (1960).

Weidenreich, F.: The dentition of *Sinanthropus pekinensis*. Pal. Sinica *101*: 1–180 (1937).

Bibl. primat. vol. 1, pp. 130–154 (Karger, Basel/New York 1962)

Department of Anthropology, U. S. National Museum,
Smithsonian Institution, Washington, D. C.

NEANDERTHAL CERVICAL VERTEBRAE

With special attention to the Shanidar Neanderthals from Iraq

By T. D. STEWART

1. Introduction

Half a century has passed since BOULE [1911–13] created the impression that the skeleton from La Chapelle-aux-Saints and therefore "*Homo neanderthalensis*" had an anthropoid-like neck. BOULE summarized his findings on the cervical vertebrae of La Chapelle in two statements [1913, p. 16]: (1) "Colonne vertebrale courte et trapue (Caractère spécial)" and (2) "Vertèbres cervicales à apophyses épineuses longues, non rétroversées, peu ou point bifides ([Caractères de] Singes anthropoïdes; Chimpanzé)." In 1939 McCOWN and KEITH cited (p. 366) the first of these statements and added (p. 367): "The Mount Carmel people (Skhul IV, V, and Tabun I) certainly share these characters; the bodies of their vertebrae—in all regions of the spine—are shallower than in modern peoples." The McCOWN and KEITH counterpart of BOULE's second statement is (p. 367): "[In the Mount Carmel spines] the spinous processes of the cervical vertebrae are not so long as in the La Chapelle spine, nor are they so strong; but they are longer than in modern races and their tips are undivided."

Among other details of the cervical spine which none of these authors singles out for such special emphasis, is the inclination of the articular facets. Relative to the last three cervical vertebrae of La Chapelle, BOULE says [1912, p. 92]: "Les facettes articulaires des zygapophyses sont bien moins obliques que sur les squelettes d'Hommes actuels que j'ai sous les yeux." McCOWN and KEITH say much the same thing [p. 94]: "The articular surfaces of [the articular] processes are nearly horizontal in the Skhul neck; ...They are more oblique ... in most modern necks."

Several recent writers (ARAMBOURG [1955], PATTE [1955], STRAUS and CAVE [1957], and TOERIEN [1957]) rightly have criticized BOULE's characterization of the spinous processes and articular facets of La Chapelle as anthropoid-like, but have paid no attention to BOULE's claim that the neck of La Chapelle was short and massive nor to the corresponding statements of McCOWN and KEITH about the Mount Carmel Neanderthals. For that matter these recent writers also have ignored the statements of others who have described Neanderthal remains. The time is thus ripe for a review of all the recovered cervical vertebrae of Neanderthals. To this end I offer a description of these elements of the newly discovered Shanidar Neanderthals I and II, together with such comparative data as appear pertinent.

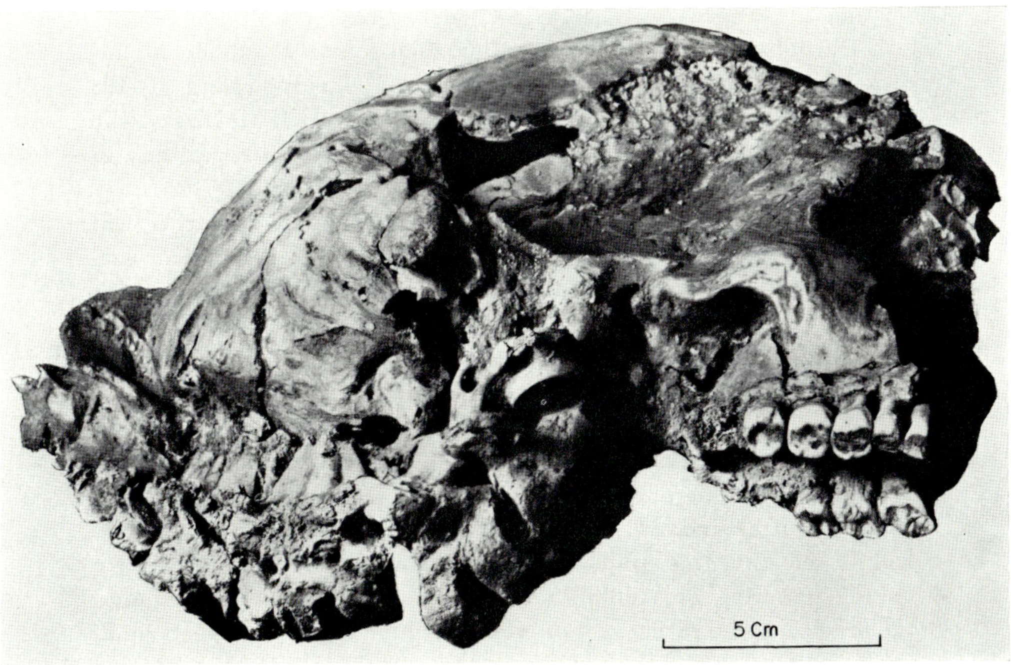

Fig. 1. View of crushed skull of Shanidar II, after cleaning and after removal of the lower jaw, showing the position of the cervical and upper 5 thoracic vertebrae. The inferior angle of the left scapula projects from behind the occiput above T 5.

During the summer of 1960 I spent two months at the Iraq Museum in Baghdad restoring and studying the skeletal remains of the second adult male (?) Neanderthal from the Shanidar cave. The crushed skull of this individual had been encountered just at the end of the 1957 field season in the west wall of the excavation at a depth of 23 feet below the cave floor (SOLECKI [1957, 1960]). Rather than run the risk of leaving the skull *in situ* for an uncertain length of time, it had been removed at once with the surrounding earth in a block. Figure I shows what was found in the block after removal of the earth by technicians in the Iraq Museum. Besides the skull, 12 articulated vertebrae (C 1–7, T 1–5) were wrapped around the skull base from the vicinity of the foramen magnum to inion, and the left scapula was compressed against the left parietal, with the glenoid fossa in the region of the auditory meatus and the inferior angle projecting back beyond the occiput. This suggests that the skull had rolled, or been forced, backwards on the dorsum of the thorax and had come to rest between the vertebrae and the inner side of the left scapula.

During the latter part of the 1960 field season the following additional parts of Shanidar II were recovered: 7 vertebrae (T 10–12; L 1–4), fragments of 3 ribs, the nearly complete left tibia, and the nearly complete left fibula. Extensive search failed to reveal any of the other bones of this individual.

A description of the skull and lower jaw of Shanidar II will appear in *Sumer* in the near future.[1] This leaves the cervical vertebrae as the next natural unit warranting description, along with the C 1, 5–7 vertebrae of Shanidar I which also have not been described. Considering that Shanidar II has one of the most complete cervical spines of any Neanderthal thus far recovered, being rivaled only by that of Skhul V, its importance is obvious. Unfortunately, none of the original Shanidar specimens has been at hand during the preparation of this paper. However, I did have casts of the C 5–6 vertebrae of Shanidar I.

In selecting this subject for my contribution to the anniversary volume honoring Dr. Adolph SCHULTZ I am aware that he has found the cervical spine rather monotonously regular in most respects in all the primates (see, for example, SCHULTZ [1930] pp. 309–310). This, of

[1] For a description of the corresponding parts of Shanidar I see STEWART [1958, 1959].

course, has not discouraged him from continuing to make observations and to report them in detail (see especially SCHULTZ [1938, 1940, 1941, 1944, 1954, 1961], SCHULTZ and STRAUS [1945]). Yet it is more important in the present connection to call attention to a point made by STRAUS and CAVE [1957, p. 350], namely, that Dr. SCHULTZ was one of the first to reject the long-held and widely-accepted postural image of Neanderthal man as a creature with head and neck "habitually bent forward into the same curvature as the back", and with "knee habitually bent forward without the power of straightening the joint or of standing fully erect" (OSBORN [1923], p. 243). This came about mainly as a result of his study of the conditions for balancing the head in primates [1942, 1955]. Apparently it led him subsequently to advise M. J. TOERIEN of South Africa to study the primate cervical region when he came to Zurich in 1956 to work in the Anthropological Institute. Significantly, TOERIEN's first statement on this subject [1957] was aimed at assessing the "supposed peculiarities" of the cervical vertebrae of the Neanderthal from La Chapelle. This leaves no doubt in my mind that the present contribution follows one line of Dr. SCHULTZ's interests.

2. Comparative Material

As a background for the description of the new specimens the earlier Neanderthal finds will be summarized in the order of their discovery:

Spy, Belgium [1886]. A total of seven vertebrae were recovered and attributed by FRAIPONT and LOHEST [1887, p. 603] to skeleton no. 2, which HRDLIČKA [1930, p. 189] considered a male about 23 years of age (see also GENOVÉS [1954]). HRDLIČKA was unable to assign the vertebrae either to this skeleton or to no. 1, an older individual of uncertain sex.

Included in the lot is a C 7, but it is neither described in detail nor illustrated. FRAIPONT and LOHEST [1887, p. 650] simply say: "Les vertèbres sont en rapport avec la robusticité générale du reste du squelette et ne nous paraissent affecter aucun charactère spécial." In view of the uncertainty as to the particular skeleton to which the vertebra in question belongs, this statement is not very helpful. The specimen will not be considered further.

Krapina, Yugoslavia [1905]. GORJANOVIĆ-KRAMBERGER

[1906, pp. 208–211] singles out for special description from a miscellaneous lot of 20 more or less complete cervical vertebrae the following adult specimens: Two fragments of atlas (sex ?, not illustrated); three almost complete axes (sex ?, two illustrated); C 5–7 in relatively good condition, but still fastened together presumably by matrix (male, illustrated); and "probably" C 5–7, defective and showing signs of arthritis (sex ?, not illustrated). Some measurements are given for most of these specimens, but the method of measurement is not always evident.

GORJANOVIĆ-KRAMBERGER makes no comparisons, but in connection with the C 5–7 combination of vertebrae says (p. 211) "dass er weniger robust gebaut ist als beim Europäer und dabei eine starke Verkürzung der vorderen Wirkelkörper aufweist." (See Addendum p. 154.)

La Chapelle-aux-Saints, France [1908]. BOULE [1911–1913, pp. 108–110] indicates that all but two of the cervical vertebrae of this adult male were recovered. The missing segments are C 3 and 4. The atlas (illustrated) lacks the posterior arch and left transverse process. The axis (not illustrated) is represented by the body alone, of which the odontoid process is defective. Most of the description is devoted, therefore, to C 5–7 (illustrated), but no measurements are given.

La Chapelle is regarded by some (cf. PATTE [1955]) as the type specimen of the Neanderthals. It is now generally agreed that BOULE exaggerated the primitiveness of some of the vertebral characters and that this is part of what led him into errors regarding Neanderthal posture.

La Quina, France [1911]. Portions of all the cervical vertebrae, except the seventh, were recovered (MARTIN [1923, pp. 214–217]). The atlas (illustrated, p. 215) is nearly complete; the remainder (not illustrated) are represented probably by fragments of centra (measurements are given for that of C 6 only). The sex of the skeleton is uncertain (cf. GENOVÉS [1954]). By 1923 MARTIN was inclined to regard the sex of the skeleton as female and to explain the small dimensions ("des arcs un peu grêles") on this basis.

Mount Carmel, Israel [1931–32]. Of the 10 skeletons recovered from the Skhul cave (McCOWN and KEITH [1939, pp. 2–8]) only two include cervical vertebrae. For some strange reason, one of these (Skhul I) is not mentioned specifically in the chapter on the vertebral column, although it is said (p. 5) to include portions of all seven cervical segments. This leaves Skhul V, a male, as the only cervical column from this cave that has been described (with measurements) and illustrated. Fortunately, I was able to obtain this column on loan from the Peabody Museum of Harvard University and can add my opinion to that of McCOWN and KEITH in the comparative section of the present study. Mention should be made here of the fact that C 6–7 are still fastened together by matrix and therefore McCOWN and KEITH could not possibly have obtained some of the measurements they reported.

The single skeleton recovered from the Tabun cave, a female, includes five cervical fragments representing C 1, 2 and either 3 or 4 (McCOWN and KEITH [1939, pp. 96–97]). These are described briefly (with measurements), but are not illustrated.

3. Consideration of Individual Segments

A. Atlas

Shanidar I. A portion of the left side of the atlas of Shanidar I was recovered and is shown in figure 2A. No further record of this specimen has been made as yet.

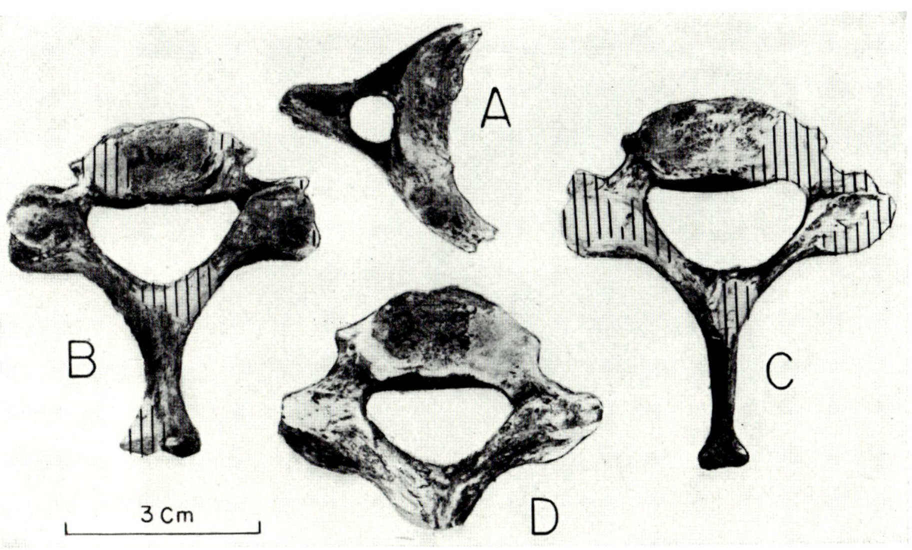

Fig. 2. Superior aspect of 4 restored cervical vertebrae of Shanidar I. A = atlas, B = C 5, C = C 6, D = C 7. Vertical lines indicate areas of restoration.

Shanidar II. The anterior and posterior arches of the Shanidar II atlas were found to be broken in the midline with loss of bone at the points of breakage. Because of this, the two lateral masses had to be aligned by eye and in accordance with the articulation with the axis. Also, both transverse processes, but especially the left, were found to be incomplete. Figures 3A and 4 (right) show my tentative restoration of this specimen. The portion of the right transverse process surrounding the transverse foramen is original bone; the corresponding part on the left has been restored in a matching fashion. I

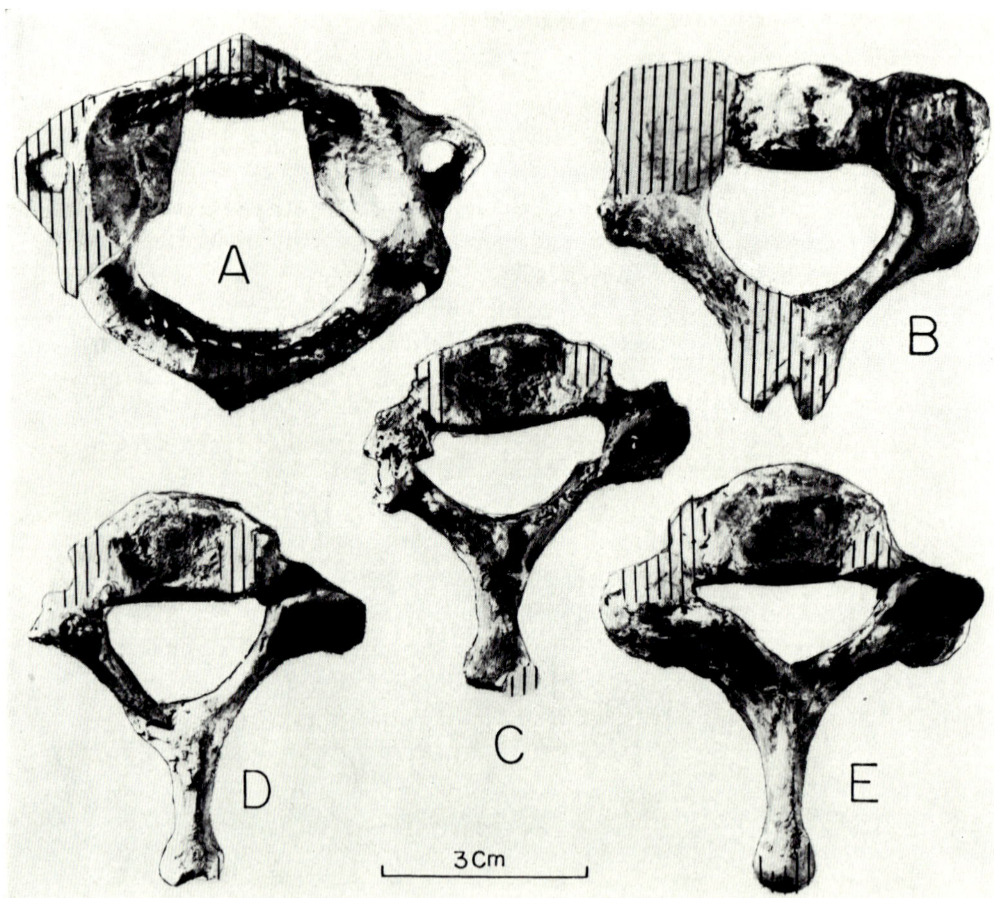

Fig. 3. Superior aspect of 5 restored cervical vertebrae of Shanidar II. A = atlas, B = axis, C = C 5, D = C 6, E = C 7. Vertical lines indicate areas of restoration.

Table I. Measurements (in mm) of the atlas: Neanderthals compared with recent man.

		Shanidar II	Skhul V[1]		Krapina[2]	Recent man (range)[3]
Distance between tuberosities for attachment of transverse ligaments		(18)	22	[18]	–	14 –18
Diameters of vertebral canal						
Sagittal[4]		(43)	38	[33.5]	–	31 –36
Maximum transverse		(34)	30	[31]	–	26 –32.5
Maximum height of lateral masses	R	20	17.6	[17.5]	17	17 –24
	L	19	–	–		15.5–25
Diameters of upper articular facets						
In major axis	R	25 ?	28.3	[21 ?]	–	18 –27
	L	25 ?	–	[20]	–	19 –27
At right angles to major axis (maximum)	R	10	10.5	[10.5]	–	9 –17
	L	10	–	–	–	9 –16
Diameters of lower articular facets						
Antero-posterior	R	18	20.5	[19 ?]	–	15 –19
	L	19	–	[16.5]	–	14.5–20.5
Transverse	R	17	14	[14]	–	15 –20
	L	15	–	[14]	–	15 –18

[1] McCOWN and KEITH [1939], p. 110. KEITH's figures are followed by my own in brackets. The differences are accounted for largely by the fact that the specimen has been reconstructed since KEITH studied it. In several respects the form of the specimen is still defective.

[2] GORJANOVIĆ-KRAMBERGER [1906], p. 208.

[3] A series of 20 males composed of 3 Whites, 2 American Negroes, 6 American Indians, an Eskimo, 3 Australians, 2 Malays, and 3 Chinese.

[4] Measured according to the directions of McCOWN and KEITH: "From the internal upper margin of the anterior arch to the internal upper margin of the posterior arch, in the sagittal plane."

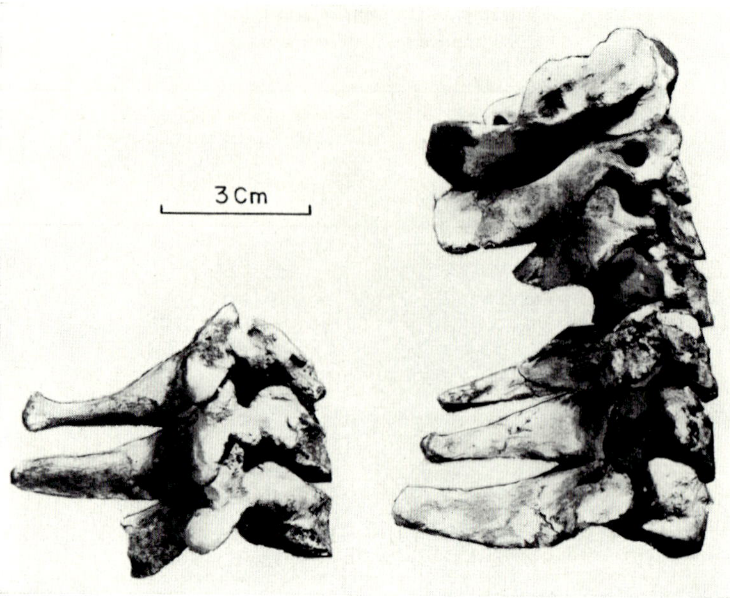

Fig. 4. Articulated cervical vertebrae of Shanidar I (left) and Shanidar II (right). In the case of Shanidar II some of the missing parts of C 4 and C 6 have been modelled in clay to stabilize the assemblage.

did not attempt to complete these processes. The form of the tubercles of the anterior and posterior arches is hypothetical.

The dimensions of the restored specimen with comparative data are given in table I. These figures suggest that the vertebral canal of Shanidar II may be too large as reconstructed. Nevertheless, in overall size the bone seems to be a little larger than that of Skhul V, but generally in the modern range.

The surviving costal and lateral processes on the right, forming the base of the transverse process, are about equal in size. In La Chapelle the costal process is smaller than the lateral process, which is the reverse of the usual condition in modern man. In Shanidar I the lateral process is the smaller. Unfortunately, these parts are not preserved in the Skhul V, Krapina and La Quina specimens.

The superior articular facets of Shanidar II have a sinuous shape with a suggestion of partial division into two ovals of different size, the anterior being the smaller. Much the same shape can be made out in the photograph of the atlas of La Chapelle. In BOULE's words,

"Les cavités glénoïdes sont allongées, réniformes, peu concaves, divisées en deux parties par un sillon...". MARTIN says much the same thing about these facets in La Quina: "La cavité glénoïde est assez spacieuse, à gauche elle est entière et divisée par un fin sillon transversal en deux cavités secondaires; l'antérieure est circulaire, la postérieure est ellipsoïde. La jonction entre ces deux surfaces est étranglée." McCOWN and KEITH do not mention this feature in their description of Skhul V, but the outline of the facet in their drawing is approximately correct: there is no transverse division. The same is true in Shanidar I. GORJANOVIĆ-KRAMBERGER neither mentions nor illustrates this feature of the Krapina specimens.

On the right side of the posterior arch of Shanidar II the usual groove for the vertebral artery has been converted into a foramen by a stout rounded process curving from the posterior border of the superior articular facet to the posterior arch. On the left side the same process is incomplete inferiorly and constitutes what is sometimes referred to as a "post-glenoid process". Both of these conditions are occasionally observed in modern man, but usually only a simple groove is present (OSSENFORT [1926]). As for the condition in other Neanderthals, MARTIN says of La Quina: "L'arc postérieur est obliquement aplati, sa face postérieure est bien excavée et pouvait loger l'artère vertébrale et le premier nerf cervical de taille normale." Skhul V and Shanidar I have a simple groove. No other information on Neanderthals is available.

I noted also that the superior border of the posterior arch in Shanidar II ascends steeply toward the midline. Thus, on the right side within a distance of 1 cm the arch increases in height from a minimum of 7 mm to as much as 12 mm. The left side of the arch is heavier still. McCOWN and KEITH give a figure of 7.6 mm (8 mm by my measure) for the height of the posterior arch in Skhul V midway between the vertebral groove and the posterior tubercle. From this it is certain that Shanidar II has a posterior arch that is much stouter than that of Skhul V and most modern men. Comparable figures for other Neanderthals are lacking.

B. Axis

Shanidar I. Missing.

Shanidar II. Like the atlas of this specimen, the axis was found in two pieces with considerable loss of bone at the points of breakage. Anteriorly the break passed to the left of the dens or odontoid process, leaving the left inferior articular facet largely intact, but completely destroying the left superior articular facet; posteriorly it passed near the midline, causing destruction of most of the spinous process. Since there was no contact between the two pieces, they were oriented in the restoration so as to show as much symmetry as possible (figs. 3B; 4, right). Probably the original state was not so symmetrical, because the left lamina is heavier than the right. Also, when subsequently an attempt was made to adjust the two parts of the atlas to this restoration, the articular facets could not be satisfactorily mated. Probably the restoration of the axis (and, in turn, of the atlas) could have been made more accurate if C 3 was more complete. Unfortunately, C 3 lacks, among other things, a left superior articular facet. There was nothing to indicate the shape of the spinous process of the axis, so its restoration is hypothetical.

The dimensions of the restored bone, with comparative data, are given in table II.

In figure 4 (right) unfortunately, the atlas hides the odontoid so that the latter's inclination cannot be judged. It is my recollection that this process is not remarkable in any way except in size. The usual facet for articulation with the atlas is present, but not lipped.

McCOWN and KEITH were impressed by the smallness of the Skhul V axis, whereas I am impressed by the massiveness of the Shanidar II axis. McCOWN and KEITH remarked also on the lesser inclination of the inferior articular facets of the Skhul V axis as compared with those of modern man. This observation certainly holds also for Shanidar II. As viewed laterally (fig. 4, right) the visible edge of the plane of articulation with C 3 is practically parallel with the border of the lamina immediately above. The same is true in the case of Skhul V (fig. 5, left). In modern man these two lines usually diverge so as to form a wide angle opening posteriorly (fig. 5, right). As a result, the articular facets tend to be more steeply inclined in modern man. In Shanidar II, also, it appears that the distance from the center of the transverse foramen to the posterior border of the inferior articular facet is relatively longer than in most modern axes. The same is true of the axis of Skhul V. So far as I can judge from the only lateral view given of a Krapina axis (GORJANOVIĆ-KRAMBERGER [1906] plate 10, fig. 4a) the relationship of the inferior articular facet to the lamina and transverse foramen is closer to modern man than to Shanidar II and Skhul V.

Table II. Measurements (in mm) of the axis: Neanderthals compared with recent man

		Shanidar II	Skhul V[1]		Krapina[2]			Recent man (range)[3]
					a	b	c	
Total vertebral height								
Anterior		38.5	30	[30]	33.5	31.5	31.3 ?	31.5–42
Posterior		34	–	[25]	–	–	–	29 –38
Height of odontoid		18	12.5	[11]	–	–	–	11 –18
Diameters of inferior surface of centrum								
Dorso-ventral		16	16	[16]	–	–	–	14 –19.5
Transverse		19 ?	20.5	[19 ?]	17.5	19.0	16.6	17.5–20.5
Diameters of vertebral canal								
Antero-posterior		(18)	24.6	[24.5]	–	–	–	17 –25
Maximum transverse		(27)	26	[26.5]	–	–	–	20 –26
Diameters of upper articular surfaces								
Maximum antero-posterior	R	19	–	[18]	–	–	–	15.5–22
	L	–	20.5	[20]	–	–	–	15.5–20
Maximum transverse	R	18 ?	–	[16]	–	–	–	14 –19.5
	L	–	13.5	[15]	–	–	–	14.5–19.5
Diameters of lower articular surfaces								
Maximum antero-posterior	R	15	–	[12]	–	–	–	9 –15
	L	14 ?	13	[11]	–	–	–	9 –15
Maximum transverse	R	13	–	[8]	–	–	–	9.5–13.5
	L	13 ?	9.2	[10]	–	–	–	10 –13.5
Diameters of laminae								
Cranio-caudal[4]	R	11	–	[10]	–	–	–	10 –15
	L	12	11	[11]	–	–	–	10.5–14.5
Medio-lateral	R	5.5	–	[4]	–	–	–	3 – 8
	L	–	4.6	[4.5]	–	–	–	4 – 8

[1] MCCOWN and KEITH [1939], p. 111. KEITH's figures are followed by my own in brackets. The specimen is in good condition, lacking only the transverse processes.

[2] GORJANOVIĆ-KRAMBERGER [1906], p. 210.

[3] See footnote 3 of table I.

[4] Taken midway between spine and pedicle.

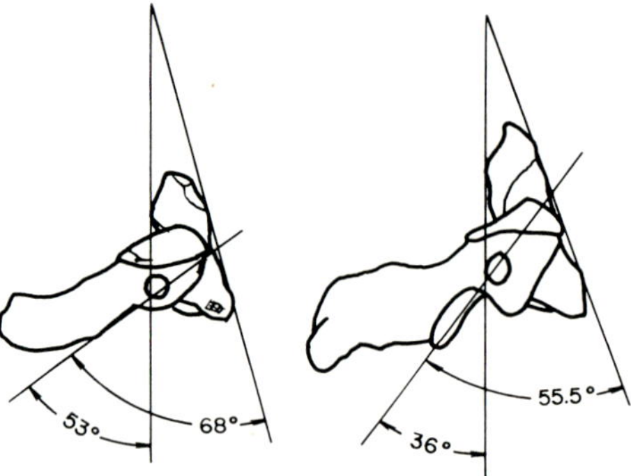

Fig. 5. Stereographic drawings of the second cervical vertebra: Left = Skhul V, right = an American Negro (USNM no. 248,638). The added lines in each drawing show the angles which the long axis of the inferior articular facet makes with the anterior and posterior borders of the odontoid process and the centrum.

C. Third Cervical

Shanidar I. Missing.

Shanidar II. Most of the left side of the neural arch, both transverse processes, and the spinous process were found to be missing (fig. 4, right). Also, the left articular processes are damaged. Nothing much can be reported about this segment, therefore, except the dimensions of the centrum and right lamina (see table III).

D. Fourth Cervical

Shanidar I. Missing.

Shanidar II. The fourth segment was found to be even more damaged than the third, with only the centrum remaining (fig. 4, right). The dimensions of this part together with comparable data are given in table IV.

E. Fifth Cervical

Shanidar I. The transverse processes are missing. Otherwise, damage is limited to such points as the upper margin of the right lamina, the tip of the lower right articular facet, and the left side of the tip of the spinous process (figures 2B; 4, left). The lower anterior margin of the centrum shows moderate lipping. The spinous process is long and robust, with a tip that is expanded (to 15 mm as restored)

Table III. Measurements (in mm) of the third cervical vertebra: Neanderthals compared with recent man.

		Shanidar II	Skhul V[1]	Recent man (range)[2]
Height of centrum in midline				
Dorsally		12.5	10.5 [10.5]	10–15
Ventrally		11	– [–]	11–17
Dorso-ventral diameter of inferior surface of centrum		16	– [–]	13–19
Diameters of laminae[3]				
Cranio-caudal	R	11	7.5 [8]	9–13.5
	L	–	– [8.5]	9–13
Medio-lateral	R	3.5	1.5 [2?]	2– 4.5
	L	–	– [3]	2– 4

[1] McCOWN and KEITH [1939], p. 111. KEITH's figures are followed by my own in brackets. The specimen lacks the tip of the spinous process, the transverse processes, and much of the centrum.

[2] See footnote 3 of table I.

[3] See footnote 4 of table II.

and slightly up-turned. As seen from behind, the under side of the tip is concave.

Shanidar II. The main damage to this segment was found to involve the articular facets and both transverse processes, particularly on the left. Only very limited restoration was attempted (figs. 3C; 4, right). The tip of the long and robust spinous process is flattened cranio-caudally, slightly up-turned, and expanded to a width of 11 mm as restored.

The dimensions, together with comparative data, are given in table V.

It is noteworthy that the tip of the spinous process, in each of the Shanidar specimens, is not actually bifid, but has a form suggesting bifidity. Skhul V is the only other Neanderthal with an intact C5 spinous process. In this case the tip of the process is not divided and is slightly club-shaped rather than fan-shaped. Indeed, the process as a whole is not very robust, and in side view (fig. 6 B) is very different looking from those of Shanidar I and II. Elongated, undivided processes at the C5 level are rare in modern man. As a rule the C5 of modern man has a short forked process.

Figures 6 A and B show stereographic outlines of the Shanidar I and Skhul V specimens with the axes of the spinous processes, upper articular facets, and centra drawn in to show the amount of inclination one to the other. No such drawing has been made as yet of the corresponding segment of Shanidar II. Unfortunately, there are no comparative data on other Neanderthals. For modern man and the anthropoids TOERIEN [1957] has computed some angles, but for this purpose has used the anterior or ventral surface of the centrum rather than the horizontal axis of the centrum. This surface in the Shanidar and Skhul specimens does not constitute a reliable base line because it is distorted by lipping. Under the circumstances the best comparison at this time is with one of the rare examples from modern man where the spinous process is relatively long (26 mm) and undivided (fig. 6 C). In this instance the inclination of the spinous process is nearly 7° greater than in Shanidar I and close to that in Skhul V. Also, in these

Table IV. Measurements (in mm) of the fourth cervical vertebra: Neanderthals compared with recent man.

	Shanidar II	Skhul V[1]	Recent man (range)[2]
Height of centrum in midline			
Dorsally	12	10 [9.5]	9.5–14.5
Ventrally	11	– [8.5 ?]	9.5–15
Dorso-ventral diameter of inferior surface of centrum	16	15 [14.5]	14 –19

[1] MCCOWN and KEITH [1939], p. 111. KEITH's figures are followed by my own in brackets. At the time of my examination the specimen lacked laminae, spinous process, and left transverse process.

[2] See footnote 3 of table I.

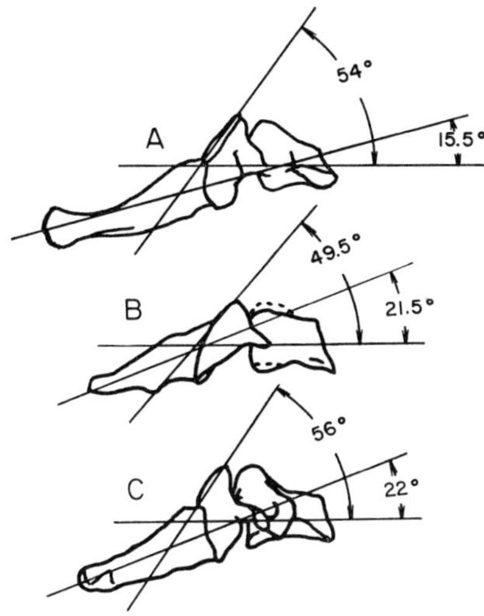

Fig. 6. Stereographic drawings of the fifth cervical vertebra: A = Shanidar I, B = Skhul V, C = an American Negro (USNM no. 248,638). Added lines in each drawing show the angles which the long axes of the spinous process and superior articular facet make with the antero-posterior axis of the centrum.

instances the superior articular facet of the modern example and of Skhul V faces slighlty medially and its surface is not visible in lateral profile, whereas that of Shanidar I faces slightly laterally and is just visible. However, in the three specimens the cranio-caudal inclination of the facet relative to the horizontal axis of the centrum differs by only 6°, with the ancient specimens showing the least inclination. In 20 recent men[1] I found the angle of the spinous process ranged from 5° to 56°; that of the superior articular facet from 45.5° to 62°.

F. Sixth Cervical

Shanidar I. The right pedicle with adjacent parts of the centrum and inferior articular facet were found to be missing, but have been restored satisfactorily (figs. 2C; 4, left). Parts of the upper and lower articular facets on the left side and a section of the base of the spinous process also have been restored. No attempt was made to

[1] See footnote 3 of table I for composition.

restore the missing transverse processes. The spinous process has a slightly convex inferior border, a slightly concave superior border, and an expanded tip measuring 9 mm across and 7 mm in height.

Table V. Measurements (in mm) of the fifth cervical vertebra: Neanderthals compared with recent man.

		Shanidar I	Shanidar II	Skhul V[1]		Krapina[2]	Recent man (range)[3]
Total diameters							
Maximum dorso-ventral		60	56	52.2	[53]	–	42 –55
Maximum distance between outer borders of upper facets		54	–	–	[46]	–	45 –54
Maximum distance between outer borders of lower facets		56	–	48.8	[48]	59 ?	47 –57
Diameters of vertebral canal							
Dorso-ventral		15.5	–	18.5	[18]	–	11.5–17
Transverse		27.3	–	25.5	[25]	–	21 –29
Height of centrum							
Dorsally		12.5	13	10	[10 ?]	–	11 –14.5
Ventrally		9.5	11	–	[10]	–	10 –14
At middle		–	–	–	[8.5 ?]	9	8.5–12
Diameters of inferior surface of centrum							
Dorso-ventral		(13)	–	18	[15.5 ?]	13.6	14 –19
Maximum transverse		(21)	–	25	[25]	18.6	18.5–24
Diameters of laminae[4]							
Cranio-caudal	R	12.5	11.5	10	[9]	–	9.5–13.5
	L	12	13	–	[?]	–	9 –13
Medio-lateral	R	3.5	4	2	[1.5]	–	1 –3
	L	3.5	4	–	[2 ?]	–	1 –3
Spine length		30	28	17.5	[18]	–	14 –26

[1] McCOWN and KEITH [1939], p. 111. KEITH's figures are followed by my own in brackets. The specimen lacks transverse processes and has suffered slight damage to the laminae and centrum.

[2] GORJANOVIĆ-KRAMBERGER [1906], p. 211.

[3] See footnote 3 of table I.

[4] See footnote 4 of table II.

Shanidar II. The whole left side of the neural arch was found to be severely damaged and a natural-looking restoration could not be achieved (figs. 3D; 4, right). The right articular facets also are damaged somewhat. Both transverse processes are missing. As viewed laterally, the spinous process tapers more rapidly than does that of Shanidar I and is slightly up-turned at the tip. Width of the club-shaped tip is near 10 mm. As viewed from above, the whole spinous process is heavier than that of Shanidar I.

The dimensions (in mm) of these two specimens, together with comparative data, are given in table VI.

The tip of the spinous process in the Shanidar C6 specimens has a form less suggestive of bifidity than in the Shanidar C5 specimens. In Skhul V the tip of the C6 spinous process is damaged. In La Chapelle it appears rounded in lateral view and is said to be "légèrement bifurquée" (BOULE [1912, p. 92]).

As in the case of C5, stereographic drawings of the C6 of Shanidar I, Skhul V and a modern man are presented to show the inclina-

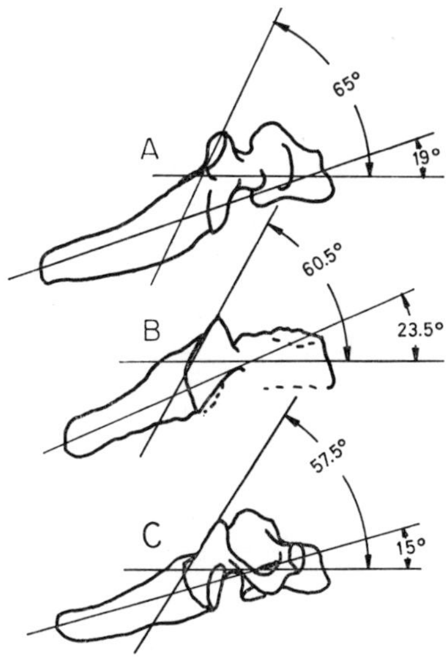

Fig. 7. Stereographic drawings of the sixth cervical vertebra: A = Shanidar I, B = Skhul V, C = an American Negro (USNM no. 248,638). Added lines in each drawing show the angles which the long axes of the spinous process and superior articular facet make with the antero-posterior axis of the centrum.

Table VI. Measurements (in mm) of the sixth cervical vertebra: Neanderthals compared with recent man.

		Shanidar I	Shanidar II	Skhul V[1]		Krapina[2]	Recent man (range)[3]
Total diameters							
Maximum dorso-ventral		64	59	58.8	[60 ?]	–	48 –64
Maximum distance between outer borders of upper articular facets		(57)	–	–	[48]	–	47 –55.5
Maximum distance between outer borders of lower articular facets		(56.5)	–	–	[47 ?]	–	46 –55
Diameters of vertebral canal							
Dorso-ventral		11.5 ?	–	–	[17 ?]	–	12 –17
Transverse		27.7 ?	–	24	[24]	–	21 –29
Height of centrum							
Dorsally		12.3	13	(13)	[?]	–	10.5–14.5
Ventrally		10.4	12	–	[10]	–	10 –14
At middle		–	–	–	[?]	9	8 –11.5
Diameters of inferior surface of centrum							
Dorso-ventral		(15)	–	18.7	[?]	13.6	14 –19
Maximum transverse		(25)	–	24.5	[?]	20	21 –28.5
Diameters of laminae[4]							
Cranio-caudal	R	12.8	13	–	[13]	–	11.5–17
	L	13	12	14.5	[14]	–	11 –16.5
Medio-lateral	R	4	4	–	[?]	–	2 –5.5
	L	4	4	2.5	[?]	–	2 –4
Spine length		35	29	24.8	[25 ?]	–	19 –34

[1] McCOWN and KEITH [1939], p. 111. KEITH's figures are followed by my own in brackets. The specimen is still joined to C7 by matrix, which means that the inferior surfaces and part of the vertebral canal are not available for measurement.

[2] GORJANOVIĆ-KRAMBERGER [1906], p. 211.

[3] See footnote 3 of table I.

[4] See footnote 4 of table II.

tion of the spinous process and of the upper articular facet in relation to the horizontal axis of the centrum (fig. 7). Both angles are lower in the modern example. Judging from plate 4 the spinous process of C 6 in Shanidar II is more inclined than that in Shanidar I. Lacking comparative data on other Neanderthals, I have examined C 6 in a series of 20 recent men and found that the angle of inclination of the spinous process ranges from 5° to 40.5°; that of the upper articular facet from 41° to 68°.

It should be noted also that the surface of the upper articular facet in Shanidar I is turned laterally—more so than in C 5 of the same specimen – so as to be clearly visible from the side. No such tilt is visible in Skhul V or in the modern example shown in fig. 7. In the other modern examples examined I found this surface slightly visible in about half.

G. Seventh Cervical

Shanidar I. Most of the spinous process and both transverse processes were found to be missing (figs. 2D; 4, left). Otherwise there was but slight damage to the centrum and articular facets which could be repaired.

Shanidar II. The connection between the left pedicle and the centrum was found to be broken and the left side of the centrum slightly depressed (figs. 3E; 4, right). This could not be fully corrected without causing more damage. As in the other cervical segments, the transverse processes are missing. Most of the other damage could be repaired, including the tip of the spinous process, which has

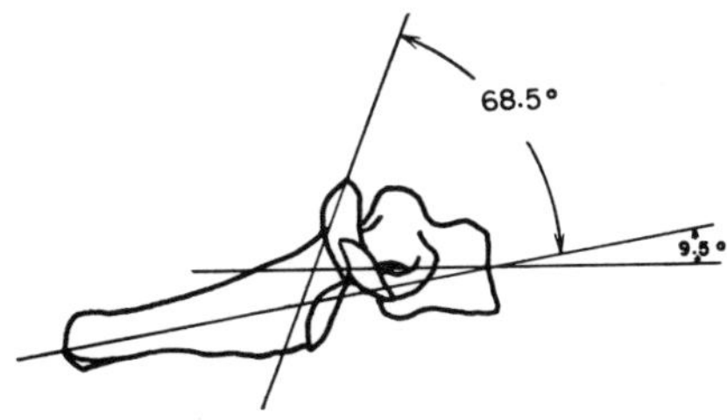

Fig. 8. Stereographic drawing of the seventh cervical vertebra of an American Negro (USNM no. 248,638). Added lines show the angles which the long axes of the spinous process and superior articular facet make with the antero-posterior axis of the centrum.

been restored to a club-like form, 10 mm in diameter. There was no indication that the tip was flattened to any extent. The process as a whole in lateral view (fig. 4, right) has a slightly convex inferior border and a definitely concave superior border. Thus the end appears to be turned up.

The dimensions (in mm) of these two specimens, together with comparative data, are given in table VII.

The inclination of the spinous process and of the superior articular facet of C 7 in Neanderthals has not been carefully measured and must be judged from photographs and drawings. Figure 8 shows the condition in the example of modern man used here for comparison. Obviously it cannot be said that near horizontal spinous processes do not occur in modern man. In a series of 20 recent men I found the angle of inclination of the spinous process in C 7 to range from 5.5° to 39°; that of the upper articular facet from 54.5° to 80°.

4. Length of Whole Cervical Column

When the Shanidar II cervical column was assembled, as shown in figure 4 (right) the distance from the tip of the odontoid process to the posterior inferior border of the centrum of C 7 was found to be 105 mm. When the anterior border of C 7 was used as the measuring point inferiorly, the distance became 108 mm. Relative to the length of the left tibia (center of medial condyle to tip of malleolus), which is 326 mm, the posterior cervical length forms a ratio of 32.2, the anterior length a ratio of 33.1.

MCCOWN and KEITH give a figure of 97.5 for the length of the cervical column of Skhul V, obtained by measuring from the upper margin of the anterior arch of the atlas to the lower border of the body of C 7. I get a figure of 94.5, using the tip of the odontoid process as the measuring point superiorly, and inferiorly the remnant of the lower border of the centrum of C 7. However, the posterior inferior border of C 7 is not preserved and C 6 and 7 are jammed together. I would guess, therefore, that MCCOWN's and KEITH's figure somewhat understates the true length.

MCCOWN and KEITH estimated the lateral condyle-malleolus length of the left tibia of Skhul V at 412 mm. This estimate depends on the restoration of both extremities, but especially the lower, which was gone entirely. Nevertheless, comparing their figure for tibial length with their figure for total cervical length we get a ratio of 23.7, which is at least 8 points lower than that for Shanidar II.

For comparison I have measured a series of 20 cervical columns and associated left tibiae of recent men. Before measurement the ar-

Table VII. Measurements (in mm) of the seventh cervical vertebra: Neanderthals compared with recent man.

		Shanidar I	Shanidar II	Skhul V[1]		Krapina[2]	Recent man (range)[3]
Total diameters							
Maximum dorso-ventral		–	(63)	61	[?]	–	56 –70
Maximum distance between outer borders of upper articular facets		51?	–	–	[?]	–	44 –56
Maximum distance between outer borders of lower articular facets		54?	–	43	[43?]	–	36 –50.5
Diameters of vertebral canal							
Dorso-ventral		16	–	–	[?]	–	12.5–17.5
Transverse		25	–	–	[?]	–	20 –26
Height of centrum							
Dorsally		14	14	(12)	[?]	–	12 –16.5
Ventrally		13	13	–	[?]	–	11.5–16.5
At middle		–	–	–	[?]	9.5	9 –14
Diameters of laminae[4]							
Cranio-caudal	R	13.2	16	12.5	[?]	–	12.5–17
	L	14.8	17.5?				13 –17.5
Medio-lateral	R	5.3	6	–	[?]	–	3.5–6
	L	6	6				3 –7
Spine length		–	38?	26	[?]	–	27 –40

[1] McCOWN and KEITH [1939], p. 111. KEITH's figures are followed by my own in brackets. Because the specimen is still attached to C 6 by matrix, the upper surfaces and most of the vertebral canal are not available for measuring. Very little of the centrum is present.

[2] GORJANOVIĆ-KRAMBERGER [1906], p. 211.

[3] See footnote 3 of table I.

[4] See footnote 4 of table II.

ticular facets of adjacent segments were glued together in their best fitting positions. Posterior length was taken from the tip of the odontoid process. Tibial length in these cases is the distance from the most prominent part of the lateral condyle to the tip of the malleolus. The figures thus obtained are as follows:

	Mean	*Range*
Posterior length of cervical column (in mm)	108.8	98–121
Tibial length (in mm)	371.5	308–438
Ratio	29.5	23.0–35.4

McCOWN and KEITH also give a figure of 36 mm for the posterior length of the C 5–7 segments in Skhul V. I agree with them that in view of the condition of the specimen this figure is too low. For comparison McCOWN and KEITH cite the figure of 37 mm given by GORJANOVIĆ-KRAMBERGER for one of the Krapina specimens, and estimate from BOULE's picture the height of these same segments in La Chapelle at 37 mm. They do not cite GORJANOVIĆ-KRAMBERG's figure of 43.3 mm given as the "Gesamthöhe" of the other Krapina specimen. Still McCOWN and KEITH conclude that "there is reason to believe that the Neanderthal people of Europe were short necked" (p. 93).

I did not measure this distance on the Shanidar specimens, but by adding together the posterior heights of the C 5–7 segments I get 38.8 mm for Shanidar I and 40.0 mm for Shanidar II. Both figures would be larger by 2–3 mm if obtained on the articulated segments. In the 20 columns of recent men used here for comparison the figures range from 39 to 49 mm. Relative to tibial length the range is from 9.1 to 14.0 or only 4.9 points, which is much less than for the ratio of total cervical length vs. tibial length.

5. Conclusion

From this review of the scanty remains of Neanderthal cervical vertebrae there is little indication of a form fundamentally different from that of modern man. At the most, certain features tend to be more common in Neanderthals than in modern man. Such a feature appears to be the long spinous process of C 5. Another is the lesser inclination of the inferior articular facets of the axis. A third is the lesser inclination of the spinous processes of C 5–7. There is also no indication as yet that the Near Eastern Neanderthals differ in these respects from the European representatives of the group.

From all this I heartily agree with the recent critics of BOULE when they express amazement that he could say [1923, p. 215] that the last three cervical vertebrae of La Chapelle "ressemblent beaucoup plus à celles d'un Chimpanzé qu'à celles d'un Homme". To this I would add that the expression "short and massive" does not accurately describe the Neanderthal neck.

REFERENCES

ARAMBOURG, C.: Sur l'attitude, en station verticale, des Néanderthaliens. C. R. Acad. Sci. Paris. *240*: 804–806 (1955).

BOULE, M.: L'homme fossile de La Chapelle-aux-Saints. Ann. Paleontol. *6*: 111–172; *7*: 21–192; *8*: 1–70 (1911–13). – Les Hommes Fossiles. Eléments de Paléontologie Humaine (Masson, Paris 1923). 4e éd. édité par Henri V. Vallois (1952).

FRAIPONT, J. et LOHEST, M.: La race humaine de Néanderthal ou de Canstadt en Belgique. Recherches ethnographiques sur des ossements humains, découverts dans des dépôts quaternaires d'une grotte à Spy et détermination de leur âge géologique. Arch Biol., Liège. *7*: 587–757 (1887).

GENOVÉS, S.: The problem of the sex of certain fossil hominids, with special reference to the Neanderthal skeletons from Spy. J. roy. Anthrop. Inst. G. B. & Ire. *84*: 131–144 (1954).

GORJANOVIĆ-KRAMBERGER, K.: Der diluviale Mensch von Krapina in Kroatien. Ein Beitrag zur Paläoanthropologie (Kreidel, Wiesbaden 1906). – Die Halswirbel des diluvialen Menschen von Krapina. Académie des Sciences et des Arts des Slaves du Sud de Zagreb (Croatie). Bulletin des Travaux de la Classe des Sciences Mathematiques et Naturelles *23*: 24–48 (1929).

HRDLIČKA, A.: The skeletal remains of early man. Smithsonian Misc. Coll. *83*: X + 379 pp. (1930).

MARTIN, H.: L'Homme Fossile de La Quina (Librairie Octave, Doin, Paris 1923).

MCCOWN, TH. D. and KEITH, Sir A.: The stone age of Mount Carmel: The fossil human remains from the Levalloiso-Mousterian (The Clarendon Press, Oxford 1939).

OSBORN, H. F.: Men of the old stone age. 3rd ed. (Chas. Scribner's Sons, New York 1923).

OSSENFORT, W. F.: The atlas in Whites and Negroes. Amer. J. phys. Anthrop. *9*: 439–443 (1926).

PATTE, E.: Les Néanderthaliens: Anatomie, Physiologie, Comparaisons (Masson, Paris 1955).

SCHULTZ, A. H.: The skeleton of the trunk and limbs of higher primates. Human Biol. *2*: 303–438 (1930). – The relative length of the regions of the spinal column in Old World primates. Amer. J. phys. Anthrop. *24*: 1–22 (1938). – Growth and development of the chimpanzee. Carnegie Inst. Washington Publ. 518 (Contr.

Embryol. 170): pp. 1–63 (1940). – Growth and development of the orang-utan. Carnegie Inst. Washington Publ. 525 (Contr. Embryol. 182): pp. 57–110 (1941). – Conditions for balancing the head in primates. Amer. J. phys. Anthrop. *29*: 483–497 (1942). – Age changes and variability in gibbons. A morphological study on a population sample of a man-like ape. Amer. J. phys. Anthrop. n. s. *2*: 1–129 (1944). – Studien über die Wirbelzahlen und die Körperproportionen von Halbaffen. Vschr. naturforsch. Ges. Zürich. pp. 39–75 (1954). – The position of the occipital condyles and of the face relative to the skull base in primates. Amer. J. phys. Anthrop. n. s. *13*: 97–120 (1955). – Vertebral column and thorax; in Primatologia vol. 4, Lieferung 5, pp. 66 (Karger, Basel/New York 1961).

SCHULTZ, A. H. and STRAUS, W. L. Jr.: The numbers of vertebrae in primates. Proc. amer. philos. Soc. *89*: 601–626 (1945).

SOLECKI, R. S.: Shanidar cave. Sci. Amer. *197*: 58–64 (1957). – Three adult Neanderthal skeletons from Shanidar cave, northern Iraq. Ann. Rep. Smithsonian Inst. 1959, pp. 603–635 (1960).

STEWART, T. D.: First views of the restored Shanidar I skull. Sumer. *14*: 90–96 (1958). – The restored Shanidar I skull. Ann. Rep. Smithsonian Inst. 1958, pp. 473–480 (1959). – The skull of Shanidar II. Sumer (In press).

STRAUS, W. L. Jr. and CAVE, A. J. E.: Pathology and the posture of Neanderthal man. Quart. Rev. Biol. *32*: 348–363 (1957).

TOERIEN, M. J.: Note on the cervical vertebrae of the La Chapelle man. S. Afr. J. Sci. *53*: 447–449 (1957).

ADDENDUM

Unfortunately, GORJANOVIĆ-KRAMBERGER's detailed study of the Krapina cervical vertebrae [1929] was not discovered until after the present paper went to press. From this source the reader will be able to add some measurements to the above tables and to obtain further descriptive data. These details do not seem to change the above conclusions. Indeed, it is interesting to note that GORJANOVIĆ-KRAMBERGER gives special attention to the form of the cervical spinous processes and ends his study thus (p. 46): "Es ist noch interessant, daß in dieser Beziehung bei den Neanderthalern sichtliche Differenzen vorkommen, da es unter diesen Menschen solche gab, die einen dem Europäer fast gleichartigen Bau des Halses (Krapina) besaßen, wie es anderseits wiederum Menschen (La Chapelle) mit noch primitiver gebautem Halsabschnitt gab. Es ist indessen möglich, daß uns der Mensch von La Chapelle einen chronologisch älteren Menschen, als es der Krapinaer ist, darstellt. Es ergäbe sich dies aus der erwähnten Gestaltung und Anordnung der letzten Spinen (6., 7.) der Halswirbel, welche sich beim Menschen von La Chapelle diesbezüglich direkt an solche des Chimpansen anlehnen, während sich der Mensch von Krapina in dieser Hinsicht wiederum direkt an die Spinen des Europäers bindet, wonach der Mensch von La Chapelle auch etwas primitiver erschiene als der Krapinaer."

Bibl. primat. vol. 1, pp. 155–162 (Karger, Basel/New York 1962)

Institut de Paléontologie humaine, Paris

LA DENT HUMAINE LEVALLOISO-MOUSTÉRIENNE DE RAS-EL-KELB, LIBAN

Par H. V. VALLOIS

1. Introduction

La dent qui fait l'objet de cette étude, a été recueillie le 2 avril 1958 par Mlles D. GARROD et G. HENRI-MARTIN au cours de leurs fouilles dans la grotte de Ras-el-Kelb, Liban; située à 2,45 m de profondeur, elle a été trouvée dans la partie dite «tranchée du tunnel», division II, bande 3[1]. Le remplissage à ce niveau consistait en une brèche extrêmement dure contenant une faune à *Rhinoceros mercki* et une industrie de type levalloiso-moustérien. Mlles D. GARROD et G. HENRI-MARTIN considèrent cette brèche comme «datant du début du dernier Glaciaire», tandis que la recherche au radiocarbone lui donne un âge «supérieur à 52.000 ans». Gisant dans les mêmes conditions que les autres restes osseux, et seul vestige humain trouvé jusqu'ici dans la grotte, la dent était certainement contemporaine de ces restes. Elle offre donc un incontestable intérêt du point de vue paléo-anthropologique. Elle fait maintenant partie des collections du Musée National d'Art antique de Beyrouth. Je remercie vivement Mlles D. GARROD et G. HENRI-MARTIN d'avoir bien voulu m'en confier l'étude.

Réduite à la couronne et au tiers supérieur à peu près de la racine, la dent de Ras-el-Kelb est une prémolaire. Le cuspide lingual est

---

[1] Une note préliminaire sur leurs recherches a été publiée par Mlles D. GARROD et G. HENRI-MARTIN «Fouilles du Ras-el-Kelb, Liban». *Congrès préhistorique de France*, Monaco, 1959.

bien apparent mais nettement au-dessous du niveau du cuspide vestibulaire. Le sillon inter-cuspidien est rectiligne. Bien que la partie de racine présente soit unique, elle est très aplatie dans le sens mésio-distal, et un sillon longitudinal y indique une tendance au dédoublement. Tous ces caractères donnent à penser qu'on a là une prémolaire supérieure et très probablement la première prémolaire. Le modelé de la couronne permet de vérifier que c'est une prémolaire gauche. Le cuspide vestibulaire présente une légère trace d'usure et la face distale offre une facette de contact. La dent était donc en place et elle avait depuis peu de temps commencé à fonctionner. Son possesseur devait avoir de 16 à 20 ans. Aucune lésion pathologique ne s'y observe.

Tableau I. Comparaison des dimensions dentaires

	Ras-el-Kelb	Kafzeh[1] (VALLOIS)			Tabun I (McCOWN et KEITH)	Skhul (McCOWN et KEITH)		
		n° 5	n° 6	n° 7				
Couronne								
D. mésio-distal	8	7	8	7,5	7,5	7,4	8,2	8,7
D. vestibulo-lingual	9,5	10	10	10,5	9,8	10	10,8	10,5
Hauteur	9	7	6,5	6	7	5,2	7	8,5
Robustesse	76	70	80	78,3	73,5	74	88,5	91,3
Ind. longueur-largeur	84,2	70	80	71,4	76,1	74	75,9	82,8
Collet								
D. mésio-distal	6,5	6	6	6	–	–	–	–
D. vestibulo-lingual	8,5	8,5	9	9	–	–	–	–

[1] Ces trois dents ayant déjà une certaine usure, la hauteur a parallèlement diminué.

[2] Données correspondant à 5 prémolaires supérieures en fonctionnement, c'est-à-dire ayant déjà subi une certaine usure. L'auteur n'a pas séparé les premières des deuxièmes prémolaires.

[3] Malgré l'âge relativement jeune du sujet (moins de 40 ans), ses dents étaient extrêmement usées; la hauteur de la couronne était, sur les prémolaires, pratiquement réduite à 0.

2. Dimensions

Le tableau ci-après donne les principales dimensions de la dent de Ras-el-Kelb, ainsi que, à titre de comparaison, celles des premières prémolaires supérieures des Néandertaloïdes, en partie contemporains, de Kafzeh, Skuhl et Tabun, celles des Néandertaliens de Krapina, de Monsempron, de la femme de La Quina et de l'homme de La Ferrassie, celles des Hommes du Paléolithique supérieur de Predmost, celles enfin d'une série de Blancs des Etats-Unis et d'une autre d'Europe centrale. Les diamètres mésio-distal et vestibulo-lingual sont des distances maximales. La hauteur de la couronne est prise sur la face vestibulaire à partir du sommet du tubercule correspondant.

(Suite Tableau I)

	Krapina[2] (Gorjanović-Kramberger)	Monsempron (Vallois)	La Quina (Henri-Martin)	La Ferrassie[3] (Vallois)	Predmost[4] (Matiegka et Maly)		Blancs U.S.A. (Black)	Européens[5] (de Terra)
	Min. Max.				Moy.	Min. Max.		Min. Max.
Couronne								
D. mésio-distal	8 – 8,5	8	9	5,5 ?	7,4	6 – 8	7,2	5,8– 8,2
D. vest.-lingual	10,5–11,5	11	11	9 ?	9,5	8,7–10,7	9,1	7,5–11
Hauteur	9,4–10	9	7	–	6,8	5 – 8	8,2	7 – 9
Robustesse	–	88	99	49,5 ?	70,3	–	68,5	–
Ind. long.-larg.	–	72,7	81,8	–	77,8	–	79	–
Collet								
D. mésio-distal	–	6	7	–	–		4,9	–
D. vest.-lingual	–	9	9,5	–	–		–	–

[4] Série de 14 dents correspondant à 8 sujets.

[5] Série correspondant à 357 Européens récents, essentiellement Suisses, Badois et Alsaciens. Les chiffres extrêmes donnés ici pour les diamètres mésio-distal et vestibulo-lingual sont signalés par l'auteur comme exceptionnels, la grande majorité de ces dimensions étant comprise entre 6 et 7 mm pour les premières, entre 9 et 10 pour les secondes.

La "robustesse" de la couronne est le produit du diamètre mésio-distal par le diamètre vestibulo-lingual suivant la définition de WEIDENREICH. L'indice de longueur-largeur est le quotien centésimal des deux mêmes dimensions.

L'examen du tableau montre les fortes dimensions de la dent de Ras-el-Kelb: dépassant celles des Blancs actuels, elle dépasse aussi, mais d'une façon moins marquée, celles des Hommes du Paléolithique supérieur tandis qu'elle s'intègre sensiblement parmi celles des Hommes de Néandertal européens comme des Néandertaloïdes de Palestine. La seule différence par rapport à ces deux derniers groupes est que, tandis que son diamètre mésio-distal compte parmi les plus élevés de l'ensemble, son diamètre vestibulo-lingual est au contraire inférieur. Il s'ensuit que l'indice de longueur-largeur de la couronne a une valeur particulièrement forte et qui dépasse celle de toutes les autres dents; la prémolaire de Ras-el-Kelb est ainsi très peu aplatie transversalement, caractère qui ne paraît pas avoir de signification phylétique. Plus intéressant à ce point de vue est l'indice de robustesse qui donne une bonne idée de l'étendue en surface de la couronne: s'il est inférieur à ceux de Monsempron et de La Quina, il est sensiblement identique à ceux de Kafzeh et du mont Carmel, et dépasse ceux des Hommes du Paléolithique supérieur et des Hommes actuels.

3. Morphologie

C'est la face vestibulaire (facies buccalis) qui est de beaucoup la plus typique. Au lieu d'être tout d'une venue comme chez les Hommes actuels, elle présente en effet deux parties bien distinctes. Haute de 3 à 4 mm, la partie basale forme une sorte de bourrelet saillant en avant; elle continue la direction de la racine. Coudée à 146° sur la précédente, la partie restante de cette face a une direction oblique en bas (sur la dent en place) et lingualement qui entraîne le rejet du côté lingual de toute la surface masticatrice de la couronne. La base de la dent forme ainsi du côté vestibulaire une proéminence très caractéristique et qui rappelle jusqu'à un certain point le «tubercule molaire» décrit par WEIDENREICH sur les prémolaires du Sinanthrope. Une telle saillie, si elle n'est pas constante chez les Hommes de Néandertal, y est du moins très fréquente: très nette à Monsempron, elle est signalée par HENRI-MARTIN sur la femme de La Quina, et elle se retrouve sur les figures des dents de Krapina publiées par GORJANOVIC-KRAMBERGER. Elle était beaucoup moins prononcée à Kafzeh.

Une conséquence de cette disposition est que la hauteur de la face vestibulaire, quand on la mesure comme classiquement du sommet du cuspide correspondant au milieu de la ligne sous-jacente du collet (soit la hauteur de la couronne), a une direction très oblique par rapport à l'axe de la dent; elle vaut, comme il a été indiqué sur le tableau précédent, 9 mm. Si on la mesure perpendiculairement, en projection du sommet du cuspide au collet, elle descend à 6,5 mm.

Régulièrement arrondie, la face linguale (facies lingualis) est beaucoup plus basse que la face vestibulaire: sa hauteur au niveau du cuspide lingual n'est que de 4,5 mm. Cet abaissement tient à l'obliquité signalée plus haut en même temps qu'au faible développement du cuspide correspondant.

Aplaties, les faces mésiale et distale (facies mesialiset distalis) n'offrent rien de spécial si ce n'est l'existence sur la seconde d'une facette d'usure allongée dans le sens vestibulo-lingual et due à la pression de la première molaire permanente. Sa production montre que les deux dents étaient en contact depuis déjà un certain temps et qu'elles avaient, l'une comme l'autre, atteint leur niveau définitif. La ligne du collet sur les deux faces est très légèrement convexe du côté de la couronne.

La face d'occlusion (facies masticatoria) a une forme trapézoïde nettement moins aplatie que sur la grande majorité des Hommes du Paléolithique et même que chez les Hommes actuels, ce qui ressort comme il a été dit plus haut de la grande valeur de l'indice de longueur-largeur de la couronne. La dent par ailleurs présente, disposition normale, deux cuspides très inégalement développés et séparés par un sillon transversal. Le cuspide vestibulaire est très légèrement dévié du côté mésial. Vu l'âge encore jeune du sujet, il a sa pointe intacte mais le segment mésial de son bord tranchant présente déjà un début d'usure. Une division de ce bord en lobes n'est pas apparente.

Le cuspide lingual est net, malgré son petit volume, et il est dédoublé. La pointe mésiale est vis-à-vis du cuspide vestibulaire à laquelle l'unit une crête légèrement déviée du côté mésial et extrêmement atténuée au niveau du sillon transverse. Sa pointe distale est déjetée lingualement par rapport à la précédente, de sorte qu'elle correspond à l'extrémité de l'axe vestibulo-lingual de la couronne. Une très faible échancrure la sépare de la pointe mésiale. La différence de hauteur entre ces deux pointes et le cuspide vestibulaire est

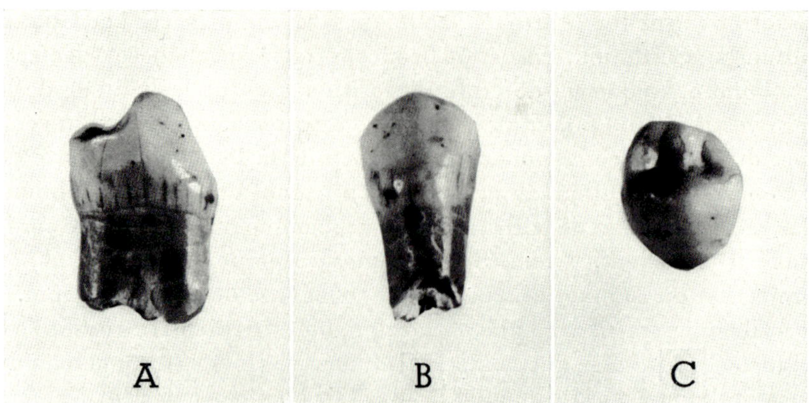

Fig. 1. La dent levalloiso-moustérienne de Ras-el-Kelb. A = face distale; B = face vestibulaire; C = face d'occlusion.

plus marquée que chez les Hommes actuels mais, en raison de la forme moins aplatie de la couronne, la distance qui les sépare de celui-ci (diamètre inter-cuspidien) est plus courte: 5 mm seulement.

Les deux crêtes marginales sont bien apparentes et la crête distale, plus longue que l'autre, présente, juste après son origine linguale, un petit cuspide. Quant au sillon transverse, rectiligne comme c'est le cas sur les prémolaires supérieures, et plus près de la face linguale que de la face vestibulaire, il se termine à chacune de ses extrémités par la fossette habituelle.

Racine. – La seule partie présente est son segment basal qui correspond au tiers environ de la longueur totale de la racine. On sait que, chez 70% à peu près des Hommes actuels, cette racine est double, voire triple. Une telle disposition est généralement considérée comme primitive puisque, chez les grands Singes anthropomorphes, la bifidité est la règle. J'ai cependant eu l'occasion de signaler ce fait paradoxal que cette bifurcation paraît beaucoup plus rare chez l'Homme de Néandertal que chez l'Homme récent: sa fréquence n'est que 17,7% sur les prémolaires supérieures de Krapina et encore, quand existe la division, elle y est limitée à la moitié terminale de la racine; la racine des prémolaires de Sainte-Brelade, étudiées autrefois par Keith, est unique et il en est de même des deux prémolaires supérieures de Monsempron. C'était la même chose enfin à Ras-el-Kelb, pour la partie présente de la racine tout au moins, où n'existe du reste qu'une seule cavité pulpaire. On observe toutefois sur la face distale de cette racine un sillon qui s'accuse à mesure qu'on s'éloigne du collet et dont on peut se demander si son exagération n'aurait pas entraîné un dédoublement de la racine vers son milieu. La disposition réalisée aurait donc été semblable à celle des prémolaires de Krapina signalées plus haut.

J'ajouterai que la racine de Ras-el-Kelb est aplatie transversalement, comme d'une façon générale chez toutes les prémolaires du haut, et à un degré beaucoup plus marqué que la couronne. Par rapport aux dents actuelles, le volume de la partie existente est considérable.

4. Conclusions

La dent de Ras-el-Kelb est une prémolaire supérieure gauche, et très probablement la première; elle provient d'un sujet de 16 à 20 ans. Elle se caractérise avant tout par ses fortes dimensions, comparables à celles des Néandertaliens ou des Néandertaloïdes de Palestine; c'est l'accroissement du diamètre mésio-distal qui a agi surtout à ce point de vue.

La face vestibulaire, coudée transversalement en son milieu, a sa partie basale fortement saillante, tandis que sa partie apicale est en retrait; cette disposition rappelle le «tubercule molaire» des prémolaires du Sinanthrope. La face d'occlusion présente la structure bicuspidée classique mais le cuspide lingual est dédoublé et la crête marginale distale offre un petit cuspide supplémentaire. La différence de hauteur entre les deux cuspides fondamentaux est marquée. La racine est unique, du moins dans sa partie conservée.

Par toute sa morphologie, cette dent montre ainsi un ensemble de caractères primitifs qui la rapproche tout à fait de celles des divers types de Néandertaliens.

BIBLIOGRAPHIE

Black, G. V.: Descriptive anatomy of the human teeth; 2nd ed. (Wilmington, Philadelphia 1892).

Henri-Martin: L'homme fossile de la Quina (Doin, Paris 1923).

Gorjanović-Kramberger, K.: Der diluviale Mensch von Krapina in Kroatien; ein Beitrag zur Paläoanthropologie. Studien über die Entwicklungsmechanik des Primatenskelettes, 2. Lief.; pp. 59–277 (Wiesbaden 1906).

Matiegka, J.: Homo predmostensis; fosilni clovêk z predmosti na moravê; I, Lebky.

Académie tchèque des Sciences et des Arts; 2e classe: Anthropologica (Prague 1934).

McCOWN, TH. D. et KEITH, Sir A.: The stone age of mount carmel: the fossil human remains from the Levalloiso-Mousterian (Clarendon Press, Oxford 1939).

TERRA, M. de: Beiträge zur Odontographie der Menschenrassen (Berlinische Verlagsanstalt, Berlin 1905).

VALLOIS, H. V.: a) Les restes humains du gisement moustérien de Monsempron. Ann. Paléont. *38*: 100–120 (1952). – b) Les restes humains d'âge aurignacien de la grotte des Rois, Charente. Bull. Soc. Anthrop., Paris; 10e s. *9*: 138–159 (1958).

Bibl. primat. vol. 1, pp. 163–196 (Karger, Basel/New York 1962)

Aus dem Dr. Senckenbergischen Anatomischen Institut
der Universität Frankfurt am Main

DAS CRANIUM VON PROPITHECUS SPEC. (PROSIMIAE, LEMURIFORMES, INDRIIDAE)

(BEITRÄGE ZUR KENNTNIS DES PRIMATEN-CRANIUMS III)[1]

Von DIETRICH STARCK

1. Einleitung, Material und Methode

Während wir über die Morphologie des Osteocraniums erwachsener Primaten gut unterrichtet sind, sind unsere Kenntnisse über die Entwicklung des Craniums und über die Gestaltverhältnisse des embryonalen und jugendlichen Primatenschädels unzureichend. Die außerordentliche Schwierigkeit der Beschaffung des Materials und die zeitraubende technische Bearbeitung mögen ein Grund hierfür sein. Andererseits ist eine exakte Kenntnis von Einzelstadien bereits von Wichtigkeit zur Beurteilung vieler morphologischer Detailprobleme. Wesentlicher allerdings wäre es, geschlossene Entwicklungsreihen repräsentativer Vertreter verschiedener Primaten-Familien zu kennen. Die unerwartet reichen palaeontologischen Befunde der letzten Jahrzehnte an Primaten wie auch das zunehmende Interesse an Fragen der cranialen Morphologie der Primaten im Zusammenhang mit evolutionistischen Fragestellungen lassen es dringend erwünscht erscheinen, nach Möglichkeit diese Lücke in unseren Kenntnissen zu schließen. Das Endziel ist naturgemäß nur schrittweise zu erreichen. Da der Verfasser die günstige Gelegenheit hatte, ein größeres Material an Primaten-Embryonen aus verschiedenen Gruppen zusammenzutragen, sollen die Befunde am Cranium in einer

[1] Ausgeführt mit Unterstützung der Deutschen Forschungsgemeinschaft.

Reihe von Publikationen vorgelegt werden. Eine zusammenfassende Auswertung wird erst nach Abschluß der Untersuchungsreihe möglich sein.

Der vorliegende Beitrag befaßt sich mit der Morphologie des Craniums eines relativ alten Entwicklungsstadiums von *Propithecus spec.* Das wertvolle Objekt verdanke ich Herrn Prof. Dr. K. Zimmermann, Zoologisches Museum Berlin, dem für die Überlassung auch an dieser Stelle herzlich gedankt sei. Leider war weder die Artdiagnose möglich, noch war die Gesamtlänge des Fetus bekannt. An der Gattungsdiagnose besteht jedoch, auch auf Grund eindeutiger morphologischer Befunde, kein Zweifel. Die Gattung *Propithecus* gehört zu den Indriinae und umfaßt nur zwei Arten, die, wie alle Indriinae, auf Madagaskar beschränkt sind. *Propithecus diadema* BENNETT [1832] (mit 5 Unterarten) ist auf die östliche Hälfte von Madagaskar beschränkt, während *Propithecus verreauxi* A. GRANDIDIER [1867] (mit 5 Unterarten) im Südwesten und im ganzen zentralen Teil der Insel vorkommen (W. C. O. HILL [1953]). Alle Propithecusformen stehen sich außerordentlich nahe. Das zur Untersuchung gelangte Stadium hatte eine größte Kopflänge von 26 mm. Der Kopf wurde nach Celloidineinbettung in eine Querschnittserie von 30 μ zerlegt. Färbung: Azan. Die Serie wurde photographiert. Die Schnitte nach der bei uns üblichen Methode als Negativbild projiziert und gezeichnet. Danach wurde ein Wachsplattenmodell bei 15facher Vergrößerung hergestellt. Um eine exakte Orientierung zu erreichen, wurde das Oberflächenbild des intakten Kopfes mitgezeichnet und die Platten, einschließlich der äußeren Kopfkontur, aufgeschichtet. Diese Platten wurden alsdann mit einer Umrißschablone, die nach der Photographie des Kopfes angefertigt war, ausgerichtet. Das fertige Modell wurde nach der von SCHNEIDER angegebenen Methode mit Spachtelkitt gestrichen. Für Hilfe bei der Herstellung des Modells habe ich Fräulein O. KORNMÜLLER zu danken. Die Abbildungen fertigte Herr A. POIKE an.

Aus der Unterordnung der Prosimiae liegen bisher Befunde über den embryonalen Schädel von folgenden Arten vor.

Tupaia javanica. 20 mm SchStlge. Modell. 25fach. HENCKEL [1928].

Nycticebus coucang. 30 mm gr. L. Modell. 30fach. HENCKEL [1927].

Loris tardigradus. 10 Stadien 6,5–35 mm Kopflänge. Modell 22 mm-Kopflänge-Stadium, Schnittbilder, Aufhellungspräparate. RAMASWAMI [1957].

Galago senegalensis. 30 mm SchStlge. ELOFF [1951], nur Schnittbilder der Nasenbodenknorpel.

Avahis laniger. 39 mm KRlge. FREI [1938], nur kurzer Dissertationsauszug publiziert.

Microcebus murinus. 13,25 mm KRlge. BÄHLER [1938], nur kurzer Dissertationsauszug publiziert.

Tarsius spectrum. 24 mm gr. Lge. Modell 16,7fach. FISCHER [1905], HENCKEL [1927].

Leider sind die wichtigen Befunde von BÄHLER und FREI nie ausführlich publiziert worden. Abbildungen der Modelle liegen nicht vor. Die Arbeit von RAMASWAMI bringt zwar Befunde an einer lückenlosen Serie von Entwicklungsstadien, behandelt jedoch das Chondrocranium nur beiläufig und nimmt zu vielen Fragen nicht Stellung. Die Lektüre dieser Arbeit ist durch ungenaue Identifizierung vieler Knorpelstrukturen (die Ala orbitalis wird mehrfach als Planum supraseptale bezeichnet; Bezeichnung des Foramen hypoglossi als Hypophysial foramina, des Sulcus chiasmatis als Sulcus choanalis usw.) sehr erschwert. Der Hauptwert dieser Publikation liegt in der Beschreibung der Ossifikationsvorgänge. Die Befunde von HENCKEL sind an sich wertvolle Pionierarbeit, gestatten aber andererseits noch nicht die Schlußfolgerungen, vor allem in evolutionistischer Hinsicht, die der Autor aus ihnen zu ziehen geneigt ist, denn es handelt sich bei den von HENCKEL bearbeiteten Cranien um Einzelstadien, die noch recht jung sind. Die Arbeiten der letzten Zeit (FRICK, LINDAHL, REINBACH, ROUX, STARCK) haben jedoch sehr eindeutig gezeigt, daß ein Stadium optimum des Chondrocraniums nicht existiert. Noch in späten Entwicklungsphasen, selbst postnatal, kann in einzelnen Partien des Chondrocraniums (Deckenbildungen, Nasenkapsel) ein Ausbau erfolgen, während andere Gebiete in Rückbildung begriffen sind. Wir müssen uns von der Vorstellung frei machen, daß das Chondrocranium ein funktionsloses, transitorisches Gebilde ist, das nur phylogenetisch bedingt, nach Erreichen eines Stadium optimum der Rückbildung verfällt und durch das Osteocranium ersetzt wird. Der Knorpelschädel hat mechanische Aufgaben zu erfüllen und ist, ebenso wie das Osteocranium, nur im Zusammenhang mit der Gesamtorganisation des Kopfes verständlich. Er erreicht das Maximum seiner Ausbildung nicht in allen Teilen gleichzeitig. Daher greifen die Entwicklung des Chondrocraniums und des Osteocraniums vielfach ineinander. Das eine kann nur im Zusammenhang mit dem anderen verstanden werden. Chondro- und Osteogenese sind Teilphasen eines einheitlichen Geschehens. Rücken wir aber diese Gesichtspunkte in den Vordergrund, so wird notwendigerweise die unbeschränkte Ausdeutung von Strukturen des Chondrocraniums in phylogenetischer Hinsicht eingeschränkt werden müssen. Morphologische Merkmale haben für phylogenetische Schlußfolgerungen wie für taxionomische Auswertung einen höchst verschiedenen Wert. Dieser ist um so größer, je weniger ein Organ oder eine Struktur funktionell geprägt ist. Die phylogenetische Deutung darf also nur dann mit einiger Aussicht auf brauchbare Resultate benutzt werden, wenn zuvor eine Wertung der herangezogenen Strukturen erfolgt ist. Für das Primatencranium stehen wir heute noch in den Anfängen. Ein Fortschritt wird nur möglich sein, wenn die Befundbasis verbreitert wird. Damit wird sich zugleich die Möglichkeit ergeben, die individuelle Variabilität im Ontogeneseablauf besser beurteilen zu lernen. Die vorliegende Arbeit bezweckt, einen Beitrag zu diesem Fragenkomplex zu liefern. Sie bringt zugleich eine Erweiterung unserer Kenntnisse über das Prosimiercranium durch erstmalige Darstellung des Gesamtcraniums einer Form aus dem aethiopisch-madagassischen Gebiet und verdient vielleicht einiges Interesse, da es sich im Gegensatz zu den bisher vorliegenden Bearbeitungen um ein relativ altes Stadium handelt, sind doch gerade die Stadien der späten Embryonalentwicklung und der postnatalen Entwicklung des Craniums für die meisten Arten ganz unzulänglich bekannt.

2. Befunde

a. Allgemeine Formverhältnisse

Die Gesamtform des Craniums ist durch die scharfe Abgrenzung des schmalen Nasenskelettes gegen den breiten, annähernd kugligen Hirnschädel gekennzeichnet. Die Nasenkapsel (Abb. 2) erreicht in der

Längsausdehnung nicht ganz die Hälfte der gesamten Schädellänge. Ein großer Teil der Nasenkapsel (zwei Drittel der Länge) liegt präcerebral. Die größte Breite des Craniums liegt im Bereich des Überganges der Pars vestibularis in die Pars canalicularis der Ohrkapsel. Das Verhältnis der größten Länge zur größten Breite beträgt 3:2. Die Ossifikation ist bereits weit vorgeschritten. Neben den typischen Deckknochen finden sich Ersatzknochenbildungen als Basioccipitale, Supraoccipitale, Exoccipitale, Basisphenoid, Petrosum (Prooticum), Alisphenoid, Orbitosphenoid und im Articulare (Malleus). Die Schädelbasis ist zwischen den Ohrkapseln stark eingeengt und nach dorsal konkav (lordotisch). Die Ohrkapseln sind zum erheblichen Teil noch seitenwandbildend. Eine knorplige Seitenwand fehlt nahezu völlig in der Orbitotemporalregion.

Da die präcerebrale Nasenkapsel relativ niedrig ist, die Stirnregion aber stark aufgewölbt erscheint, ergibt sich zwischen beiden Abschnitten in der Seitenansicht ein scharfer Knick (Abb. 1). Beim erwachsenen *Propithecus* ist diese Knickung ausgeglichen, der Schädel ist im Übergangsbereich zwischen Stirn- und Nasenregion glatt ausmodelliert. Grund für diese Ausrundung der Außenkontur ist die Entwicklung einer beachtlichen Stirnhöhle, die ich wie bei *Propithecus* auch bei *Indri brevicaudatus* GEOFFR. fand (STARCK [1953]). Denkt man sich diese Anbauten am Schädel des Erwachsenen entfernt, so resultiert die gleiche Situation wie beim Fetus. Bei *Lemur* fehlen Frontalsinus. Im Mediansagittalschnitt (Abb. 1) ist die Basis des Propithecusfetus völlig gestreckt. Die Fossa hypophyseos ist tief, ein kräftiges Dorsum sellae ist vorhanden. Vor der Hypophysengrube findet sich ein deutliches Tuberculum sellae, vor diesem ein flacher Chiasma-Sulcus. Die Nasenregion ist merklich gegen die Basisebene nach ventral abgeknickt. Der Scheitelpunkt dieser Knickung liegt eindeutig im präbasialen Bereich. Der Winkel zwischen einer die cerebrale Basisfläche tangierenden Horizontalen und der Tangente des Ventralrandes des Septum nasi beträgt 150°. Vergleichen wir hiermit die Basisform des erwachsenen *Propithecus*, so findet sich auch hier eine orthotische Basis (HOFER [1953], STARCK [1953]). Dieser gestreckte Abschnitt umfaßt das Gebiet zwischen Basion und Sulcus chiasmatis. Hier beginnt – also eindeutig präbasial, die Abknickung im Sinne einer Kyphose (Abb. 1). Der Winkel zwischen Basishorizontale und Tangente des Nasenbodens beträgt beim Erwachsenen 156°. Eine derartige Kieferdeklination ist für alle bisher untersuchten Halbaffen charakteristisch und stellt zweifellos einen Ausgangstyp dar,

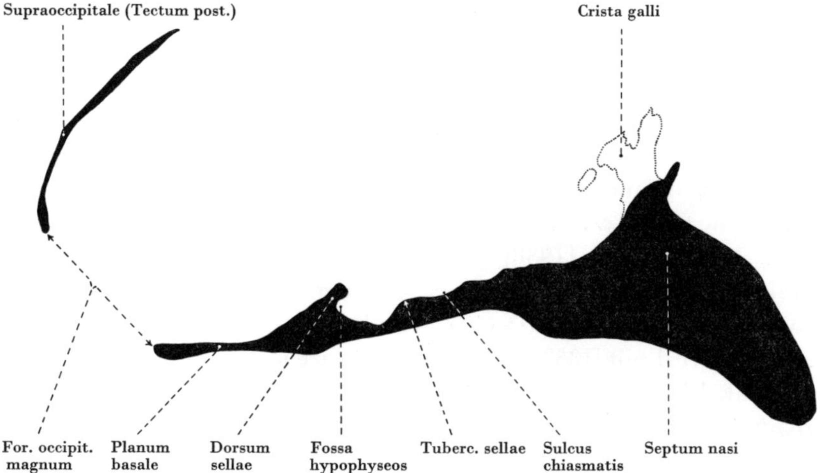

Abb. 1. Propithecus spec. 26 mm größte Kopflänge, Mediansagittalschnitt des Chondrocraniums. 4fach nat. Größe.

der für die Beurteilung der morphologischen Verhältnisse bei Simiae wichtig ist. Auf die Besonderheiten bei *Daubentonia* und *Tarsius* kann in diesem Zusammenhang nicht eingegangen werden (cf. STARCK [1953]). Ein Vergleich des fetalen mit dem erwachsenen Propithecusschädel zeigt, daß ein beträchtlicher Teil des Nasenseptums im Medianriß über der Horizontalen durch die cerebrale Basisfläche liegt, während bei der erwachsenen Form der präbasiale Abschnitt um Planum sphenoidale und Lamina cribrosa deutlich tiefer liegt. Am sinnfälligsten wird dieser Unterschied beim Vergleich der Lage der Crista galli. Es muß also betont werden, daß in diesem Gebiet erhebliche Umbauvorgänge vorkommen, ohne daß der Deklinationsgrad des Kieferschädels in der Entwicklungsphase zwischen den beiden untersuchten Stadien nennenswerte Änderungen erführe. Bei der Betrachtung des Medianrisses des fetalen Craniums muß beachtet werden, daß der Unterrand des Septums nur die Konturen des knorpligen Schädelskeletes wiedergibt, daß also die Deckknochen (Vomer) zu ergänzen wären. Es sei hervorgehoben, daß das Cranium der Lemuroidea durchweg klinorhynch ist und daß ein derartiger Zustand einer nicht allzu extremen Klinorhynchie als ancestral für Eutheria angesehen werden muß (STARCK [1953], BIEGERT [1957]). Dies sei vor allem nochmals im Hinblick auf eine Bemerkung von WEIDENREICH [1947] unterstrichen, der angibt, daß bei *Lemur* «Hirnschädel und Gesichtsskelet in einer geraden Linie hintereinander angeordnet sind» und diese Behauptung durch ein schematisches Bild stützt, welches keinesfalls reale Befunde wiedergibt. Leider sind die bisher vorliegenden Befunde noch zu lückenhaft, um Aussagen über den ontogenetischen Formwandel der Schädelbasis bei Prosimiern zuzulassen, da die meisten Autoren, die Gelegenheit hatten, fetale Halbaffencranien zu untersuchen, diese Verhältnisse nicht beachteten. Nur BÄHLER [1938] gibt an, daß die Basis des *Microcebus-craniums* (13,25 mm KRLge) relativ wenig geknickt sei und daß «die Knickungsstelle ziemlich weit vorne liegt». Der Winkel der Basisknickung wird mit 135° angegeben, doch ist nicht vermerkt, wie dieser Winkel bestimmt wurde. FREI [1938] bemerkt für *Avahis laniger orientalis* (39 mm KRLge), daß die Abknickung der Basis noch geringer sei als bei *Microcebus*. Allerdings sind beide Stadien nicht vergleichbar, da sehr verschieden weit entwickelt. Bei *Lemur* fand ich, daß der Grad der Deklination des Gesichtsschädels bei einem neugeborenen *L. macaco L.* völlig dem entsprechenden Winkel bei einem erwachsenen *Lemur catta L.* entsprach (157°, STARCK [1953]). Im Hinblick auf diese Einzelbefunde muß es von größtem Interesse sein, die Verhältnisse bei jüngeren Entwicklungsstadien kennenzulernen. Offenbar wird die starke frühembryonale Deklination bei Lemuriformes relativ früh ausgeglichen und der typische Zustand der mäßigen Klinorhynchie relativ früh erreicht. Soweit bisher bekannt, verläuft die Morphogenese der Schädelbasis bei Simiae anders (KUMMER, REINHARD).

Ähnlich wie der Deklinationsgrad des Kieferskeletes ist auch die Ebene des Foramen occipitale magnum, am Medianriß bestimmt, bei dem untersuchten Fetus bereits ähnlich wie beim Erwachsenen gelagert (Abb. 1). Der nach vorn oben offene Winkel zwischen der Horizontalen (cerebrale Basisfläche) und der Basion-Opisthion-Geraden beträgt Fetus: 130° Prop., erwachsen: 122°.

b. Regio occipitalis (Abb. 2, 3).

Wir besprachen gemeinsam mit der Occipitalregion zweckmäßigerweise den zwischen den Ohrkapseln gelegenen Teil der Basalplatte, der rostral vom Dorsum sellae begrenzt wird; im übrigen umfaßt die Occipitalregion die Skeletteile, die das Foramen occipitale magnum umgrenzen, also die Pilae occipitales, die Laminae supraoccipitales und das Tectum posterius. Die Abgrenzung der Basalplatte gegen die

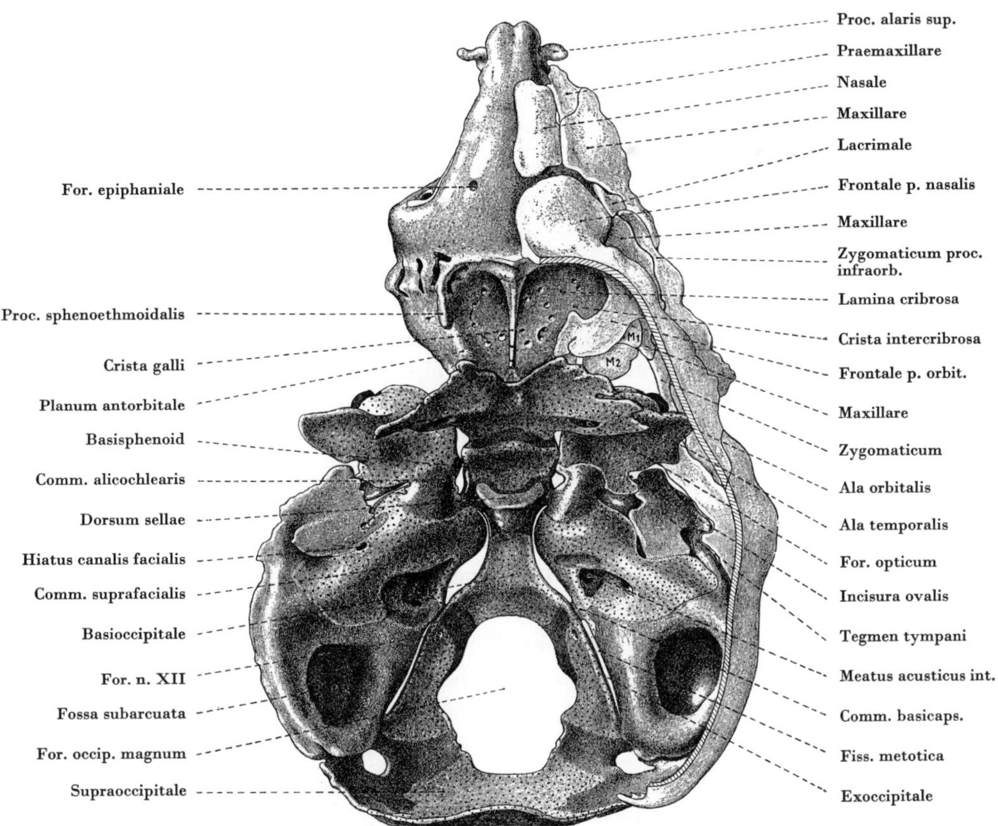

Abb. 2. Propithecus. Modell des Craniums in der Ansicht von dorsal. Die durch Ersatzossifikation verknöcherten Teile des Chondrocraniums sind in dieser und den folgenden Abbildungen grob punktiert. Deckknochen: hell; Sekundärknorpel: dunkel, weiß punktiert. Vergrößerung 4fach nat. Gr.

Ohrkapsel ist durch die ausgedehnte Fissura basicochlearis gegeben (Abb. 2, 3). Das Foramen occipitale magnum ist rundlich und läßt keine Incisura superior mehr erkennen. Bei der Betrachtung von dorsal her scheint das Loch im wesentlichen in der schalenförmig konkaven Basisfläche gelegen, das heißt, die angrenzenden Skeletteile liegen nicht in einer Ebene. Die Lage der Ebene des Foramen magnum im Medianriß war zuvor besprochen (Abb. 1).

Die Umgrenzung erfolgt ventral vorn durch die Basalplatte, die bereits als Basioccipitale verknöchert ist. Die Knorpel der seitlich anschließenden Region gehen in die Occipitalpfeiler über. Der Übergang von der Basalplatte in die Pilae occipitales liegt in der Gegend des Foramen nervi XII. Dies Loch ist auf beiden Seiten einfach vorhanden, wird aber bereits vollständig von der Ossifikation des Exoccipitale umfaßt. Die breite Knorpelzone zwischen Basi- und Exoccipitale trägt auf der Ventralseite die ovoiden Condyli occipitales, die noch nicht von den Ersatzverknöcherungen erreicht sind. Nach lateral und dorsal gehen die Pilae occipitales in die breiten noch knorpligen Laminae supraoccipitales über, die durch eine breite Commissura supraoccipitocapsularis mit der Pars vestibularis der Ohrkapsel verbunden sind. Das Tectum selbst ist bereits völlig verknöchert. Das Supraoccipitale legt sich als breite Brücke dorsal über das Hinterhauptsloch und verbindet die beiden Laminae supraoccipitales. Diese Ersatzknochenbildung hat offenbar das primäre Foramen occipitale von oben her bereits stark eingeengt, so daß eine Incisura superior oder ein dieser entsprechender oberer Teil des Foramen occipitale schon verschlossen ist. Auch in den Randpartien des Supraoccipitale gegen das Foramen zu bestand der Knochen ausschließlich aus Ersatzossifikation. Zuwachsknochen, wie er an dieser Stelle häufig zu finden ist (*Homo*), war nicht nachweisbar. Hingegen scheint am oberen (dorsalen) Rand des Supraoccipitale ein beträchtlicher Zuwachs durch nicht knorplig präformierten Knochen zu erfolgen. Das Supraoccipitale ist unpaar und zeigt auch keine Andeutung einer paarigen Anlage. Interparietalia fehlen vollständig. Inwieweit in dem Zuwachsknochen am Vorderrand des Supraoccipitale eine Anlage des Interparietale enthalten ist, läßt sich nach einem Einzelstadium nicht sagen. Die Unterdrückung des Interparietale scheint jedenfalls in Beziehung zu der relativ bedeutenden Ausdehnung des Tectum posterius zu stehen.

Pila occipitalis und Ohrkapsel werden in typischer Weise durch eine Fissura metotica (Abb. 2, 3) getrennt. Diese ist schlitzförmig im vorderen Abschnitt etwas erweitert. Sie wird gegen die Fissura basicochlearis durch eine Commissura basicochlearis posterior (Abb. 2, 3) abgegrenzt. Hinten seitlich erfolgt der Abschluß der Fiss. metotica durch eine ausgedehnte exoccipitocapsulaere Commissur (Abb. 2, 3). Zwischen exoccipito- und supraoccipitocapsulaerer Commissur findet sich ein rundes Loch (Foramen petrooccipitale FISCHER [1903, Foramen exoccipitocapsulare REINBACH [1952]) durch das eine Venenverbindung das Cavum cranii verläßt.

Die untere laterale Kante der Pilae occipitales, die gegen die

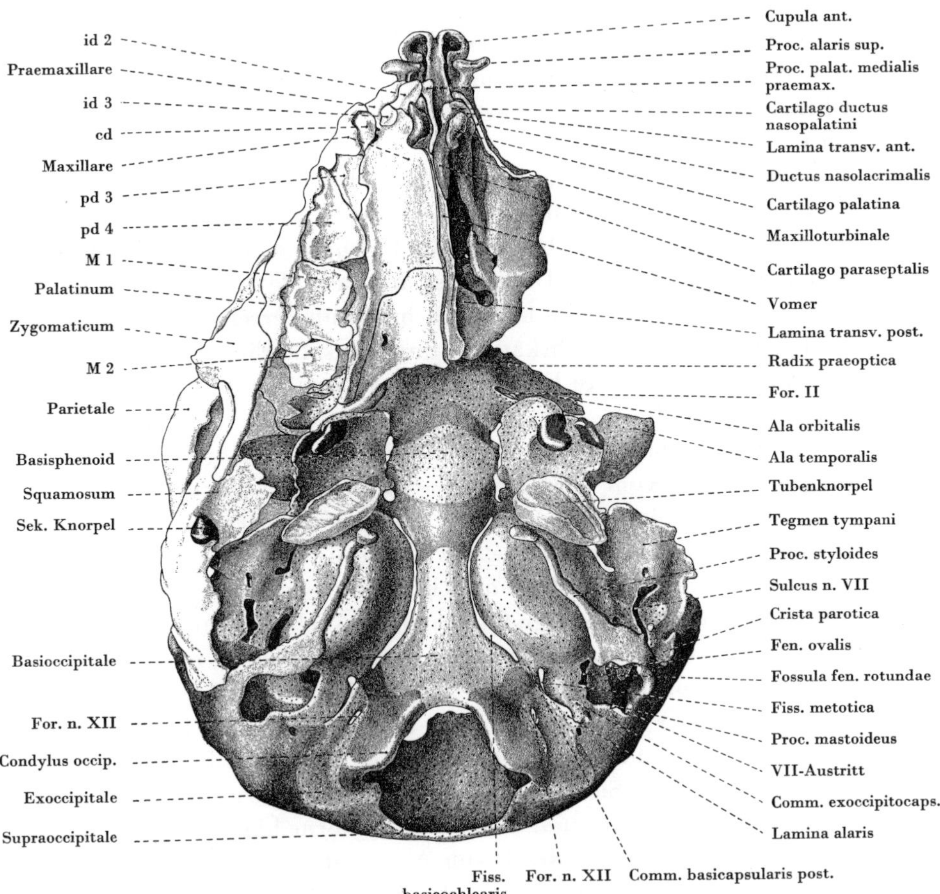

Abb. 3. Gleiches Modell wie Abb. 2 von basal. Vergr. 4fach nat. Gr.

Fissura metotica blickt, setzt sich in eine langausgezogene Knorpellamelle, die Lamina alaris, fort. Diese schiebt sich unter die hintere Hälfte der Fissura metotica (Abb. 3) vor und unterlagert einen beträchtlichen Teil der Pars vestibularis der Ohrkapsel. Auf diese Weise wird ein Raum, der Recessus supraalaris zwischen Lamina alaris, Pila occipitalis und Ohrkapselboden abgegliedert. Der Recessus supraalaris steht mit der Fissura metotica in Verbindung. Die Befunde ähneln sehr stark den Bildern bei *Oryctolagus* (Voit), *Mus* (Reinbach), *Bradypus* (Schneider) und *Papio* (Reinhard). An der Unterfläche der Lamina alaris entspringt der Musc. rectus capitis lateralis, wie es für *Oryctolagus*, *Mus* und *Zaedyus* (Voit, Reinbach) beschrieben wurde. Ein Proc. paracondylicus fehlt vollständig. Hingegen findet sich dicht lateral von der Commissura exoccipitocapsularis an der Ohrkapsel ein kleiner Proc. mastoideus (Abb. 3), von dem der M. biventer entspringt.

Die Basalplatte ist langgestreckt und schmal, nach dorsal leicht lordotisch ausgehöhlt. Ein kräftiges Dorsum sellae mit ausgeprägten Processus clinoidei post. begrenzt die Hypophysengrube nach hinten. Unmittelbar hinter dem Dorsum ist die Basalplatte breit, verschmälert sich dann nach aboral hin beträchtlich und erreicht zwischen den Partes cochleares der Ohrkapseln ihre stärkste Einengung. Sie wird durch eine ausgedehnte Fissura basicochlearis von der Ohrkapsel getrennt (Abb. 2, 3).

Die Basalplatte ist zum großen Teil bereits ossifiziert. Das Basioccipitale reicht vom Vorderrand des Foramen occipitale magnum bis in das Querschnittsniveau des vorderen Viertels der Ohrkapsel. Das Gebiet um das Dorsum sellae ist noch knorplig (Synchondrosis sphenooccipitalis). Im Bereich der Fossa hypophyseos ist das Basisphenoid ossifiziert. Eine selbständige Cartilago dorsi sellae ist nicht nachweisbar. Über den Verlauf der Chorda dorsalis konnten folgende Feststellungen erhoben werden. Die Chorda tritt aus der Spitze des Dens epistrophei über das Ligamentum apicis dentis in die ossifizierte Basalplatte ein und ist eine kurze Strecke weit noch in diesem Knochen nachweisbar. Sie liegt leicht exzentrisch über der Längsachse inmitten des Knochens und ist dann nach vorne hin nicht mehr nachweisbar. In der Synchondrosis sphenooccipitalis wird sie jedoch wieder deutlich. Sie liegt central in der Knorpelmasse und endet dicht hinter dem Dorsum sellae. Die Gelenkspalten der fünf Kopfgelenke stehen untereinander in Kommunikation. *Propithecus* folgt also wie *Lemur* und *Loris* dem monocoelen Typ (GAUPP).

c. Regio otica (Abb. 2, 3, 4).

Die Ohrkapseln sind außerordentlich groß. Wenn sich die Größenrelationen derart kompliziert gestalteter Gebilde auch nicht exakt zahlenmäßig erfassen lassen, so ist doch beim direkten Vergleich der Modelle von *Propithecus*, *Aotes*, *Papio*, *Pan* und *Homo* sehr eindrucksvoll, das der relative Anteil der Ohrkapsel an der Begrenzung der cerebralen Basisfläche bei *Propithecus* größer ist als bei den verglichenen Affen und beim Menschen. Die Ohrkapseln liegen zum großen Teil subcerebral, sind aber besonders mit ihrer Pars canalicularis auch an der Bildung der Seitenwand beteiligt. Die größte Längsachse der Ohrkapsel ist schräg von hinten lateral nach vorn medial gerichtet. Die Achsen beider Seiten schneiden sich am Vorderrand der Hypophysengrube. Die Gliederung in eine Pars canalicularis und eine Pars cochlearis tritt sehr deutlich hervor (Abb. 2).

Lage und Relief des vorderen (oberen) Bogenganges unterscheiden sich von dem Bild, das bei Schimpanse und Mensch zu beobachten ist, vor allem dadurch, daß der Bogengang weit nach dorsal über das Niveau der Schneckenkapsel vorragt. In vertikaler Richtung ist der Durchmesser der Pars canalicularis mindestens um ein Drittel größer als der der Pars cochlearis.

Die Verbindungen der Ohrkapsel mit der Basalplatte waren zuvor besprochen worden. *Propithecus* besitzt eine sehr breite Commissura alicochlearis (Abb. 2), die den vorderen Pol der Schneckenkapsel mit dem Proc. alaris der Ala temporalis verbindet. Eine derartige Kommissur ist in guter Ausbildung bei *Tupaia*, *Microcebus* und *Papio hamadryas* beschrieben worden. Unvollständige Restbildungen (Knorpelfortsätze) kennen wir von *Homo* und *Tarsius*. Bei einem jungen Stadium von *Homo* ist die Kommissur vollständig. Sie fehlt bei den untersuchten Stadien von *Nycticebus coucang*, *Loris tardigradus*, *Saimiri*, *Alouatta*, *Presbytis*, *Macaca* und *Pan*.

Die Ersatzknochenbildung in der Ohrkapsel ist weit vorangeschritten, und zwar ist bei vorliegendem Stadium nahezu die ganze Schneckenkapsel ossifiziert. Die Ersatzknochenbildung greift basal in der Gegend der Ampulla posterior auf die Pars canalicularis über und bezieht auch die Commissura suprafacialis (Abb. 2) vollständig ein. Knorplig ist noch der größte Teil der Pars canalicularis und das Tegmen tympani.

Im Gegensatz zu dem genannten Befund beginnt bei *Pan* die Ossifikation der Ohrkapsel im Bereich der Prominentia semicircularis anterior, bei *Homo* gleichzeitig mit dem vorderen und hinteren canaliculären Centrum (Augier).

Das Relief der Bogengänge ist äußerlich gut sichtbar. Dies gilt besonders für den Canalis semicircularis ant. (Abb. 2). Die Prominentia semicircularis post. ist am schwächsten ausgeprägt. Vorderer Bogengang und Crus commune begrenzen gemeinsam die außerordentlich tiefe Fossa subarcuata anterior. Diese liegt teilweise subcerebral, so daß bei der Betrachtung des Craniums von dorsal her ein weiter Einblick in die Fossa möglich ist. Die Öffnung für den Ductus endolymphaticus ist schlitzförmig. Sie liegt unter und hinter der Fossa subarcuata. Im Bereich des Foramen endolymphaticum liegt, wie bei anderen Säugetieren, die Tela chorioidea dem Saccus endolymphaticus dicht an. Hingegen besteht keinerlei Beziehung zwischen Tela chorioidea und Fossa subarcuata. Im Gegensatz zu den Behauptungen von DELATTRE, nach dessen Angaben die Fossa subarcuata bei Säugern (*Felis, Mus*) erst postnatal durch Chondrolyse entstehen soll und dann den Flocculus aufnimmt, haben die umfangreichen Untersuchungen der letzten Zeit (FRICK, KUMMER-NEISS, REINBACH, STARCK) an vielen Säugerarten den in der Literatur längst beschriebenen Entwicklungsmodus der Fossa subarcuata in früher Embryonalzeit bestätigen können und zur Erweiterung unserer Kenntnisse beigetragen. Auch Pongiden und Mensch machen, im Gegensatz zu der Angabe von DELATTRE, keine Ausnahme (STARCK [1960). *Propithecus* fügt sich erwartungsgemäß ganz in das typische Bild ein. Bei dem vorliegenden Stadium enthielt die Fossa subarcuata noch lockeres Mesenchym in einer, der Knorpelwand anliegenden Schicht. Der Flocculus (Paraflocculus) liegt bereits in der Fossa. Diese Lagebeziehung wird also lange vor der Geburtsreife erreicht. Die von DELATTRE wiederholt behaupteten Analogien zwischen Fossa subarcuata und Hypophysengrube durch das beiden gemeinsame Auftreten von «connexions épendymo-craniennes» sind durch exakte Beobachtungen nicht verifizierbar.

Im Grenzbereich zwischen Schneckenkapsel und Pars canalicularis findet sich ein tiefer Meatus acusticus internus (Abb.2). Dieser wird nach dorsal und hinten durch die suprafaciale Commissur begrenzt. Oben seitlich beginnt im Meatus der primäre Facialisaustritt. Die Austrittsöffnungen der Octavusäste verhalten sich folgendermaßen: ein weites Foramen acusticum inferius nimmt den Ramus inferior nervi VIII auf. Dieser teilt sich in den Ramus cochlearis und einen sehr kräftigen Ramus saccularis inferior. Der Ram. ampullaris post. tritt durch eine selbständige Öffnung – Foramen singulare –, die hinten unten in der Tiefe des Meatus acusticus internus beginnt. Das relativ enge Foramen acusticum superius läßt die Rami ampullares ant. und lateralis, Ram. utricularis und den schwachen Ram. saccularis superior austreten.

Die Gegend der Fenestra rotunda (Abb.3) hat bereits ihre definitive Ausformung erreicht, so daß das vorliegende Entwicklungsstadium keine Aussagen über den Entwicklungsmodus gestattet. Die Fenestra rotunda liegt in der Tiefe einer Fossula fenestrae rotundae, die in typischer Weise (FRICK [1952, 1953, 1954], STARCK [1960]) von

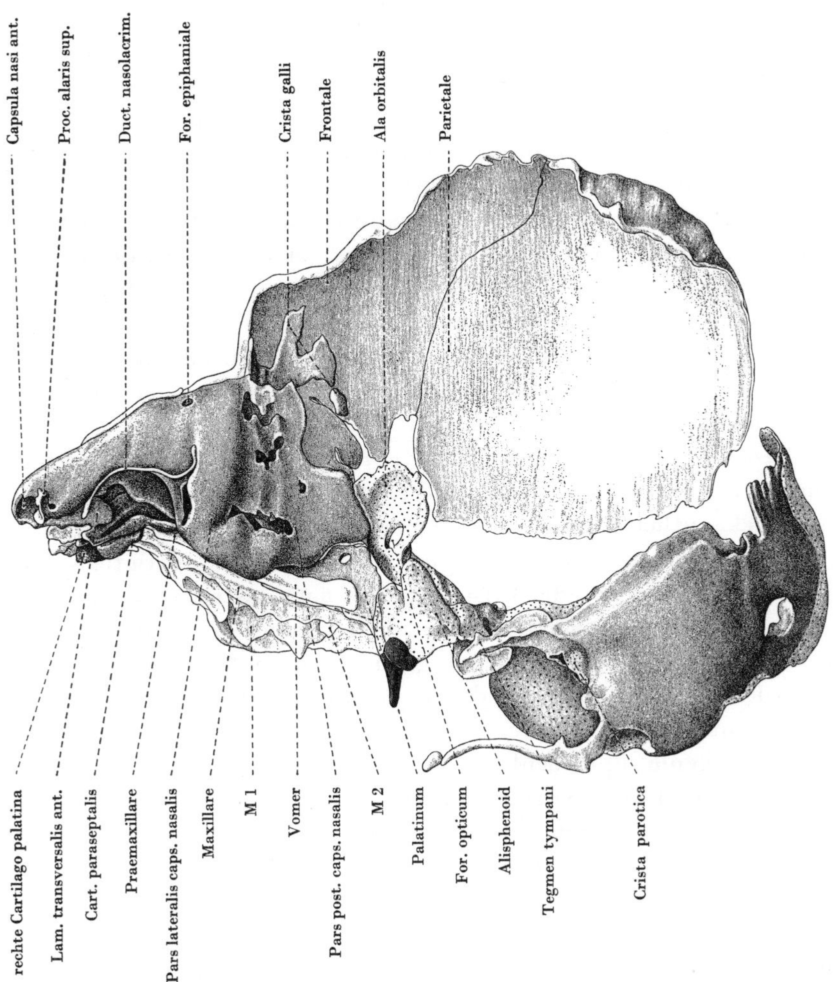

Abb. 4. Gleiches Modell wie Abb. 2 und 3, von links her gesehen. Deckknochen nur rechts dargestellt. Vergr. 4fach nat. Gr.

der oberen lateralen Fläche des Processus recessus, Membrana tympani secundaria und Ohrkapselwand begrenzt wird. Die Umgebung der Fossula, damit auch der ganze Processus recessus, ist bereits ossifiziert. So bestätigt auch der vorliegende Befund wieder das generelle Vorkommen einer Fossula fenestrae rotundae bei Säugetieren (FRICK).

An der lateralen Oberfläche der Ohrkapsel findet sich eine scharfkantig vorspringende Crista parotica an typischer Stelle (Abb. 3, 4). Diese setzt sich nach hinten abwärts in den Proc. styloides fort, der in seinem Ursprungsteil außerordentlich breit ist und mit einer nach hinten gerichteten Ecke gegen den Vorderrand der Lamina alaris blickt. Diese Annäherung zwischen Hyalbogenspanne und Lamina alaris ist im Hinblick auf das Vorkommen einer Verschmelzung zwischen beiden Skeletteilen bei *Pan* (STARCK [1960]) von Interesse.

Nach rostral geht die Crista parotica in ein sehr ausgedehntes Tegmen tympani (Abb.2) über. Im allgemeinen wird die Ausbildung eines Tegmen als Neubildung höherer Eutheria gedeutet. Die bisher vorliegenden, sehr differenten Befunde lassen noch keine endgültige Aussage über das Vorkommen und den Ausbildungsgrad dieser Struktur bei verschiedenen Säugern zu, da die untersuchten Stadien nicht immer vergleichbar sind.

Das Tegmen tympani (Abb.2) des *Propithecus*-Embryos füllt die Lücke zwischen Ohrkapsel und Ala temporalis nahezu vollständig aus. Bekanntlich entsteht das Tegmen bei Säugetieren als knorpliger Fortsatz (Tuberculum tympanicum TOEPLITZ, Proc. perioticus sup. GRADENIGO), der von der Crista parotica nach rostral vorwächst und sich außerhalb der primären Schädelseitenwand, die an dieser Stelle von der Commissura suprafacialis gebildet wird, neben der Schneckenkapsel ausbreitet. So bildet das Tegmen eine Ergänzung des Bodens des Cavum supracochleare. Der Hauptstamm des Nervus VII verläßt das Cavum supracochleare durch den Schlitz zwischen knorpliger Ohrkapsel und Tegmen tympani, um in den Sulcus facialis unter der Crista parotica zu gelangen. Häufig kann das Tegmen vor dem Facialis mit der Ohrkapsel verschmelzen. Der N. VII wird dann von einer präfacialen Kommissur umfaßt und tritt durch ein Loch im Tegmen aus (*Talpa*, *Sorex*, *Oryctolagus*, *Phocaena*, *Homo*). Das Cavum supracochleare ist nach dorsal hin offen. Hier verläßt der N. petrosus superficialis major das Cavum supracochleare. Die Öffnung wird zum Hiatus canalis facialis (Abb.2). Nach der herrschenden Meinung wird diese Öffnung durch nicht knorplig praeformierten Zuwachsknochen eingeengt. Zugleich bekommt hierdurch das Cavum supracochleare ein Dach (GAUPP, BROMAN). Bei unserem *Propithecus*embryo ist das Tegmen noch ganz knorplig (Abb.2). Eine präfaciale Kommissur ist vorhanden. Aus dem vorderen Abschnitt entspringt nun jedoch eine zweite Knorpellamelle, die sich nach hinten und medial schiebt und einmal mit der Seitenwand der Schneckenkapsel, zum anderen mit der hinteren Wurzel der suprafacialen Kommissur verschmilzt. Zwischen beiden Verschmelzungsstellen bleibt das jetzt stark eingeengte Foramen des N. petrosus superf. major (Hiatus canalis VII) ausgespart. Die obere Knorpellamelle des Tegmen bildet ein Dach über dem Cavum supracochleare. Der Befund zeigt, daß die Ausbauvorgänge in dieser Region nicht durch Zuwachsknochen erfolgen müssen, sondern daß Knorpelstrukturen beteiligt sein können. Wie der Entwicklungsablauf im einzelnen erfolgt, läßt sich anhand des einen Stadiums nicht entscheiden. Die neugebildete Knorpellamelle könnte vom Tegmen auswachsen oder als selbständiges Element (Sekundärknorpel) entstanden sein. Zweifellos aber handelt es sich um eine Neubildung bei den Eutheria.

Die Commissura suprafacialis ist typisch ausgebildet. Sie ist recht breit und überbrückt den primären Facialisaustritt an der Grenze von Pars cochlearis und pars canalicularis. Sie ist bereits vollständig ossifiziert.

Die Befunde in der Ohrregion lassen zurzeit keine vergleichende Auswertung zu, da von Primaten bisher nur jüngere Stadien untersucht wurden. Gerade dieser Befund möge aber dazu anregen, in Zukunft die Untersuchung von Cranien nicht auf frühe Embryonalstadien zu beschränken. Spätfetale und junge postnatale Cranien sollten im Hinblick auf den Ausbau des Osteocraniums mehr Beachtung finden als bisher.

d. Regio orbitotemporalis

Die Trabekelplatte ist relativ breit. Sie springt in der Gegend des Vorderrandes der Hypophysengrube am weitesten nach lateral vor (Abb. 2). Im ganzen ist sie überall breiter als die Basalplatte (s. Seite 172). Eine Verschmälerung erfolgt erst im Bereich der Nasenkapsel (Septum nasale). Nach basal springt die Basis nirgends kielartig vor (Abb. 3). *Propithecus* zeigt also auf vorliegendem Entwicklungsstadium keine Spur eines Interorbitalseptums. Auf jüngeren Stadien (55 mm Sch.-Stlge. FRETS [1914]) scheint ein Interorbitalseptum in schwacher Ausprägung vorhanden zu sein. Der Befund ist von Bedeutung, da HENCKEL [1928] dem Vorkommen oder Fehlen des Interorbitalseptums am Chondrocranium eine hervorragende Bewertung zugemessen hatte und *Tupaia* aus der Verwandtschaftsgruppe der Primaten ausschließen wollte, weil diese Gattung kein Interorbitalseptum besitzt. Demgegenüber konnte gezeigt werden (STARCK [1960]), daß das Septum eine außerordentlich plastische Struktur ist und bei ein und der gleichen Art in bestimmten Entwicklungsphasen als vorübergehende Bildung auftreten kann. So besitzt *Alouatta* zunächst kein Interorbitalseptum (20, 36, 43 mm Sch.Stlge.), doch ist es später (130 mm Sch.Stlge.) gut ausgebildet, um postnatal wieder völlig zu verschwinden. Bei *Cercopithecus talapoin* persistiert das Septum, ebenso wie bei Callithricidae, bis zum adulten Zustand. Es konnte weiter gezeigt werden, daß nicht nur Augengröße und Augenstellung, sondern ebenso Ausdehnung und Lage der Nasenkapsel wie die Krümmungsverhältnisse der Schädelbasis für das jeweilige Erscheinungsbild der Basis im Interorbitalbereich verantwortlich sein können. Der Mangel des Interorbitalseptums bei *Propithecus* dürfte mit der mäßigen Augengröße bei gleichzeitiger Breite des hinteren Abschnittes der Nasenkapsel in Zusammenhang zu bringen sein. Auch dürfte die extrem nach lateral gerichtete Stellung der Augen eine Rolle spielen.

Propithecus besitzt eine mäßig tiefe Hypophysengrube, die occipitalwärts von einem kräftigen Dorsum sellae (s. S. 172) begrenzt wird. Die Proc. clinoidei posteriores springen nach lateral vor und überbrücken die Nervi VI. Das untersuchte Stadium besitzt keinen Canalis craniopharyngeus. Der Boden der Hypophysengrube ist ossifiziert (Basisphenoid). Das Gebiet des Dorsum sellae und der zugehörige Teil der Basis ist noch knorplig (Synchondrosis sphenooccipitalis).

In Höhe der Hypophysengrube springen jederseits die Alae temporales (Abb. 2, 3, 4) nach lateral vor. Sie sind, abgesehen von ihrem schmalen Ursprungsteil (Proc. alaris) bereits vollständig ossifiziert und füllen die Lücke zwischen Tegmen tympani, Squamosum und Ala orbitalis vollständig aus. Dabei schieben sie sich unter den Orbitalflügeln gegen die Nasenkapseln vor. Sie sind erheblich ausgedehnter als die Orbitalflügel und stellen demnach «große» Keilbeinflügel dar. Der Proc. pterygoideus ist vollständig verknöchert. Die Abgrenzung des Pterygoids gegen die Ersatzverknöcherung im Proc. pterygoideus des Alisphenoids ist nicht mehr möglich. Mediale und laterale Lamelle des Flügelfortsatzes springen als Höcker nach basal vor. Beide enthalten ausgedehnte Massen von Sekundärknorpel (Abb. 3).

Der vordere Pol der Schneckenkapsel wird durch eine sehr breite, noch knorplige Commissura alicochlearis (Abb. 2) mit der Ala temporalis verbunden. Vor dem Vorderpol der Ohrkapsel betritt die Art. carotis interna durch einen nach rostral offenen Spalt, der medial von der Commissura basicochlearis anterior, lateral von der Comm. alicochlearis begrenzt wird, das Cavum epiptericum. Ihr Verlauf zeigt keine Besonderheiten. Die Lagebeziehungen der Augenmuskelnerven bieten das für Eutheria typische Bild.

Das Ganglion semilunare liegt auf dem vorderen Pol der Schnekkenkapsel und überlagert die Comm. alicochlearis. Der N. mandibularis (V_3) verläßt das Cavum cranii zwischen Ala temporalis und Ohrkapsel, seitlich der Comm. alicochlearis. Ihm ist sofort nach dem Austritt das mächtige Ganglion oticum angelagert. Die Aufteilung des Nervs ist typisch. Ein abgegrenztes Foramen ovale existiert nicht, doch findet sich am hinteren Rand der Ala temporalis ein Einschnitt (Incisura ovalis) (Abb. 2), dort, wo der N. mandibularis in Kontakt mit ihr steht. Der Befund bestätigt also erneut die Beobachtung, daß bei den Eutheria das Foramen ovale für den N. V_3 sekundär aus dem Foramen lacerum medium (anterius) herausgeschnitten wird (cf. STARCK [1960], S. 607). Die Nn. V_1 und V_2 ziehen mit den Augenmuskelnerven über das Alisphenoid und gelangen durch den Spalt zwischen Alisphenoid und Ala orbitalis (For. sphenorbitale) in die Augenhöhle. Der große Keilbeinflügel umschließt kein Foramen; ein For. rotundum fehlt.

Die Alae orbitales sind außerordentlich klein und ragen als spitze Zapfen in die Lücke zwischen Nasenkapsel und Ala temporalis. Sie erreichen nicht die Innenseite des Os frontale (Abb. 2, 3). Die Orbitalflügel besitzen weder Verbindung mit der Nasenkapsel noch mit der Ohrregion, so daß unser Stadium jegliche Seitenwandbildung, außer den Alae selbst, vermissen läßt. Ein geringfügiger Vorsprung an der Nasenkapsel (s. S. 180) ist wohl als Restbildung zu betrachten. Das Foramen opticum ist, entsprechend der relativ geringen Augengröße, weniger weit als bei irgendeinem anderen bisher untersuchten Primaten. Die Radix praeoptica ist außerordentlich breit und geht ohne scharfe Grenze in die Ala orbitalis über (Abb. 2). Der ganze Präsphenoid-Orbitosphenoidkomplex wird von einer einheitlichen Ersatzknochenbildung eingenommen. Knorplig ist ausschließlich die Synchondrosis intersphenoidalis, dicht vor dem Vorderrand der Hypophysengrube.

e. Regio ethmoidalis (Abb. 2, 3, 4, 5).

Die Nasenkapsel unseres *Propithecus*-Stadiums ist recht vollständig ausgebildet und besteht noch zum größten Teil aus Knorpelgewebe. Der rostrale Abschnitt ist gegen den hinteren Teil stark verschmälert. Der schmale Abschnitt entspricht der Pars anterior (P. maxillonasoturbinalis), während der breite Teil von der Pars lateralis zusammen mit der P. posterior (P. ethmo-frontoturbinalis REINBACH) eingenommen wird (Abb. 2, 3, 4). An der Grenze der beiden Hauptabschnitte findet sich ein Foramen epiphaniale. Der größte Teil der Nasenkapsel liegt praecerebral; nur ein kleiner Teil der P. posterior liegt subcerebral.

Die Nasenkapsel wird ausschließlich über das Septum nasale, das in die Lamina trabecularis übergeht, mit dem restlichen Chondrocranium verbunden. Orbitonasale Kommissuren fehlen vollständig. Als Restbildung einer solchen Verbindung kann ein plumper Knorpelzapfen dorsal-lateral der Lamina cribrosa angesehen werden (Proc. orbitonasalis, Abb. 2, 4). Verbindungen der Nasenkapsel mit den Radices praeopticae fehlen. Die weitgehende Rückbildung der Seitenwand des Chondrocraniums im Übergangsbereich zwischen Nasen- und Orbitalregion ist offenbar vom Entwicklungsstadium abhängig und dürfte bei unserem Objekt bereits sekundär erfolgt sein.

Das Nasenseptum ist schmal und vollständig. Es geht in sanfter Wölbung in das Tectum nasi über. Ein seichter Sulcus supraseptalis ist vorhanden. Die Crista galli zeigt eine sehr auffällige Form. Sie springt weit nach dorsal vor und schiebt sich zwischen die beiden Bulbi olfactorii und eine beträchtliche Strecke zwischen die beiden Endhirnhemisphären ein. Ihre Form ist bizarr (Abb. 1, 2, 4); zwei breite Fortsätze ragen nach dorsal und dorsokaudal vor. Der untere Fortsatz wird ergänzt durch eine freie Knorpelbildung, die nach ventral gerichtet ist (Abb. 1, 4). Es ist seit langem bekannt, daß bei adulten *Propithecus* (Grandidier, Hofer, Starck) knöcherne Platten am Ethmoid vorkommen, die die beiden Bulbuskammern voneinander trennen. Grandidier hat auf die beträchtliche Variabilität dieser Bildung aufmerksam gemacht. Auch bei *Indri* finden sich entsprechende Bildungen (Starck). Im allgemeinen werden diese Ossifikationen als Falxknochen und damit als spät auftretende, nicht knorplig präformierte Verknöcherungen im Bindegewebe aufgefaßt (Hofer) und mit ähnlichen Bildungen bei *Marsupialia*, *Ornithorhynchus* und *Alouatta* (Hochstetter, Hofer) verglichen. Bei *Propithecus* handelt es sich sicher nicht um eine Falxverknöcherung, sondern um ein knorplig präformiertes Gebilde, das der Crista galli homolog ist.

Das Tectum geht seitlich ohne scharfe Kante in den gewölbten Paries nasi über. Der Unterrand des Paries ist im mittleren Abschnitt (P. anterior) als Maxilloturbinale eingerollt. Eine typische Lamina infraconchalis ist deutlich ausgebildet. In der rostralen Verlängerung des Maxilloturbinale findet sich am Unterrand des

Paries ein Atrioturbinale. Diese Bildung setzt sich bis auf den Rand der Fenestra narina fort (Marginoturbinale).

Das Solum nasi ist unvollständig und zeigt eine ausgedehnte Fenestra basalis, die durch eine nur sehr schmale Lamina transversalis von der Fenestra narina unvollständig getrennt wird (Abb. 3, 5). Sie hängt mit dem Paraseptalknorpel zusammen. Dieser bleibt aber vom Septum durch die Fissura septo-paraseptalis getrennt. Er erstreckt sich nach hinten bis etwa über die Hälfte der Septumlänge und endet frei. Ein hinterer Paraseptalknorpel fehlt. Das JACOBSONsche Organ ist gut ausgebildet. Die Cartillago paraseptalis hat im Querschnitt die Form einer Rinne und tritt in der typischen Weise mit dem Organon vomeronasale in Verbindung.

Die Lamina transversalis anterior steht, ähnlich wie bei *Rousettus* und *Oryctolagus*, nahezu vertikal. Außer der Cartilago paraseptalis wurzelt in der Lamina transversalis anterior eine sehr ausgedehnte Cartilago ductus nasopalatini (Abb. 3, 4). Sie umfaßt den Ductus nasopalatinus von vorne und oben. Man darf sie als Derivat des Paraseptalknorpels auffassen, das erst bei Eutheria voll entwickelt ist. Der Proc. palatinus des Os praemaxillare liegt medial und unter dem Knorpel. Seitlich und hinter dem Ductus nasopalatinus liegt frei und ohne Zusammenhang mit anderen Skeletteilen jederseits die Cartilago palatina (Abb. 3, 4) (= C. «nasopalatina» VOIT). Eine Cartilago papillae palatinae fehlt. Eine Lamina transvers. post. ist vorhanden. In der Ausbildung der Bodenknorpel an der Nasenkapsel unterscheiden sich Halbaffen und Affen beträchtlich. Bei den Prosimiae ist in der Regel der Nasenboden vollständiger ausgebildet und folgt dem von den übrigen Eutheria bekannten Bild, während die Nase der Simiae durch weitgehende Rückbildung auch am Knorpelskelet gekennzeichnet ist. So ist eine Lamina transversalis anterior bisher nachgewiesen bei *Loris*, *Galago*, *Avahis*, *Propithecus* und *Saimiri*, fehlt aber *Tarsius* und den meisten, bisher untersuchten Affen bis auf Restbildungen (*P. hamadryas* REINHARD). Allerdings ist das von FISCHER und HENCKEL untersuchte Stadium von *Tarsius* relativ jung, so daß ein definitives Urteil bisher nicht gegeben werden kann. Offenbar handelt es sich bei dem von FISCHER für *Presbytis* und von MACKLIN für *Homo* beschriebenen Fortsatz der lateralen Nasenkapselwand («Proc. paraseptalis») um die Restbildung einer Lamina transversalis ant. Eine Zona anularis ist bisher nur bei *Tupaia* (HENCKEL) und bei *Saimiri* von FRETS gefunden worden. Der Paraseptalknorpel kommt bei Halbaffen und Affen vor, ist aber in der erstgenannten Gruppe meist vollständiger ausgebildet als bei Simiae. Die Cartilago ductus nasopalatini wurde unter Primaten aufgefunden bei *Tupaia*, *Galago* (ELOFF) und *Propithecus*, nach FRETS auch bei *Saimiri*. Die Cartilago palatina wurde für *Tupaia*, *Chirogaleus*, *Propithecus*, Platyrrhini (DE BEER) und *Macaca* beschrieben. Soweit bisher Beobachtungen vorliegen, scheinen die Befunde an Platyrrhini eine Zwischenstellung zwischen denen an Halbaffen und Altweltaffen einzunehmen. Es sei aber nochmals betont, daß unsere Kenntnisse noch lückenhaft sind und daß für die meisten Primatencranien nur Bearbeitungen relativ junger Stadien vorliegen. Gerade am Nasenskelet sind aber Ausbau- und Differenzierungsprozesse noch an relativ späten Ontogenesestadien zu erwarten. Auch unsere Befunde an *Propithecus* ergaben eine überraschend vollständige Ausbildung der Nasenbodenknorpel. Eine gründliche Bearbeitung des Chondrocraniums älterer Stadien von Platyrrhinen und Catarrhinen ist dringend erforderlich, um zu einem klaren Urteil auch über die evolutiven Beziehungen des Skeletelementes des Craniums der Primaten zu gelangen.

Am hinteren, oberen Umfang der Fenestra narina entspringt ein weit nach lateral ausladender Processus alaris superior (Abb.2, 3, 4, 5). Die Wurzel des Fortsatzes am Paries nasi ist zunächst nach rostral gerichtet. Der Processus selbst biegt dann nach kurzem Verlauf in laterale Richtung um. Der Befund ähnelt sehr dem von REINBACH für *Dasypus novemcinctus* beschriebenen Bild. Enge Beziehungen zum Ductus nasolacrimalis (Abb.4,5) bestehen nicht. Der Tränennasengang verläuft bei *Propithecus* in typischer Weise zwischen Nasenkapsel einerseits, Os lacrimale und maxillare andererseits, tritt von hinten an die Lamina transversalis anterior heran und zieht lateral und unter dieser zur Ausmündungsstelle. Da die Lamina transversalis in sagittaler Ausdehnung relativ kurz ist, bleibt die Mündung des Ductus nasolacrimalis in einigem Abstand hinter dem Proc. alaris. Wir sind mit REINBACH der Ansicht, daß die topographischen Beziehungen des Proc. alaris sup. zum Endstück des Ductus nasolacrimalis nicht konstant sind, zumal bei vielen Säugetieren die primäre, rostral gelegene Mündungsstelle des Tränennasenganges zugunsten einer sekundär entstehenden sekundären Ausmündung aufgegeben wird.

Die Binnenräume der Nasenkapsel (Abb.5) zeigen in klarer Weise die für Eutheria beschriebene Gliederung, so daß sich das Raumsystem gut in das von REINBACH [1952] gegebene Schema einfügt. Die Pars anterior endet hinten mit einer deutlichen Crista semi-

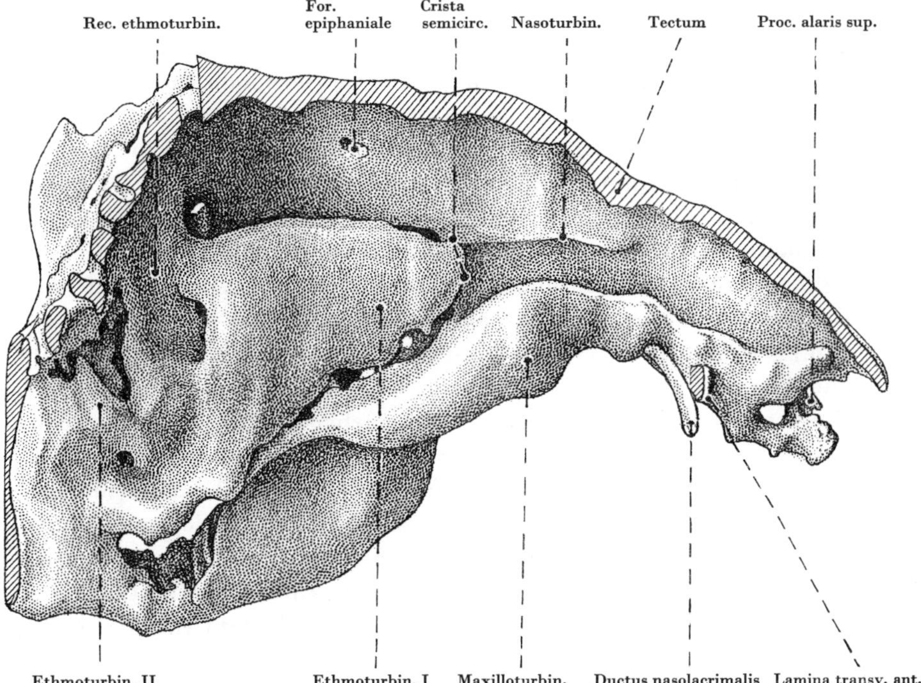

Abb. 5. Binnenräume der Nasenkapsel, linke Hälfte von medial her gesehen. Vergr. 7,5fach.

circularis. Sie enthält ein leistenartig vorspringendes Nasoturbinale in guter Ausbildung. Die Einrollung des Unterrandes als Maxilloturbinale war zuvor erwähnt.

Die Pars lateralis springt weit nach außen vor und findet den Anschluß an die Pars anterior außen und vor der Crista semicircularis. Diese bildet also zugleich die mediale Wand einer Nische, die von der Seitenwand der Pars lateralis gebildet wird. Sie entspricht dem Recessus frontalis. Die Pars lateralis stößt mit der Pars posterior dort zusammen, wo das Ethmoturbinale I am Paries wurzelt. Lateral des Ethmoturbinale I wird der Recessus frontoturbinalis abgegrenzt, der von Riechepithel ausgekleidet ist und dessen Decke bereits von der Lamina cribrosa gebildet wird. Die Anheftung des ersten Ethmoturbinale an der Lamina cribrosa ist als deutliche Crista intercribrosa (Abb. 2) ausgebildet. Sie trennt die Foramina der Siebplatte, die in den Rec. frontoturbinalis führen, von denen, die die Verbindung zum Rec. ethmoturbinalis herstellen. Das Ethmoturbinale I ist sehr kräftig ausgebildet (Abb. 5), besitzt einen langen Processus anterior und ist ausgehöhlt. Die Kavität im Ethmoturbinale I steht durch eine recht enge Verbindung mit dem Rec. ethmoturbinalis in Kommunikation. Das Ethmoturbinale I steht nun durch eine horizontale Knorpellamelle vorn seitlich mit dem Septum frontomaxillare in Verbindung (Septum frontomaxillare REINBACH, vorderer Teil = horizontale Lamelle, VOIT = Radix anterior ethmoturb. I.). Recessus maxillaris und Recessus frontalis sind sehr ausgedehnt und bedingen die starke seitliche Vorwölbung der Nasenkapsel im mittleren Bereich. Beide werden durch ein gut ausgebildetes Septum frontomaxillare (s. o.) getrennt. Ein Recessus frontoturbinalis ist vorhanden. Er steht mit dem Recessus frontalis in weit offener Kommunikation. Seine Eigenständigkeit, die von REINBACH nachgewiesen wurde, ist auch bei *Propithecus* noch deutlich, da er an seinen Beziehungen zur Lamina cribrosa und durch seine Auskleidung mit olfaktorischer Schleimhaut erkannt werden kann und da eine leistenartige Grenze (Septum frontoturbinale) angedeutet ist. Er enthält ein Frontoturbinale. Im Gegensatz zum Rec. frontoturbinalis bleiben Rec. maxillaris und frontalis stets ohne Turbinalia. Ein Ethmoturbinale II ist angedeutet (Abb. 5). Inwieweit im Bereich des Rec. ethmoturbinalis noch spät ein Ausbau erfolgt, kann nach Untersuchung des Einzelstadiums nicht entschieden werden.

Propithecus besitzt eine ausgedehnte Glandula nasalis lateralis, die in der Schleimhaut des ganzen Recessus maxillaris gelegen ist. Ihr Ausführungsgang verläuft dicht unter dem Nasoturbinale nach rostral und mündet im Vestibulum nasi, vor dem Vorderende des Nasoturbinale. Die Drüse ist rein serös. Auch in diesem Befund schließt sich *Propithecus* also eng an andere Eutheria (*Dasypus*, *Oryctolagus*, Rodentia BROMAN, REINBACH) an und weicht von den bei höheren Primaten beobachteten Zuständen ab.

Zusammenfassend kann gesagt werden, daß die Befunde am Nasenskelet von *Propithecus*, vor allem in der Ausbildung der Bodenknorpel und in der Formgestaltung der Binnenräume, sich eng an die Befunde makrosmatischer Eutheria anschließen und sich eindeutig in das typische Bauschema einfügen. Rückbildungen sind nachweisbar (Zahl der Ethmoturbinalia), erreichen aber bei weitem nicht die Ausmaße, die von Affen bekannt sind. Die von HENCKEL bei einigen Prosimiae beschriebene unvollkommene Ausbildung des Nasenskeletes bedarf dringend der Nachprüfung, da offenbar nur Stadien untersucht wurden, deren Nasenskelet noch unvollständig war.

f. Visceralskelet (Abb. 6).

Der MECKELsche Knorpel ist in seinem rostralen Bereich bereits resorbiert. Auf dem untersuchten Stadium endet er spitz auslaufend in Höhe von pd 4. Sein aborales Ende geht in typischer Weise in den Malleus über, der im Halsbereich bereits eine ausgedehnte Ersatzossifikation aufweist. Dem hinteren Abschnitt des MECKELschen Knorpels, das zum Proc. anterior mallei wird, liegen zwei Deckknochen, das Tympanicum und das Goniale an (s. S. 188). Incus und Stapes zeigen die typische Gestalt. Sie sind noch rein knorplig.

Der REICHERTsche Knorpel entspringt von der Crista parotica. Dicht hinter ihm tritt der Nervus facialis aus und umschlingt die Knorpelspange an ihrem lateralen Umfang. Im oberen Drittel ist die Hyalbogenspange plattenartig verbreitert (Abb. 3). Das distale Ende des REICHERTschen Knorpels ist als isoliertes Knorpelstück abgegliedert. Auf die Ausbildung eines paarigen, schalenförmigen Tubenknorpels, der keinerlei Verbindung zu anderen Skeletelementen des Chondrocraniums hat, sei hingewiesen (Abb. 3).

g. Deckknochen (Abb. 6, 7).

Entsprechend dem vorgeschrittenen Entwicklungsstadium sind alle Deckknochen recht vollständig entwickelt. Folgende Besonderheiten sollen hervorgehoben sein. Das Interparietale ist nicht abgrenzbar. Da auch nach der Verschmelzung von Interparietale und Supraoccipitale zur Hinterhauptsschuppe die Grenze beider Knochen in der Regel am Schnitt sehr klar zu erkennen bleibt (s. STARCK [1960], Abb. 60), kann damit gerechnet werden, daß das Interparietale bei *Propithecus* fehlt. Das Parietale bildet eine sehr ausgedehnte Knochenplatte, die sich vor allem entsprechend der kugligen Form des Hirnschädels stark in vertikaler Richtung ausdehnt (Abb. 7). Beziehungen zu knorpligen Strukturen bestehen nicht. Unter dem Scheitelbein ist eine breite Lücke gegenüber dem Squamosum und der Ohrkapsel noch offen.

Das Frontale (Abb. 7) ist gleichfalls sehr ausgedehnt und gliedert sich in einen Schuppenteil und eine Pars orbitalis. Der Schuppenteil springt median weit zwischen die Parietalia nach hinten vor. Die Pars orbitalis ist gegen die Squama abgeknickt. Schließlich liegt eine plattenförmige rostrale Partie des Frontale als Pars nasalis auf der Pars posterior der Nasenkapsel (Abb. 2). Die erwähnte Stufenbildung (s. S. 166) zwischen Stirnregion und präcerebralen Nasenskelet fällt

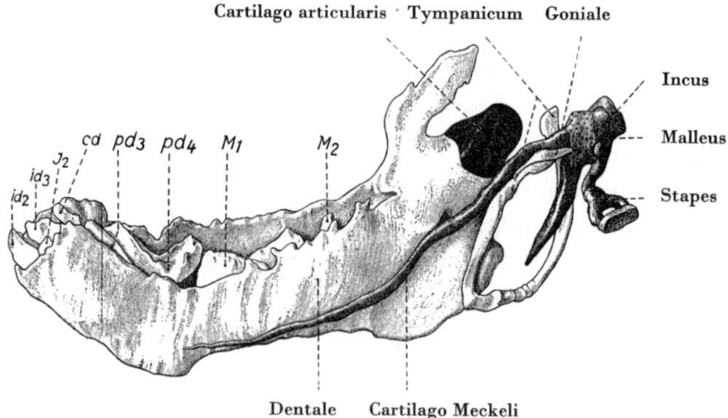

Abb. 6. Modell des rechten Unterkiefers mit MECKELschem Knorpel, Gehörknöchelchen, Tympanicum und Goniale von medial her gesehen. Vergrößerung: 4fach nat. Gr.

mit der Grenze von Pars nasalis und Squama frontalis zusammen. Die Pars orbitalis ist sehr ausgedehnt und bildet neben dem Dach einen beachtlichen Teil der medialen Wand der Augenhöhle (Abb. 7). Im Bereich der Trochlea (Sehne des M. obliquus sup.) ist ein Sekundärknorpel ausgebildet. Die Squama läuft lateral unten in einen kräftigen Proc. postorbitalis aus. Zwischen diesem und der Pars orbitalis findet sich ein tiefer Spalt. Über die Ausdehnung des Os nasale informieren die Abb. 2 und 7. Es steht in Kontakt mit dem Frontale, Maxillare und Praemaxillare.

Das Lacrimale (Abb. 2, 7) liegt der Nasenkapsel seitlich an, und zwar außerhalb der Orbita, besteht also nur aus dem facialen Anteil. Es grenzt von hinten her an den Ductus nasolacrimalis. Das Foramen lacrimale liegt ganz außerhalb der Orbita. Das Tränenbein grenzt an Frontale, Maxillare und Zygomaticum.

Das Zygomaticum besteht aus einem Corpus und drei Fortsätzen. Der sehr lange Proc. infraorbitalis erreicht Kontakt mit dem Lacrimale (Abb. 7). Er bildet die ganze untere Umrandung der Orbita und schließt das Maxillare vom Orbitalrand aus. Der postorbitale Fortsatz ragt gegen den entsprechenden Fortsatz des Os frontale vor, erreicht diesen aber bei dem untersuchten Stadium noch nicht. Dadurch ist der hintere Abschluß der Orbita vorbereitet. Der Proc. zygomaticus ist lang und schmal. Er reicht nach hinten bis an den Vorderrand der Fossa mandibularis.

Der Vomer (Abb. 3, 4) hat im Querschnitt V-Form. Im aboralen Abschnitt ist die Lamina vomeris ausgebildet. Der Knochen erstreckt sich am Unterrand des Nasenseptums über das Gebiet, in dem der Paraseptalknorpel fehlt. Nur am hinteren Rand des Knorpels kommt es zu einer kurzen Überlagerung. Ein Übergreifen des Vomer auf benachbarte Knorpel wurde nicht beobachtet.

Das Os maxillare läßt drei Anteile unterscheiden, von denen sich der eine der seitlichen Nasenwand anlegt und auf eine beträchtliche Strecke bereits einen Bodenteil für die Orbita bildet. In diesem Anteil sind die Alveolen für fünf Oberkieferzähne angelegt. Der zweite Anteil bildet die horizontale Gaumenplatte. Schließlich tritt ein nach lateral gerichteter Fortsatz mit dem Zygomaticum in Verbindung und beteiligt sich an der Jochbogenbildung. Das Maxillare wird durch den Processus infraorbitalis des Zygomaticum vom Unterrand der Orbita abgedrängt (Abb. 7). Der mediale Rand des Proc. palatinus legt sich dem Vomer an (Abb. 3). Der Nervus infraorbitalis liegt in einer tiefen Rinne des Knochens, die noch nicht vollständig zum Kanal ausgeformt ist. Die Beziehungen zum Ductus nasolacrimalis waren im Zusammenhang mit dem Lacrimale besprochen. Im Bereich der Cartilago palatina und der Cartilago ductus nasopalatini zeigt der mediale Rand des Proc. palatinus einen Einschnitt (Abb. 3), der mit dem entsprechenden Einschnitt der Gegenseite das Foramen incisivum umfaßt.

Das Praemaxillare (Abb. 3, 4, 7) ist ringsum frei und mit keinem Nachbarknochen synostotisch verbunden. Es hat Kontakt mit dem Nasale und Maxillare. Neben einem ausgedehnten facialen Anteil (Abb. 7) finden wir also einen Gaumenteil mit medialem und lateralem Fortsatz. Der mediale Fortsatz begrenzt das Foramen incisivum von medial her. Er ist lang und schmal (Abb. 3). Der Alveolarteil trägt die Zahnkeime id2 und id3. Die Verschmelzung mit dem Maxillare scheint im Bereich des lateralen Fortsatzes dicht hinter id3 zu beginnen.

Das Palatinum ist bereits weit entwickelt. Es umrahmt den Ductus nasopharyngeus (Abb. 3). Der Verlauf der Naht gegenüber dem Maxillare ist auf Abb. 3 sichtbar. Ein Foramen palatinum ist vorhanden. Die Pars verticalis ist ausgebildet und umschließt ein Foramen pterygopalatinum (Abb. 4). Sie setzt sich vorne oben in einen Processus orbitalis fort (Abb. 7), der am Abschluß des Orbitalbodens beteiligt ist.

Die Abgrenzung des Pterygoids ist nicht möglich, da der Deckknochen bereits völlig mit dem Proc. pterygoideus alisphenoidei verschmolzen ist.

Das Squamosum (Abb. 7) liegt seitlich der Pars cochlearis der Ohrkapsel und dem Rand des Tegmen tympani auf. Der Vorderrand hat Kontakt mit dem Alisphenoid. Die Schuppe des Squamosum ist in vertikaler Richtung außerordentlich wenig ausgedehnt, so daß noch eine weite sphenoparietale Lücke offen bleibt (Abb. 7). Am Gelenkteil sind die Fossa mandibularis und der Proc. postglenoideus deutlich differenziert. Im Bereich der Gelenkfläche ist ein Sekundärknorpel (Abb. 3) vorhanden. Der Schuppenteil erstreckt sich hinter der Gelenkgrube relativ weit nach occipital und erreicht die Wurzel des REICHERTschen Knorpels (Abb. 3, 7).

Das Tympanicum (Abb. 6) bildet in typischer Weise einen oben nicht vollständig geschlossenen Ring. Das vordere obere Ende ist verbreitert und liegt dem MECKELschen Knorpel im Bereich des Proc. anterior mallei ventral und lateral auf. Von medial her schiebt sich das Goniale eine Strecke weit zwischen MECKELschen Knorpel und Tympanicum ein.

Das Dentale zeigt bereits die kennzeichnenden Merkmale. Corpus, Alveolarfortsatz, Angulus, Proc. coronoideus und Proc. articularis sind ausgebildet. Der Winkelfortsatz springt nach hinten vor. Ausgedehnte Sekundärknorpel (Cartilago articularis, Abb. 6) sind im Gelenkfortsatz zu sehen. Die Alveolarsepten sind schwach angedeutet. Am deutlichsten ist das Septum zwischen id3 und cd ausgebildet. Die Alveolarsepten zwischen pd4 und M1 sowie zwischen M1 und M2 sind erst in Form kurzer Knochensporne nachweisbar.

Propithecus besitzt ein relativ ausgedehntes, selbständiges Goniale (Abb. 6). Es liegt dem MECKELschen Knorpel im Bereich des Collum mallei an, und zwar ventral und medial. Das vordere, obere verbreiterte Ende des Tympanicum legt sich von unten an das Vorderstück des Goniale an und schiebt sich lateral auf den MECKELschen Knorpel vor. Für Goniale und Tympanicum ist die Entstehung als Deckknochen auf dem MECKELschen Knorpel noch sehr klar erkennbar. Das Goniale wird bei dem untersuchten Stadium nicht von der Chorda tympani durchbohrt. Diese bleibt während ihres ganzen Verlaufes medial des Knochens.

Die Frage der Homologie des Goniale bedarf erneuter Diskussion, nachdem OLSON [1944] die von GAUPP [1909, 1911, 1913]) begründete Auffassung abgelehnt hat. Die Tatsache, daß der Processus anterior (FOLII) des Hammers der Säugetiere als Deckknochen auf dem MECKELschen Knorpel entsteht, ist lange bekannt. Damit ergab sich die Frage, welchem der Deckknochen auf dem hinteren Ende des

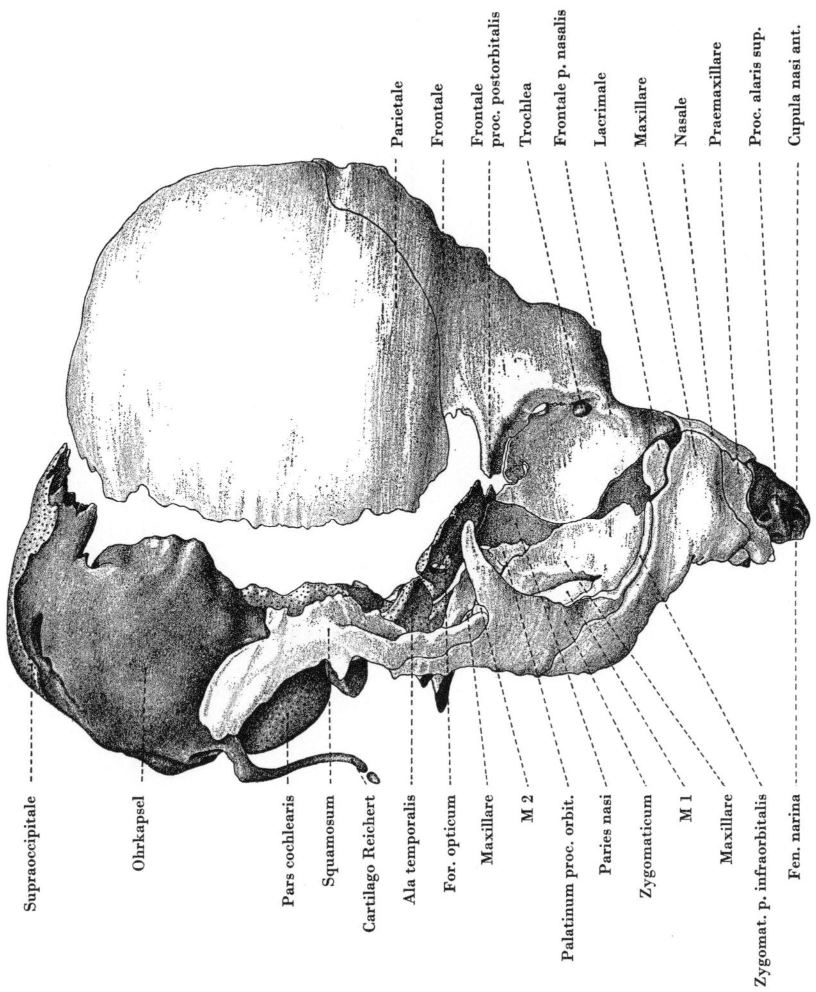

Abb. 7. Gleiches Modell wie Abb. 2.4, mit Darstellung der Deckknochen, von rechts her gesehen. Vergr. 4fach.

primären Unterkiefers der Nichtsäuger dieser Deckknochen am Hammer homolog ist. Der MECKELsche Knorpel der Reptilien verknöchert an seinem Gelenkteil durch Ersatzknochenbildung (Articulare). In der Regel kommen sechs Deckknochen bei Reptilien vor. Da die Nomenklatur nicht einheitlich ist, sei kurz eine Synonymenliste gegeben (s. Tabelle).

Gebräuchliche Terminologie GAUPP [1908–13] VERSLUYS [1936]	ROMER [1956]	GAUPP [1905] FUCHS [1931]	KINGSLEY [1905]	WILLISTON [1903] v. HUENE [1910]	OSAWA [1897]	BAUR [1896]	OWEN [1866]	CUVIER [1835/37]
Dentale	Dentary	Dentale	Dentale			Dentale		Dentaire
Spleniale	Splenial	Spleniale				Angulare (Chelonia) Präspleniale (Lacertilia, Crocodilia)	Splenial	Operculaire
Goniale	Prearticular	Postoperculare	Dermaticulare	Prä-articulare	Prä-operculare	Präspleniale (Chelonia)	–	–
Angulare	Angular	Angulare	Angulare			Spleniale (= Operculare)		Angulaire
Supraangulare	Surangular	Supraangulare	Supraangulare					Surangulaire
Complementare	Coronoid	Complementare					Coronoid	Complementaire (Coronoidien)

Während die Nomenklatur von GAUPP im vergleichend-anatomischen Schrifttum gebräuchlich ist, hat sich im paläontologischen Schrifttum die von WILLISTON eingeführte Bezeichnung Präarticulare für den von BAUR bei Schildkröten erstmals benannten Knochen der Reptilien erhalten (v. HUENE [1910], ROMER [1956]). OLSON [1944] behält für Reptilien die Bezeichnung Präarticulare bei und verwendet die Bezeichnung Goniale für den Deckknochen auf dem Proc. anterior mallei der Säuger, da er die Homologie beider Knochen bezweifelt.

Zur Homologie der Deckknochen am primären Unterkiefer der Amphibien, Reptilien und Säuger ist folgendes zu sagen. Der am Unterkiefer der Amphibien als Angulare bezeichnete Deckknochen ist nicht dem gleichnamigen Knochen der Reptilien homolog, sondern entspricht dem Goniale (= Präarticulare) der Reptilien (GAUPP). Unglücklicherweise werden also zwei nicht homologe Skeletelemente mit dem Namen Angulare versehen. Wir folgen GAUPP und behalten die Bezeichnung Angulare für den Deckknochen der Reptilien bei. Das echte Angulare (Reptilienangulare) kommt bei einigen Amphibien vor (Stegocephalen, *Cryptobranchus*, *Menopoma*, *Hynobius*, *Onychodactylus*, *Hypogeophis*, s. STADTMÜLLER [1936]). Es fehlt bei Anura.

Das Tympanicum der Säugetiere wurde von VAN KAMPEN [1904] mit dem Supraangulare der Reptilien homologisiert. Diese Meinung hat der gleiche Autor revidiert und die Homologie des Tympanicum der Säuger mit dem Angulare [1905] zureichend begründet. Diese Auffassung wurde allgemein akzeptiert (GAUPP [1909, 1911, 1913], OLSON [1944]).

Den Deckknochen auf dem Proc. anterior mallei der Säuger hielten KÖLLIKER [1879] und mit ihm GAUPP [1899] für das Angulare der Nichtsäuger. GAUPP hat seit 1905 in zahlreichen Publikationen die Homologie dieses Deckknochens mit dem Präarticulare (= Goniale) der Nichtsäuger nachgewiesen. Diese Meinung gilt seither als gesichert.

GAUPP stützt seine Homologisierung der fraglichen Deckknochen der Säuger und Nichtsäuger auf folgende Befunde:

1. Das Goniale (= Präarticulare) der Säuger liegt dem Gelenkende des MECKELschen Knorpels ventral-medial an. Die mediale Lage ist bei *Tachyglossus* und *Oryctolagus* sehr deutlich. (Wir können unseren Befund an *Propithecus* hinzufügen).

2. Das Goniale der Säuger wie der entsprechende Deckknochen (Goniale-Präarticulare) der Reptilien zeigen die Tendenz, mit dem

Ersatzknochen im Gelenkende des Meckelschen Knorpels, dem Articulare, zu einem Mischknochen, dem Gonioarticulare, zu verschmelzen.

3. Die topographischen Relationen der Chorda tympani zum Goniale der Säuger und dem homologen Element der Reptilien sind die gleichen.

Olson [1944] hat in seiner verdienstvollen Arbeit die craniale Morphologie der Therapsiden mit modernen Methoden (Serienschliffe) untersucht und kommt in der uns hier interessierenden Frage zu einer, von Gaupps Auffassung abweichenden Deutung. Olson nimmt an, daß die Säugetiere keinen Knochen besitzen, der dem Präarticulare der Therapsiden homolog ist. Das Goniale der Säuger (Gaupp) soll dem Körperanteil des Angulare homolog sein. Diese Auffassung begründet Olson in folgender Weise: Das Präarticulare der Therapsiden liegt stets ventral und medial vom Meckelschen Knorpel. Das Goniale der Säuger soll aber im wesentlichen lateral vom Meckelschen Knorpel liegen. Diese Angabe stützt sich auf Befunde an *Didelphys* und *Mus norvegicus*, ohne daß das umfangreiche Schrifttum über das Chondrocranium und Osteocranium rezenter Säuger zu Rate gezogen wird. Olson nimmt ferner an, Gaupp würde seine Homologiedeutung auf die Tatsache gründen, daß bei Säugern das Goniale von der Chorda tympani durchbohrt wird. Dies sei bei Therapsiden nie der Fall. Nun hat aber bereits Gaupp festgestellt, daß das Goniale nur bei einigen Säugern von der Chorda tympani durchbohrt wird (*Tenrec*, *Echinosorex*, *Erinaceus*, *Tolypeutes*, *Dasypus*, *Mus*, *Oryctolagus*, *Didelphys*, *Dasyurus*, *Perameles*, *Ornithorhynchus*). In vielen Fällen durchbohrt die Chorda tympani nicht das Goniale (*Rousettus*, *Manis*, *Propithecus*, *Pan*, *Homo*). Für beide Fälle lassen sich weitere Beispiele anführen. Zu beachten bleibt, daß der Einzelbefund wenig aussagt und altersmäßige oder individuelle Variationen vorkommen dürften. Auch bei Amphibien ist das Goniale in vielen Fällen durchbohrt, in anderen Fällen nicht (Beispiele bei Gaupp [1911]).

Olson weist nun weiter darauf hin, daß bei Didelphys die Chorda tympani durch ein Foramen im Tympanicum tritt. Die Möglichkeit, daß das Goniale gelegentlich mit dem Tympanicum verschmelzen kann, wird von de Beer [1937] angegeben (*Ornithorhynchus*, *Tachyglossus*, *Erinaceus*, *Pteropus*, *Halicore*, viele Myomorpha, Cetacea). Gaupp selbst hat bereits Angaben zusammengestellt [1911, 1913], nach denen gelegentlich die Chorda tympani bei Säugern durch ein Foramen im knorplig präformierten Teil des Malleus verläuft (*Canis vulpes*, *Herpestes*, *Glis*, *Muscardinus*, Odontoceti). Das gleiche wird für Vögel angegeben; nach GAUPP verläuft die Chorda der Vögel durch einen Kanal im Articulare, eine Angabe, die kürzlich von MÜLLER [1962, im Druck]) für *Rhea* bestätigt wurde. OLSON unterbaut seine Annahme durch die Feststellung, daß das Goniale der Säuger unmittelbar medial des Tympanicum läge, während ein «Präarticulare» medial des MECKELschen Knorpels liegen und durch diesen vom Tympanicum getrennt sein müßte.

Zu den Überlegungen von OLSON ist folgendes zu bemerken. OLSON übersieht, daß in Wahrheit das Goniale der Säuger primär medial des MECKELschen Knorpels liegt und immer hier entsteht. Eine große Anzahl von Publikationen über das Chondrocranium (VOIT, REINBACH, FRICK, STARCK) haben diesen Befund von GAUPP bestätigt. Die Tatsache, daß das Goniale sich nach lateral ausdehnen kann, war GAUPP bereits bekannt. Er hat diese Tatsache für *Perameles*, *Didelphys*, und *Dasyurus* hervorgehoben. Gleichzeitig macht GAUPP aber auch darauf aufmerksam, daß das Reptilien-Präarticulare in nicht wenigen Fällen, so zum Beispiel bei *Lacerta*, recht weit lateral am MECKELschen Knorpel heraufreichen kann. Tatsächlich sind also die primären Lagebeziehungen des Säuger-Goniale und des Reptilien-Präarticulare zum MECKELschen Knorpel die gleichen. Dieses Argument ist für uns wesentlich. Die Angabe von OLSON, daß das Säuger-Goniale in der Regel lateral zum MECKELschen Knorpel liegt, berücksichtigt nicht das umfangreiche vorliegende Befundmaterial an Frühstadien von Säugern aus nahezu allen Ordnungen und verallgemeinert Befunde an zwei Spezialformen. Die Möglichkeit sekundärer Veränderungen in älteren Entwicklungsstadien wird nicht in Erwägung gezogen. Das zweite Argument von GAUPP, daß sowohl das Goniale (= Präarticulare) der Reptilien als auch das Goniale der Säuger die Neigung haben, mit dem Articulare zur Bildung eines Mischknochens zu verschmelzen, wird von OLSON nicht diskutiert.

Gewiß dürfte diesem Argument für sich allein keine große Bedeutung zukommen. Zusammen mit den übrigen Beweisen kommt ihm aber doch eine gewisse Beweiskraft zu, zumal diese Verschmelzungstendenz nicht in einem Einzelfall beobachtet wird, sondern in allen verglichenen Gruppen immer wieder mit auffallender Konstanz auftritt.

Schließlich muß die Frage der Topographie der Chorda tympani in Beziehung zu den Skeletelementen erörtert werden. In diesem Punkt scheint OLSON die Arbeiten von GAUPP gründlich mißverstanden zu haben. Wenn OLSON schreibt «The fundamental feature in the consideration of the chorda tympani is the position of this nerve medial to Meckel's cartilage», und weiter «The relationship of the chorda tympani to structures other than Meckel's cartilage is not constant» (s. S. 59), so sagt er nichts anderes als GAUPP. Die Durchbohrung des Goniale durch die Chorda tympani ist nämlich von GAUPP nie als entscheidendes Beweismittel gewertet worden. GAUPP hat selbst vielfach darauf hingewiesen, «daß Beziehungen zwischen Nerven und Skeletteilen variabel sind» (1911, S. 120), und daß nicht der Nervendurchtritt durch den Knochen, sondern die Lagebeziehung zwischen Chorda tympani und MECKELschem Knorpel entscheidend sei (s. S. 121). GAUPP gibt auch Hinweise, die das variable Verhalten der Säuger in diesem Punkt erklären können. Der Einschluß der Chorda tympani kommt nämlich dadurch zustande, daß sich durch angelagerte Knochenlamellen sekundär eine Knochenhülle um den Nerven bildet, der in jedem Fall seine typischen Lagebeziehungen behält. Für diesen Entwicklungsmodus finden sich in den Arbeiten von GAUPP zahlreiche Beispiele.

Zusammenfassend kann also gesagt werden, daß die Homologisierung der Deckknochen am hinteren Ende des MECKELschen Knorpels nach der Deutung von OLSON nicht überzeugt. Das gesamte vorliegende Tatsachenmaterial aus der Morphologie und Entwicklungsgeschichte des Craniums der rezenten Wirbeltiere, in das sich unsere Befunde an *Propithecus* wie an zahlreichen anderen Eutheria (STARCK [1941–1960], FRICK [1954], REINHARD [1958], SCHNEIDER [1955]) gut einfügen, wird von OLSON nicht berücksichtigt. Diese Befunde stehen am besten mit der Deutung von GAUPP in Einklang. Eine vollständige Klärung vergleichend-morphologischer Fragen kann nur durch gleichmäßige Berücksichtigung der Argumente aus der Paläontologie und der Morphologie rezenter Arten gelingen.

h. Gebiß (Abb. 3, 6).

Im Oberkiefer (Abb. 3) unseres *Propithecus*stadiums sind sieben Zahnanlagen verkalkt. Das Prämaxillare enthält die Keime der beiden Milchschneidezähne (id2, id3). Der mediale Incisivus (id2) ist gut doppelt so groß wie der seitliche und hat Meißelform, während id3 stiftförmig ist. Der Eckzahn (cd) ist einhöckrig und hat etwa die Ausmaße des id2. Zwei Milchprämolaren (pd3 = md3 und pd4 = md4) sind angelegt. Der zweite Milchprämolar, der bei *Indri* in der

Regel angelegt wird und gelegentlich im Ersatzgebiß persistiert (FRIANT, REMANE), fehlt bei *Propithecus*, wie bereits BENNEJEANT [1935] und REMANE [1960] feststellen. Er hat bei *Indri* keinen Nachfolger im Ersatzgebiß. pd3 hat einen buccalen Höcker. pd4 ist bedeutend stärker ausgebildet als pd3. Er hat dreieckigen Umriß und zwei äußere und einen inneren Höcker. Der erste definitive Molar (M1) ist der stärkste Zahn im Oberkiefer. Er hat viereckigen Umriß und vier Haupthöcker. M2 ist kleiner als M1, viereckig im Umriß und läßt zwei Außenhöcker erkennen.

Das Unterkiefergebiß besteht aus acht Zähnen. id2 ist kegelförmig, id 3 ist stärker als der mittlere Schneidezahn. Der Keim des medialen Ersatzschneidezahns ist bereits angelegt. Ein sehr kleiner cd ist vorhanden. Er hat bei Indriidae keinen Ersatznachfolger. pd2 und pd4 sind in der für Indriidae typischen Weise angelegt. pd3 kommt bei *Indri* vor, hat aber keinen Ersatznachfolger. Er fehlt unserem *Propithecus*keim auch in der Anlage. M1 ist der kräftigste Zahn im Unterkiefer. Er hat vier Höcker. Die äußeren Höcker sind höher als die inneren. M2 ist distal verschmälert und besitzt gleichfalls vier Höcker. Die vorderen und die hinteren Höcker sind jeweils durch eine Querleiste verbunden. Die Zahnformel des Milchgebisses von *Propithecus* lautet: id2 id3 cd pd3 pd4
id2 id3 cd pd2 pd4

LITERATUR

AUGIER, M.: Squelette céphalique, in: POIRIER, P. et CHARPY, A.: Traité d'anatomie humaine, vol. I. (Masson, Paris 1931).

BÄHLER, H.: Das Primordialcranium des Halbaffen *Microcebus murinus*. Med. Diss. Auszug (Bern 1938).

BEER, G. R., DE: The development of the vertebrate skull (Oxford 1937).

BENNEJEANT, CH.: Les dentures temporaires des Primates. Bull. Mém. Soc. Anthrop. Paris s. *10*: 4 (1935).

BIEGERT, J.: Der Formwandel des Primatenschädels und seine Beziehungen zur ontogenetischen Entwicklung und den phylogenetischen Spezialisationen der Kopforgane. Morph. Jb. *98*: 77–199 (1957).

DELATTRE, A.: Du crâne animal au crâne humain (Paris 1951).

ELOFF, F. CH.: On the organ of Jacobson and the nasal floor cartilages in the chondrocranium of *Galago senegalensis*. Proc. zool. soc. Lond. *121*: 651–655 (1951).

FREI, H.: Das Primordialcranium eines Fetus von *Avahis laniger*. Med. Diss. Auszug (Bern 1938).

FRIANT, M.: Description et interprétation de la dentition d'un jeune Indris. C. R. Ass. Anat., 30e réunion, pp. 205–213 (1935).

FRICK, H.: Über die Aufteilung des Foramen perilymphaticum in der Ontogenese der Säuger. Z. Anat. *116*: 523–551 (1952). – Über die Entwicklung der Schneckenfensternische (Fossula fenestrae rotundae) beim Menschen. Arch. Ohr.–Nas-KehlkHeilk. *162*: 520–534 (1953). – Die Entwicklung und Morphologie des Chondrocraniums von *Myotis* KAUP. pp. 1–102 (Thieme, Stuttgart 1954).

GAUPP, E.: Die Entwicklung des Kopfskelettes. Hb. vergl. exp. Entwicklungslehre der Wirbeltiere (ed. HERTWIG). Vol. 3/2 (Fischer, Jena 1906). – Beiträge zur Kenntnis des Unterkiefers der Wirbeltiere I–III. Anat. Anz. *39*: 97–135, 433–473 und 609–666 (1911). – Die Reichertsche Theorie. Arch. Anat. EntwGesch. *1912*: Suppl. 1.416 (1913).

HENCKEL, K. O.: Studien über das Primordialcranium und die Stammesgeschichte der Primaten. Morph. Jb. *59*: 105–178 (1928). – Das Primordialcranium von *Tupaia* und der Ursprung der Primaten. Z. Anat. *86*: 204–227 (1928).

HOFER, H.: Der Gestaltwandel des Schädels der Säuger und Vögel, nebst Bemerkungen über die Schädelbasis. Verh. Anat. Ges. 50 (Marburg 1952). – Zur Kenntnis der Kyphosen des Primatenschädels. Verh. Anat. Ges. Freiburg 54–76 (1957).

KUMMER, B. und NEISS, S.: Das Cranium eines 103 mm langen Embryos des südlichen See-Elefanten (*Mirounga leonina L.*) Morph. Jb. *98*: 288–346 (1957).

OLSON, E. C.: Origin of mammals based upon cranial morphology of the Therapsid suborders. Geol. Soc. Ameri. spec. papers *55* (1944).

RAMASWAMI, L. S.: The development of the skull in the slender Loris, *Loris tardigradus lydekkerianus* CABR. Acta zool. *38*: 27–68 (1957).

REINBACH, W.: Zur Entwicklung des Primordialcraniums von *Dasypus novemcinctus* LINNE (*Tatusia novemcincta* LESSON) I, II. Z. Morph. Anthrop. *44*: 375–444 (1952) und *45*: 1–72 (1952).

REINHARD, W.: Das Cranium eines 33 mm langen Embryos des Mantelpavians *Papio hamadryas*. L. Z. Anat. *120*: 427–455 (1958).

REMANE, A.: Zähne und Gebiß, Primatologia vol. III, 2, pp. 637–846 (Karger, Basel/New York 1960).

ROMER, A. S.: Osteology of Reptiles (Chicago 1956).

ROUX, G.: The cranial development of certain ethiopian "Insectivores" and its bearing on the mutual affinities of the group. Acta zool. *28*: 165–397 (1947).

SCHNEIDER, R.: Zur Entwicklung des Chondrocraniums der Gattung «*Bradypus*». Morph. Jb. *95*: 210–301 (1955).

STARCK, D.: Zur Morphologie des Primordialcraniums von *Manis javanica* DESM. Morph. Jb. *86*: 1–122 (1941). – Ein Beitrag zur Kenntnis der Morphologie und Entwicklungsgeschichte des Chiropterencraniums. Z. Anat. *112*: 588–633 (1943). – Morphologische Untersuchungen am Kopf der Säugetiere, besonders der Prosimier, ein Beitrag zum Problem des Formwandels des Säugetierschädels. Z. wiss. Zool. *157*: 169–219 (1953). – Crâne des Mammifères. Traité de Zoologie (GRASSÉ). (Masson, Paris). Im Druck. – Das Cranium eines Schimpansenfetus (*Pan troglodytes* BLUMENBACH [1799]) von 71 mm SchStlge. Morph. Jb. *100*: 559–647 (1960).

STURM, H.: Die Entwicklung des praecerebralen Nasenskelettes beim Schwein (*Sus scorfa domestica*) und beim Rind (*Bos taurus*). Z. wiss. Zool. *149*: 161–220 (1936).

VERSLUYS, J.: Kranium und Visceralskelett der Sauropsiden 1. Reptilien. Handbuch vergl. Anat. Wirbeltiere (BOLK, GÖPPERT, KALLIUS, LUBOSCH) vol. 4, pp. 699 bis 808 (Urban und Schwarzenberg, Berlin/Wien 1936).

VOIT, M.: Das Primordialcranium des Kaninchens. Anat. Hefte *38*: 1–192 (1909).

Bibl. primat. vol. 1, pp. 197–216 (Karger, Basel/New York 1962)

Department of Anatomy, The Johns Hopkins University, Baltimore, Maryland

THE MYLOHYOID GROOVE IN PRIMATES[1]

By WILLIAM L. STRAUS, Jr.

1. Introduction

This study deals with the relationship between the sulcus mylohyoideus (mylohyoid groove) and the foramen mandibulare (mandibular or inferior dental foramen) in the order Primates. This particular topographical feature seems to have received its first serious anthropological consideration in connection with the diagnosis of the notorious Piltdown jaw and subsequently was employed in the analysis of hominid mandibles recovered from australopithecine-bearing deposits. Most students seem to have assumed that the groove-foramen relationship is an essentially constant one within a given primate genus (e. g. UNDERWOOD [1913]). It became apparent to me some years ago, however, that this character may exhibit a considerable degree of intrageneric variability; so that, lacking knowledge of the normal range of variability within the various genera of primates, it is impossible to assess the phylogenetic significance of the groove-foramen relationship in any single fossil specimen. This study is an attempt to provide the requisite basic data.

The mylohyoid groove is situated on the inner surface of the ramus of the mandible, running downward and forward to fade away in the submandibular fossa. It contains the mylohyoid nerve (which supplies the mylohyoid and anterior digastric muscles) and the accompanying vessels. These are given off, respectively, from the inferior alveolar branch of the trigeminal nerve and from the inferior alveolar artery and vein before the parent structures pass through

[1] This study was supported by grants G-1760 and G-3272 from the National Science Foundation.

the mandibular foramen to enter the mandibular canal. In man, the mylohyoid groove typically begins at the lower margin or base of the mandibular foramen, with which it is thus continuous. Just rostral to its beginning is a small, thin projection of bone, the lingula mandibulae, which overlaps the foramen anteriorly, and to which is attached the sphenomandibular ligament. In some primate genera, however, the groove is typically divorced from the foramen. This has led, in consequence, to the designation of these two arrangements as "human" and "simian", respectively (as by KEITH [1925]). The impropriety of these designations, however, will be demonstrated below.

2. Material

I have studied a series of 979 mandibles (comprising 1915 half-mandibles) belonging to 40 extant genera of Primates:[1]

Prosimians. *Tupaia* (common tree-shrew), 15 (adult); *Urogale* (Philippine tree-shrew), 3 (adult); *Ptilocercus* (pen-tailed tree-shrew), 3 (adult); *Lemur* (common lemur), 16 (adult); *Hapalemur* (gentle lemur), 4 (adult); *Avahi* (woolly lemur), 1 (adult); *Propithecus* (sifaka), 11 (adult); *Indri* (indris), 1 (adult); *Daubentonia* (aye-aye), 1 (adult); *Loris* (slender loris), 4 (3 adult, 1 juvenile); *Nycticebus* (slow loris), 5 (adult); *Perodicticus* (potto), 7 (adult); *Galago* (bush baby), 10 (adult); *Tarsius* (tarsier), 16 (adult).

New World (platyrrhine) monkeys (= Ceboidea: Callithricidae and Cebidae). *Leontocebus* (tamarin), 5 (adult); *Callithrix* (marmoset), 9 (adult); *Lagothrix* (woolly monkey), 11 (6 adult, 2 juvenile, 3 infant); *Ateles* (spider monkey), 21 (16 adult, 3 juvenile, 2 infant); *Cebus* (capuchin), 22 (17 adult, 4 juvenile, 1 infant); *Saimiri* (squirrel monkey), 16 (14 adult, 2 juvenile); *Alouatta* (howler), 26 (22 adult, 3 juvenile, 1 infant); *Cacajao* (uakari), 1 (adult); *Pithecia* (saki), 3 (adult); *Callicebus* (titi), 3 (adult); *Aotes* (douroucouli), 17 (15 adult, 2 juvenile).

Old World (catarrhine) monkeys (= Cercopithecoidea: Cercopithecidae). *Macaca* (macaque), 35 (21 adult, 12 juvenile, 2 infant); *Cynopithecus* (black ape), 4 (adult); *Papio* (baboon), 55 (41 adult, 11 juvenile, 3 infant); *Theropithecus* (gelada), 9 (4 adult, 5 juvenile); *Cercocebus* (mangabey), 10 (9 adult, 1 juvenile); *Cercopithecus* (guenon), 23 (15 adult, 4 juvenile, 4 infant); *Presbytis* (langur), 10 (9 adult, 1 juvenile); *Nasalis* (proboscis monkey), 6 (adult); *Colobus* (guereza), 16 (adult).

Anthropoid apes (= Hominoidea: Hylobatidae and Pongidae). Hylobatidae: *Hylobates* (gibbon), 59 (47 adult, 9 juvenile, 3 infant); *Symphalangus* (siamang), 12 (11 adult, 1 juvenile). Pongidae: *Pongo* (orang-utan), 115 (71 adult, 35 juvenile, 9 infant); *Pan* (chimpanzee), 134 (63 adult, 56 juvenile, 15 infant); *Gorilla* (gorilla), 99 (84 adult, 10 juvenile, 5 infant).

---

[1] The classification of FIEDLER [1956] has been employed.

Man (= Hominoidea: Hominidae). 161 [155 adult: White (U.S.) 27, Negro (U.S.) 25, Eskimo (Point Hope, Alaska) 81, Buriat (Siberia) 1, Delaware Indian 1, aboriginal Australian 20; 5 juvenile: Negro (U.S.) 2, race unknown 3; 1 infant: White (U.S.)].

Of these mandibles, 555 (103 men, 167 anthropoid apes, 83 Old World monkeys, 105 New World monkeys, 97 prosimians) are the property of the United States National Museum, Washington, D.C.; 222 (53 men, 73 anthropoid apes, 69 Old World monkeys, 27 New World monkeys) belong to the Todd-Hamann collection of Cleveland, Ohio (the human material is in the Department of Anatomy, Western Reserve University, the non-human material in the Cleveland Museum of Natural History); 152 (all anthropoid apes) are from the collection of Prof. ADOLPH H. SCHULTZ (formerly housed in the Department of Anatomy, The Johns Hopkins University, Baltimore, Maryland, and now in the Anthropologisches Institut, University of Zurich, Switzerland); 12 (all chimpanzees) belong to Prof. A. J. E. CAVE, St. Bartholomew's Hospital Medical School, London; 11 (8 anthropoid apes, 3 Old World monkeys) are from the University of Kentucky; 8 (3 men, 4 anthropoid apes, 1 Old World monkey) are the property of Dr. E. B. RUTH, The Johns Hopkins University School of Medicine; and 19 (2 men, 3 anthropoid apes, 12 Old World monkeys, 2 New World monkeys) are in the collection of the writer. I am indebted to Dr. DAVID H. JOHNSON, Dr. T. D. STEWART, the late Dr. NORMAND L. HOERR, Mr. WILLIAM E. SCHEELE, Prof. ADOLPH H. SCHULTZ, Prof. A. J. E. CAVE, Prof. CHARLES E. SNOW, and Dr. E. B. RUTH for the opportunity of studying this material.

The specimens are grouped under three headings—"adult," "juvenile," "infant"—on the basis of the dentition, using the criteria of SCHULTZ [1940]. Some of this material was referred to in an earlier paper dealing with the mandible of *Telanthropus* (STRAUS [1950]). In that paper, specimens with completely erupted dentition except for third molars were treated as "adult"; these are now classified, following SCHULTZ, as "juvenile".

3. Methods

Earlier writers (WOODWARD [1922], KEITH [1925], FRIEDERICHS [1932]) have stated or implied that there are only two distinct types of mylohyoid grooves in primates—more particularly in the Hominoidea: (1) The type in which there is direct continuity with the mandibular foramen, which KEITH has called the "human" type (my type "1"; see fig. 1, "1 A" and "1 B"); and (2) the type that is clearly separated from the foramen (so that there is no continuity between the two structures), which KEITH has termed "simian" (my type "3"; see fig. 1, "3 A" and "3 B"). It is quite evident, however, in the material which I have studied, that there frequently is a third or "intermediate" type in which the groove courses adjacent to the dorsal margin of the foramen, with little or no space intervening (my type "2"; see fig. 1, "2 A" and "2 B"). In some mandibles, this sort of groove is closer to type "1" in that it is partly continuous with the mandibular foramen in the middle part of its course (fig. 1, "2 B"), whereas in other mandibles it is more nearly allied to type "3" in that it exhibits no connection with the foramen (fig. 1, "2 A"). Finally, some specimens exhibit no groove at all; these are grouped together under type "0" (fig. 1, "0").

KEITH [1925] maintained that "the vascular groove is often separated from the one for the nerve." In my experience, however, the presence of two completely separate grooves is most exceptional. I have noted this condition only twice: In a "1 A" half-mandible of an adult *Macaca irus*, in which there are two widely separated grooves taking parallel courses; and in a "2 B" half-mandible of an adult *Alouatta caraya*, in which there are two distinct and independent grooves running side by side. The more common sort of "double" groove actually is a single one longitudinally divided in part or in entirety by a bony ridge.

The mandibles were studied under good illumination, using a magnifying glass. In some specimens, the mylohyoid groove is immediately apparent and readily classified; in others, it is necessary to employ illumination at various angles before diagnosis can be made. Particular care must be taken in studying small mandibles, such as those of the smaller New World monkeys and prosimians. Prolonged and careful examination is indicated before a specimen can be classified as belonging to type "0".

4. The Adult Primate Mylohyoid Groove

Prosimians. The mandibles of all 14 genera of prosimians studied normally have no visible mylohyoid groove. Hence type "0" is characteristic of this primate suborder. When a groove is present, it usually is continuous with the mandibular foramen, thus of type "1"; yet both other types, "2" and "3", do occur. The sole exception to this rule, in so far as my limited material permits definite conclusions, is *Propithecus*, in which the type "3" groove appears to predominate; yet in the sifaka also absence of the groove is the rule. When a type "1" groove is present, it nearly always arises from the base of the foramen ("1 A"). When the groove is type "3", it almost invariably is widely separated from the foramen for its entire extent

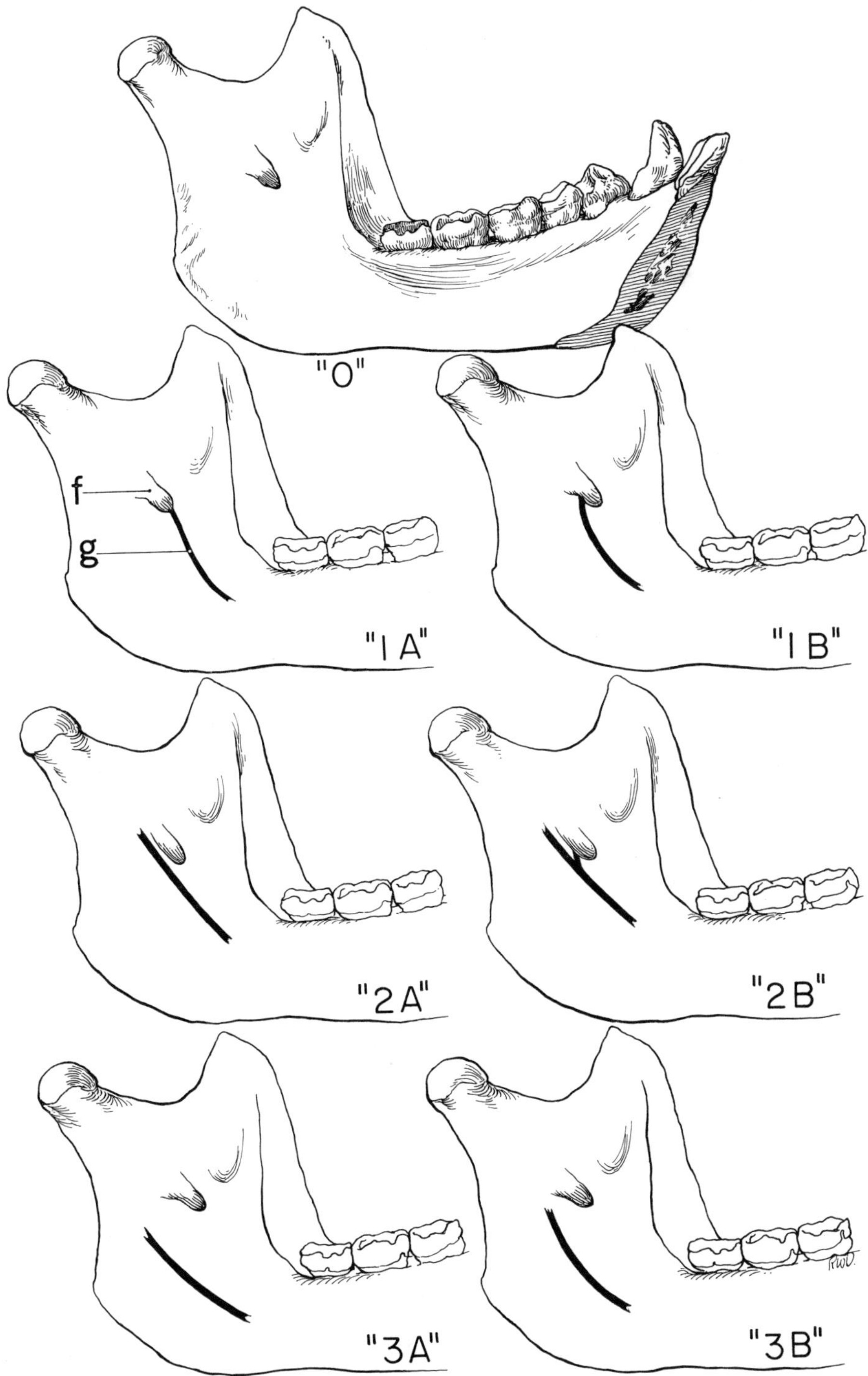

Fig. 1. Inner surface of mandible of adult male orang-utan, showing types of mylohyoid groove found in Primates. f = mandibular foramen; g = mylohyoid groove.

("3 A"). All of the few type "2" cases show no connection with the foramen ("2 A").

The lorisine lemurs clearly are in default of the groove more frequently than are the lemurine lemurs, tree-shrews, and tarsiers (table 1), *Galago* being the only lorisine in which a groove is not a rare occurrence. Contrariwise, some sort of groove has been found in individual specimens of all lemuriform, tupaiiform, and tarsiiform genera, excepting only *Avahi*, for which but a single mandible was available for study.

A lingula is present in one half-mandible of *Hapalemur*.

New World monkeys. Respecting the groove-foramen relationship, the platyrrhine monkeys are extremely variable, both intragenerically and intergenerically. The type "3" arrangement is characteristic of the family Callithricidae (*Callithrix*, *Leontocebus*); however, each of the other types also occurs. In the family Cebidae, type "1" is normal for *Alouatta* alone; type "2" for *Ateles*, *Cebus*, and *Cacajao* (presumably); type "3" for *Callicebus* and *Aotes*; whereas in *Lagothrix*, *Saimiri*, and *Pithecia* a groove is normally lacking (type "0"). When a groove is present in *Lagothrix* it usually is type "2", whereas type "3" in *Saimiri* and *Pithecia*.

Origin of the groove from the base of the foramen ("1 A") and from its outer wall ("1 B") occur in about equal frequency. In type "3", the groove normally lies far away from the foramen for its whole course ("3 A", in about two-thirds of the cases), rather than approaching it dorsally ("3 B", in about one-third). In type "2", the groove rarely shows any continuity with the foramen; partial continuity ("2 B") occurs only in 3 *Alouatta*[1] and 1 *Cebus*.

PIVETEAU [1957], without going into details, indicated that a mylohyoid groove lying behind the mandibular foramen is the usual platyrrhine condition.

A lingula is quite exceptional in platyrrhines, although not singularly rare in *Ateles* (found in 12.5%, or 4/32). I also have records of its presence in single specimens of both *Alouatta* and *Callithrix*.

In one *Callithrix* and one *Alouatta* (unilaterally in both) the most proximal part of the mylohyoid groove is covered by a bony bridge, so that the groove emerges from a foramen at the end of a tunnel prolonged anteriorly from the mandibular foramen itself. Both of these mandibles belong to the "1" category.

---

[1] Also found in 1 *Alouatta* infant.

Old World monkeys. Type "1" is the rule, except in *Cercopithecus* and *Nasalis*, both of which are characterized by type "2". The latter class of groove is more frequent in the subfamily Colobinae (*Colobus*, *Presbytis*, *Nasalis*) than in the subfamily Cercopithecinae (all other genera studied). Type "3" is relatively rare; indeed, it has not been found in either *Macaca* or *Cynopithecus*. Complete absence of a groove ("0") is a much rarer occurrence than in New World monkeys and prosimians. The type "1" groove almost invariably arises from the base of the foramen ("1 A"); *Colobus* alone exhibits the "1 B" subdivision in a high frequency (in 8/17). In type "3", the groove lies far removed from the foramen ("3 A") except in a single half-mandible of *Nasalis* ("3 B"). Grooves of type "2" occasionally possess minor connection with the foramen ("2 B") (in 4 *Nasalis*, 2 *Presbytis*, 2 *Cercocebus*, 1 *Papio*).

My observations thus agree with those of KEITH [1925], who stated that "in monkeys the human form (of groove, i. e. type "1") is the rule" (assuming that by "monkeys" he was referring to those of the Old World).

A lingula may occur, yet apparently infrequently. I have records of its presence in *Papio*, *Cercopithecus*, and *Nasalis*.[1] According to PIVETEAU [1957], however, catarrhine monkeys often exhibit a lingula.

Bony bridges covering a part of the mylohyoid groove have not been observed by me.

Anthropoid apes. Family Hylobatidae. The mylohyoid groove is normally type "2" in the siamang, *Symphalangus*, whereas type "1" in the gibbon, *Hylobates*. Type "3" is rarely found in the siamang, but not infrequently in the gibbon. Absence of a groove ("0") is uncommon in both genera. In the gibbon, the groove frequently is very short. Moreover, it often is directed downward, rather than forward; and in some specimens it is curved backward in the direction of the angle of the mandible.

When the groove is type "1", it regularly originates at the base of the mandibular foramen ("1 A"); origin from the side ("1 B") is rare. All type "3" specimens belong to the "3 A" subgroup, with groove and foramen broadly separated.

Continuity of groove and foramen ("2 B") has not been noted in any specimen of the "2" category.

[1] It is also present, bilaterally, in a young juvenile *Presbytis*.

These findings agree in general with those of KEITH [1925], who noted that "amongst the gibbons ... both the human and anthropoid arrangements of this groove are found." PIVETEAU [1957], however, intimated that a type "1" groove is the rule for hylobatids in general.

I have no record of either a lingula or an osseous bridge in hylobatids.

Family Pongidae. The three great anthropoid apes differ markedly in type frequency of the mylohyoid groove. Only the chimpanzee normally exhibits type "3". Categories "2" and "3" appear in approximately equal frequency in the orang-utan, and type "1" prevails, by a large majority, in the gorilla. Every one of the groove categories, however, is found in all three of the great apes. Absence, however, is rare, especially in the gorilla and orang-utan.

Type "1" is predominantly of the "1 B" subclass in the orang-utan, "1 A" being exceedingly rare[1]: in the two African great apes, however, both varieties occur in about equal frequency[2]. In type "3" of the orang-utan the groove often is almost impinging upon the mandibular foramen ("3 B"), so that it approaches type "2". On the other hand, in the chimpanzees of type "3" the groove frequently is present only distally, being lacking at the level of the foramen and above; in consequence, groove and foramen normally lie quite far apart ("3 A").[3] The gorilla is intermediate, for neither subtype of "3" predominates. Outright groove-foramen continuity in type "2" (i. e. "2 B") is quite rare in the great apes. I have records of it in only 4 gorilla and 2 orang-utan half-mandibles, but not in that of any chimpanzee.[4]

In so far as I can ascertain, the literature on the groove-foramen relationships in the great apes consists largely of statements which can only be based on examination of samples of inadequate size. According to UNDERWOOD [1913], "The mylohyoid groove (in the Piltdown mandible) is exactly like the same groove in chimpanzee, and quite unlike the same groove in any human mandible that I have seen. This groove is not a variable feature, but quite constant in its arrangement in man, gorilla and chimpanzee, so much so that it is quite easy to place any

[1] It is quite common, however, in infants and juveniles.

[2] "1 B", however, has not been noted in either infants or juveniles.

[3] All infants and juveniles belong to the "3 A" subtype.

[4] It was noted, however, in 1 infant and 1 juvenile chimpanzee, as well as in 1 juvenile gorilla.

of these three types of mandibles from an inspection of this groove alone". WOODWARD [1922] noted that the groove of the Piltdown mandible is located "well below the foramen, exactly as in all chimpanzees and orang-utans". FRIEDERICHS [1932] stated that in anthropoid apes the mylohyoid groove begins just behind the mandibular foramen. Later on, in discussing the Piltdown jaw, he noted that its groove resembles that of the chimpanzee in its broad separation from the foramen, whereas in the orang-utan the groove starts directly from the basal edge of the foramen; thus he indicated a difference between these two apes. WEIDENREICH [1936] merely noted that a groove descending from behind the entrance to the foramen is characteristic for anthropoids. Only KEITH [1925] seems to have had any appreciation of groove variability, stating that "in adult anthropoids the dental opening and the mylo-hyoid groove usually become separated as in the Piltdown mandible". He failed, however, to recognize that this statement does not apply to all three genera of great apes; nor did he, apparently, realize the very considerable degree of the intrageneric variability.

A lingula occasionally occurs in the gorilla, but at best is quite rare in the chimpanzee and orang-utan (also see WEIDENREICH [1936]).

In 7 (4.3%, or 7/161) of my gorilla half-mandibles, a part of the groove is covered by a bony bridge; hence the mylohyoid nerve and vessels pass through an osseous tunnel for the proximal part of their course, just beyond the mandibular foramen. These bridges, of variable length, occur bilaterally three times; the seventh one is on the right half of its mandible. All of these particular specimens have the type "1" groove. There are no instances of such bridges in my chimpanzee and orang-utan material.

Man. The mylohyoid groove of type "1" prevails, occurring in more than four-fifths of the present material. Subtype "1 A" is found in 94.1% (225/239) of the "1" series; hence the groove begins at the base of the foramen in nearly all instances.[1] The remaining specimens are all of type "2". Not a single specimen exhibited a type "3" groove, which type must therefore be, at best, an extraordinarily rare occurrence in man. In contrast to the condition found in all other primates studied, subtype "2 B" predominates over "2 A", being present in 75.0% (39/52) of the "2" series. Thus the "2" category of

[1] Subtype "1 B" does not occur at all in my few pre-adult specimens.

groove normally is bifid proximally, with its minor branch arising from the mandibular foramen. This lesser branch may issue either from the side of the foramen or from its base. Apparently only WEIDENREICH [1936] recognized that the mylohyoid groove is not invariably of type "1" in man. For he stated: "In recent man it usually descends directly from the inferior part of the thin bone plate which covers the entrance to the mandibular foramen. Occasionally this starting point is shifted backward, that is to say, the groove descends from behind that entrance. This feature is characteristic for anthropoids..." It appears likely that he was describing the type "2" groove, although it seems clear that he did not discriminate between it and the groove of type "3" found in anthropoid apes.

A lingula is regularly present.

A bony bridge covering a portion of the mylohyoid groove occurs in 6.9% (20/291). Such bridges are most frequent in the Negroes (in 18.0%, or 9/50) and Whites (in 14.8%, or 8/54), quite uncommon in the Eskimos (in 2.0%, or 3/147), and entirely lacking in the Australians (0/37). They occurred bilaterally 5 times, on the left side 5 times, and on the right side 5 times. Their positions varied. There were bridges over the proximal part of the groove 8 times, over the middle part 5 times, and over the distal part 4 times. One Negro half-mandible possessed a complete bridge of thin, transparent bone that extended for a distance of 22 mm beyond the mandibular foramen. In a White mandible, there were 2 separate bridges on each side.

It is of interest to determine whether my human material exhibits any racial differences. The t test has been used, and the 1% level ($t = 2.58$) is regarded as indicating a significant difference between means. The type "1" groove has been found in 96.3 $\pm$ S.E. 2.57% (52/54) of Whites, in 80.0 $\pm$ 5.65% (40/50) of Negroes, in 79.6 $\pm$ 3.32% (117/147) of Eskimos, and in 73.0 $\pm$ 7.30% (27/37) of Australians. The Whites differ significantly from all other groups: For Whites-Negroes, $t = 2.62$; for Whites-Eskimos, $t = 3.97$; and for Whites-Australians, $t = 3.01$. However, there are no significant differences among Negroes, Eskimos, and Australians.

5. Age Changes

KEITH [1925] claimed that the mylohyoid groove moves away from the mandibular foramen during postnatal life in anthropoid apes as a result of differential growth changes in the mandible. Thus he stated, "For some reason which we understand only imperfectly at present, the migration of the dental opening is retarded in anthropoid jaws, but the mylo-hyoid groove is not. Hence in adult anthropoids the dental opening and the mylo-hyoid groove usually become separated... It is a remarkable circumstance that in very young anthropoids, especially in the gorilla, the human form of mylo-hyoid groove is present... In this character, ... man has retained throughout life a feature which is present only during foetal life of the ape." This statement is based upon the incorrect generalization that type "3" is characteristic of the adult in all three great apes; whereas, as I have shown above, it is characteristic of the chimpanzee alone, type "1" clearly being distinctive of the gorilla, with the orang-utan intermediate. KEITH's comparison of infant gorilla with adult chimpanzee therefore is singularly inapt.

For most genera, the number of pre-adult specimens (juveniles and infants) unfortunately is too small (i. e. less than 15) to permit apparent age changes in groove-foramen relationship to be tested statistically. Excluding those specimens in which a groove is lacking (type "0"), adequate samples exist for gorilla (20 juvenile, 9 infant), chimpanzee (84 juv., 25 inf.), orang-utan (56 juv., 13 inf.), *Hylobates* (16 juv. + inf.), *Macaca* (19 juv., 4 inf.), and *Papio* (19 juv., 2 inf.). The frequencies of both type "1" (as against "2 + 3") and type "3" (as against "1 + 2") have been tested, comparing, wherever possible, adults with juveniles, with infants, and with juveniles + infants. A t of 2.58 (the 1% level) is regarded as indicative of a significant difference.

No significant age change can be demonstrated for the chimpanzee, *Hylobates*, *Macaca* and *Papio*. In the gorilla, however, the frequency of type "1" increases significantly with postnatal growth (when adults are compared with juveniles, $t = 2.72$; with juveniles + infants, $t = 3.05$); but there is no significant postnatal change in frequency of type "3". Thus, in the gorilla, the age change is directly contrary to that claimed by KEITH. In the orang-utan, on the other hand, type "3" clearly becomes more common with advancing age, and type "1" decreases in frequency; these changes take place relatively early in prenatal life (when adults are compared with juveniles + infants, $t = 2.65$ for both type "3" increase and type "1" decrease; when comparison is made with only juveniles, no significant differences are found). The postnatal change in groove-foramen re-

Table I. Frequencies of the types of mylohyoid groove in various genera of Primates.

Genus		Total number of half-mandibles	Number of half-mandibles "1"	"2"	"3"	"0"	Percentage of total "1"	"2"	"3"	"0"
Prosimians										
Tupaia,	ad.	29	8	1	3	17	27.6	3.4	10.3	58.6
Urogale,	ad.	6	1	–	–	5	16.7	–	–	83.3
Ptilocercus,	ad.	6	2	–	–	4	33.3	–	–	66.7
Lemur,	ad.	32	2	–	–	30	6.3	–	–	93.8
Hapalemur,	ad.	7	1	–	–	6	14.3	–	–	85.7
Avahi,	ad.	2	–	–	–	2	–	–	–	100
Propithecus,	ad.	22	1	3	5	13	4.5	13.6	22.7	59.1
Indri,	ad.	2	–	–	2	–	–	–	100	–
Daubentonia,	ad.	2	–	–	2	–	–	–	100	–
Loris,	ad.	6	–	–	–	6	–	–	–	100
	juv.	2	–	–	–	2	–	–	–	100
Nycticebus,	ad.	10	–	–	–	10	–	–	–	100
Perodicticus,	ad.	14	–	1	–	13	–	7.1	–	92.9
Galago,	ad.	20	5	–	–	15	25.0	–	–	75.0
Tarsius,	ad.	32	2	–	1	29	6.3	–	3.1	90.6
New World Monkeys										
Callithrix,	ad.	17	4	5	7	1	23.5	29.4	41.2	5.9
Leontocebus,	ad.	10	–	2	6	2	–	20.0	60.0	20.0
Aotes,	ad.	29	4	7	16	2	13.8	24.1	55.2	6.9
	juv.	3	–	2	1	–	–	66.7	33.3	–
Callicebus,	ad.	6	1	–	5	–	16.7	–	83.3	–
Pithecia,	ad.	6	–	–	2	4	–	–	33.3	66.7
Cacajao,	ad.	2	–	2	–	–	–	100	–	–
Alouatta,	ad.	44	21	11	12	–	47.7	25.0	27.3	–
	juv.	6	1	2	3	–	16.7	33.3	50.0	–
	inf.	2	–	2	–	–	–	100	–	–
Saimiri,	ad.	28	–	1	8	19	–	3.6	28.6	67.9
	juv.	4	–	2	–	2	–	50.0	–	50.0
Cebus,	ad.	32	7	18	7	–	21.9	56.3	21.9	–
	juv.	8	1	7	–	–	12.5	87.5	–	–
	inf.	2	2	–	–	–	100	–	–	–
Ateles,	ad.	32	3	18	2	9	9.4	56.3	6.2	28.1
	juv.	6	2	–	–	4	33.3	–	–	66.7
	inf.	4	–	2	–	2	–	50.0	–	50.0
Lagothrix,	ad.	12	1	3	1	7	8.3	25.0	8.3	58.3
	juv.	4	–	–	–	4	–	–	–	100
	inf.	6	–	2	1	3	–	33.3	16.7	50.0

Table I—continued

Genus		Total number of half-mandibles	Number of half-mandibles				Percentage of total			
			"1"	"2"	"3"	"0"	"1"	"2"	"3"	"0"
Old World Monkeys										
Macaca,	ad.	40	39	–	–	1	97.5	–	–	2.5
	juv.	23	18	–	1	4	78.3	–	4.3	17.4
	inf.	4	4	–	–	–	100	–	–	–
Cynopithecus,	ad.	8	8	–	–	–	100	–	–	–
Papio,	ad.	82	60	17	5	–	73.2	20.7	6.1	–
	juv.	22	16	2	1	3	72.7	9.1	4.5	13.6
	inf.	6	1	1	–	4	16.7	16.7	–	66.7
Theropithecus,	ad.	8	6	–	2	–	75.0	–	25.0	–
	juv.	10	10	–	–	–	100	–	–	–
Cercocebus,	ad.	18	9	8	1	–	50.0	44.4	5.6	–
	juv.	2	–	–	–	2	–	–	–	100
Cercopithecus,	ad.	30	8	12	7	3	26.7	40.0	23.3	10.0
	juv.	8	2	2	2	2	25.0	25.0	25.0	25.0
	inf.	8	5	1	1	1	62.5	12.5	12.5	12.5
Presbytis,	ad.	18	9	7	1	1	50.0	38.9	5.6	5.6
	juv.	2	2	–	–	–	100	–	–	–
Nasalis,	ad.	12	1	9	2	–	8.3	75.0	16.7	–
Colobus,	ad.	32	17	13	2	–	53.1	40.6	6.2	–
Anthropoid Apes										
Hylobates,	ad.	92	42	26	21	3	45.7	28.3	22.8	3.3
	juv.	18	7	4	1	6	38.9	22.2	5.6	33.3
	inf.	6	4	–	–	2	66.7	–	–	33.3
Symphalangus,	ad.	22	4	15	1	2	18.1	68.2	4.5	9.1
	juv.	2	–	–	–	2	–	–	–	100
Pongo,	ad.	142	33	55	52	2	23.2	38.7	36.6	1.4
	juv.	69	23	19	14	13	33.3	27.5	20.3	18.8
	inf.	18	6	7	–	5	33.3	38.9	–	27.8
Pan,	ad.	123	11	40	63	9	8.9	32.5	51.2	7.3
	juv.	110	2	29	53	26	1.8	26.4	48.2	23.6
	inf.	30	2	11	12	5	6.7	36.7	40.0	16.7
Gorilla,	ad.	163	115	31	15	2	70.6	19.0	9.2	1.2
	juv.	20	8	10	2	–	40.0	50.0	10.0	–
	inf.	9	4	5	–	–	44.4	55.6	–	–
Homo,	ad.	291	239	52	–	–	82.1	17.9	–	–
	juv.	10	9	1	–	–	90.0	10.0	–	–
	inf.	2	2	–	–	–	100	–	–	–

lationship in the orang-utan therefore is directly opposite to that seen in the gorilla. Hence the generalization of KEITH respecting anthropoid apes is incorrect.

It seems likely that the groove-foramen relationship does not change significantly with growth in man. If this is so, man in this respect resembles the macaque and baboon, rather than the great apes.

6. Asymmetries

In most mandibles, the same type of mylohyoid groove is found on both sides. Thus symmetry is the rule in the great majority of specimens.

Asymmetry is quite uncommon in my small adult prosimian series, occurring in but 13.8% (13/94) of mandibles. Most of these instances (8/13) have a "1–0" combination; but "1–2", "2–3", "2–0", and "3–0" also have been noted.

The adult New World monkeys exhibit asymmetry in about double the frequency found among prosimians—in 27.1% (29/107). Every possible combination has been observed: "1–2", "1–3", "2–3", and "3–0" are present in approximately equal frequency, whereas "1–0" and "2–0" are uncommon. Among 22 juveniles and infants, asymmetry was seen in 13.6% (3/22); these three mandibles are "1–2", "1–3", and "3–0", respectively.

The mandibles of adult Old World monkeys are asymmetrical in 24.4% (30/123) of cases. The "1–2" condition is most common (in 16/30), and "2–3" also is not rare (in 10/30); but "1–3", "1–0", and "3–0" occur only infrequently, and "2–0" has not been observed. The pre-adult mandibles are asymmetrical in 21.4% (9/42) of cases. Combinations "1–2" and "1–0" each are present 3 times, and "1–3", "2–3", and "3–0" once each.

In Hylobatidae, 28.6% (16/56) of the adult mandibles are asymmetrical. The arrangement usually is either "1–2" or "2–3", as in Old World monkeys; "1–3" and "2–0" have also been seen, but neither "1–0" nor "3–0". Only 2 of the 13 pre-adult mandibles (15.4%) are wanting symmetry; these are "1–2" and "2–3", respectively.

The Pongidae have a combined adult asymmetry of 29.5% (62/210). Asymmetry occurs in 25.3% (20/79) of gorillas, in 26.8% (19/71) of orang-utans, and in as much as 38.3% (23/60) of chimpanzees. All possible combinations except "2–0" have been recorded ("1–0" and "3–0" are also absent in gorillas). The "1–2" condition prevails in the gorilla, the "2–3" in the chimpanzee, and both "1–2" and "2–3" in the orang-utan. Among the pre-adult pongid mandibles, there is a 27.0% (34/126) degree of asymmetry: 18.6% (8/43) in the orang-utan, 28.6% (4/14) in the gorilla, and 31.9% (22/69) in the chimpanzee. All possible combinations save "1–3" and "1–0" occur in the orang-utan and chimpanzee, with "2–3" overwhelmingly predominant (in 14/22) in the latter animal; and "1–2" and "2–3" are present in the gorilla.

In view of the significance that has been ascribed to groove type by some writers, it is of interest to note that the combination of "human" and "simian" types in the same mandible ("1–3") has been noted in each of the 5 anthropoid apes, as well as in *Papio*, *Cercopithecus*, *Cebus*, *Alouatta*, *Callicebus*, and *Aotes*.

Asymmetry attains its nadir in adult man, and appears only as the combination "1–2" (in 9.6%, or 13/136). This reflects the relatively low frequency of type variability in man. The single asymmetrical pre-adult mandible, that of a juvenile, also shows the "1–2" condition.

Adult man differs significantly (at the 1% level) respecting degree of asymmetry from all other groups save prosimians—namely, from New World monkeys, Old World monkeys, Hylobatidae, Pongidae, all 5 anthropoid apes (Hylobatidae + Pongidae), orang-utan, chimpanzee, and gorilla, respectively. Significant differences are absent, however, when the other groups of adult primates are compared with each other; nor do they exist between adults and pre-adults of any group for which a sufficient number of specimens is available.

7. Discussion

It is obvious that the topographical relationships between mylohyoid groove and mandibular foramen are both varied and variable in extant forms of the order Primates. Thus it is not simply a question, as KEITH [1925] and others have thought, of whether a species or genus is characterized by a groove of the "human" ("1") or "simian" ("3") type. For there frequently occurs, in addition, an intermediate ("2") class of groove which cannot be readily relegated to either the "human" or the "simian" category. Moreover, a groove may at times be absent ("0"), a circumstance which occurs with high frequency in some genera. Finally, each positive category possesses subtypes and hence varies within itself.

The literature contains two misconceptions which vanish when sizeable series of mandibles are studied. The first of these involves the implication or assertion that the type of mylohyoid groove is virtually invariable among the individuals comprising a given species or genus (UNDERWOOD [1913], WOODWARD [1922], FRIEDERICHS [1932], WEIDENREICH [1936], BROOM and ROBINSON [1949]). In my knowledge, KEITH [1925] alone appears to have recognized that the type of groove varies in some genera at least. The data presented in this paper amply demonstrate the erroneousness of this assumption of invariability, which no doubt stems from failure to examine a sufficient number of specimens.

The second misconception is that whereas man regularly has a type "1" groove the three great apes—orang-utan, chimpanzee, gorilla—collectively differ from him in normally (or, even, invariably) possessing a type "3" groove. This led KEITH to employ the terms "human" and "simian" for these particular groove categories. WOODWARD [1922], KEITH [1925], FRIEDERICHS [1932], WEIDENREICH [1936], and BROOM and ROBINSON [1949] all adhered to this notion. UNDERWOOD [1913], however, stated that there are distinctly different arrangements of the groove in man, gorilla, and chimpanzee; he neglected, however, to describe these differences. The account given by FRIEDERICHS contains some inconsistencies; for although he assigned the type "3" groove to anthropoid apes in general, he also indicated—if I interpret his statement correctly—that type "1" is normal for the orang-utan. In any event, as shown above, the gorilla resembles man in normally possessing type "1", the chimpanzee alone normally has type "3"; and the orang-utan is intermediate in that although type "2" is the most frequent it does not occur in a majority of specimens, type "3" being almost as common and type "1" far from rare.

The small anthropoid apes that comprise the family Hylobatidae also differ. Type "2" prevails in *Symphalangus*, and type "1" in *Hylobates*. Hence, if one follows KEITH's inappropriate terminology, the siamang is normally "simian" and the gibbon normally "human".

The groove-foramen arrangements in other groups of primates demonstrate that the anthropoid apes are not peculiar in their intergeneric variability. Among the Old World monkeys, most of the subfamily Cercopithecinae (*Macaca*, *Cynopithecus*, *Papio*, *Theropithecus*) are distinctly type "1"; but in *Cercocebus* type "2" nearly equals "1" in frequency, and in *Cercopithecus* "2" is the most common. The subfamily Colobinae is less outspokenly type "1"; for both *Presbytis* and *Colobus* resemble *Cercocebus*, while *Nasalis* clearly belongs in the "2" category. It is worth noting that the type "3" groove does not prevail in any genus of catarrhine monkey studied by me.

The New World monkeys are even more variable. Both genera of the family Callithricidae (*Callithrix*, *Leontocebus*) usually exhibit a groove of type "3", as do *Callicebus* and *Aotes* of the family Cebidae. Other cebids (*Ateles*, *Cebus*, *Cacajao*) normally are type "2", while some (*Lagothrix*, *Saimiri*, *Pithecia*) even show no groove normally (type "0"). Only *Alouatta* resembles most Old World monkeys, the gorilla, and man in usually possessing a type "1" groove.

Prosimians—and this includes all four groups—are peculiar in that a groove normally is absent.[1]

The type "2" arrangement, in which the groove passes adjacent to the dorsal side of the foramen, represents something of a problem when comparing my findings with those reported by other workers. In man, this sort of groove is more closely allied to type "1" than to type "3"; for in a large majority of the human specimens of type "2" the mylohyoid groove exhibits some continuity with the mandibular foramen ("2 B"). In other primates, however, type "2" more nearly resembles type "3" in that any continuity between groove and foramen is rare. I strongly suspect that other authors have regarded type "2" as merely a variant of type "1" in man, but have grouped it, on the other hand, with type "3" in non-human primates. Yet even if one reclassifies all of the type "2" cases as belonging to type "1" for man, whereas, contrariwise, as merely a type "3" variant for all of the non-human primates, man does not emerge as unique. For he then is entirely similar to the macaque, and not too markedly different from either the gorilla or the baboon. Indeed, the macaque is even more addicted to the "human" type of groove than is man, for its type "1" groove under any classification comprises no examples of the "2" category.

It thus is evident that, despite the claims of some authors, the groove-foramen relationship is a character

[1] *Indri* and *Daubentonia* are possible exceptions; but only a single mandible of each genus has been available for examination.

of very limited taxonomic and phylogenetic significance. Clearly, a groove of type "1" does not in any way suggest a "human" status; it is quite as "gorilloid" or "cercopithecoid" as it is "human". On the other hand, a groove of type "3" is distinctly suggestive of a "non-human" status; for a groove of this sort has not been found by me (nor, apparently, by other workers) in any human mandible, yet it has been found, in various frequencies, at some stage of postnatal development in every simian primate that has been studied in sufficient number. Yet to regard it as typically simian is to mislead.

The type "3" mylohyoid groove of the fraudulent Piltdown mandible received considerable attention, as already noted. SICHER [1937] concluded, from the form of the groove, that the mandible was not compatible with the sort of mandibular fossa shown by the Piltdown temporal bone. Hence he ascribed the mandible to a chimpanzee and the cranium to a modern type of man. Although his diagnosis was correct, it nevertheless was based on a incorrect assumption current at that date. For he assumed that a type "3" groove could occur only in an animal in which the temporo-mandibular joint was merely of the hinge type (without possibility of the complex lateral and rotatory movements of which this human joint is capable); and he placed the chimpanzee in that group. However, ZUCKERMAN [1953] has since shown clearly that the great apes normally chew their food in the same way as man, with rotatory and grinding movements of their jaws. BIEGERT [1956] also has emphasized the functional similarity of the temporo-mandibular joints of man and the great apes; for in all of them the mandible is capable of free excursion in all three planes of space.

BROOM and ROBINSON [1949] used the form of the mylohyoid groove as one of their original taxonomic criteria for separating *Telanthropus* from *Paranthropus*, since a type "1" groove occurred in the former and a type "3" one (as they then thought) in the latter of these South African fossil hominids. However, as I have already pointed out (STRAUS [1950]), a generic distinction on this basis is quite unjustified. Moreover, restudy of the *Paranthropus* mandibles revealed that their grooves are actually of type "1", with a lingula present (BROOM and ROBINSON [1952, pp. 6 and 18, figs. 5, 15 and 17], ROBINSON [1953]). ROBINSON's [1953] subsequent insistence that a slight difference in the origin of the groove at the foramen supports the generic separation of *Telanthropus* and *Paranthropus* is totally unconvincing in the light of the variability of the type "1" groove in modern man. Whatever the characters of mandible and teeth which may justify this taxonomic separation, the form of the mylohyoid groove is certainly not one of them.

In so far as I can ascertain, all known mandibles of fossil men (at least, those in which the groove-foramen relationship is clearly evident) belong to my "1" category. This includes Sinanthropus, Heidelberg man, and the Neanderthals sensu lato (La Chapelle-aux-Saints, Skhul, Tabun) (see WEIDENREICH [1936] and PIVETEAU [1957]). WEIDENREICH's figure 62 of the adult Sinanthropus G I mandible, however, strongly suggests that a type "2 B" groove was present in that specimen. In any event, the groove-foramen arrangements in these fossil Homininae fall within the comparatively narrow range of variation found in modern man.

REFERENCES

BIEGERT, J.: Das Kiefergelenk der Primaten. Morph. Jb. *97*: 249–404 (1956).

BROOM, R. and ROBINSON, J. T.: A new type of fossil man. Nature, Lond. *164*: 322–323 (1949). – Swartkrans Ape-man: Paranthropus crassidens. Transvaal Museum Memoir No. 6 (1952).

FIEDLER, W.: Übersicht über das System der Primaten. In: Primatologia vol. *1*: pp. 1–266 (Karger, Basel/New York 1956).

FRIEDERICHS, H. F.: Schädel und Unterkiefer von Piltdown ("Eoanthropus dawsoni Woodward") in neuer Untersuchung. Z. Anat. Entw.Gesch. *98*: 199–262 (1932).

KEITH, A.: The antiquity of man. 2nd ed. (Williams & Norgate, London 1925).

PIVETEAU, J.: Traité de Paléontologie. Vol. VII: Primates, Paléontologie Humaine (Masson, Paris 1957).

ROBINSON, J. T.: Telanthropus and its phylogenetic significance. Amer. J. Phys. Anthrop. n. s. *11*: 445–501 (1953).

SCHULTZ, A. H.: Growth and development of the chimpanzee. Carnegie Inst. Wash. Publ. No. *518*: 1–63 (1940).

SICHER, H.: Zur Phylogenese des menschlichen Kiefergelenkes nebst Bemerkungen über den Schädelfund von Piltdown. Z. Stomat. *35*: 269–275 (1937).

STRAUS, W. L., JR.: On the zoological status of Telanthropus capensis. Amer. J. Phys. Anthrop., n. s. *8*: 495–498 (1950).

UNDERWOOD, A. S.: The Piltdown skull. Brit. J. dent Sci., *56*: 650–652 (1914).

WEIDENREICH, F.: The mandibles of Sinanthropus pekinensis: A comparative study. Paleont. Sinica, ser. D, 7: 163 pp. (1936).

WOODWARD, A. S.: A guide to the fossil remains of man. 3rd ed. (British Museum, Natural History, London 1922).

ZUCKERMAN, S.: Correlation of change in the evolution of higher primates. In: Evolution as a process, pp. 300–352 (Allen & Unwin, London 1953).

ADDENDUM

After this paper was written, I came across an article by W. KORN and P. RIETHE, "Die verschiedenen Typen des Sulcus mylohyoideus bei Mensch und Anthropoiden", Beitr. z. Anthropolog., H. 4, 81–93, Verl. f. Kunst u. Wiss., B-Baden (1955). Although these authors examined only a relatively small number of mandibles (17 *Pan*, 12 *Gorilla*, 37 *Pongo*, 13 *Hylobates*, 12 *Symphalangus*), they corroborated in general the results which I previously had reported (STRAUS [1950]) and which have been confirmed and dealt with in greater detail, on the basis of considerably more material, in my present paper ("Eigene Untersuchungen... lassen im wesentlichen eine Übereinstimmung mit den Angaben von STRAUS erkennen."). Thus they were able to verify the occurrence, in the anthropoid apes, of the three major types of mylohyoid groove recognized by me in 1950 (my present types "1", "2", and "3"). Notwithstanding the small sizes of most of their samples, they also noted (in contrast to most other authors) considerable intrageneric variability and intergeneric differences in groove type. They found, as I had, that among the anthropoid apes resemblance to man is greatest in the gorilla and least in the chimpanzee. Again, as in my material, asymmetry was not rare. Their orang-utan series indicated an age change in groove type similar to that which I have found; whereas their chimpanzee series showed no evidence of any change, a finding also confirmed by me. The phylogenetic conclusions of KORN and RIETHE, however, are unfortunately impaired by their acceptance of the incorrect assumption that the anthropoid-ape temporo-mandibular articulation is simply a hinge-joint.

Bibl. primat. vol. 1, pp. 217–228 (Karger, Basel/New York 1962)

Department of Anatomy, University of Birmingham

THE STYLOID OF THE PRIMATE SKULL

By S. ZUCKERMAN, E. H. ASHTON and J. B. PEARSON

1. Introduction

An ossified styloid process projecting downwards and forwards from the antero-lateral part of the inferior surface of the petrous temporal bone is a constant feature of the adult skull of *Homo sapiens*. Its complete absence is a characteristic of the adult monkey skull. In adult chimpanzees and gorillas, as in immature human beings, a completely ossified styloid process is seldom found. This is because in the living animal, the styloid is either completely cartilaginous or has a cartilaginous connection with the petrous temporal, so that it usually disappears when the skull is macerated. In the dried skull, the point of attachment is then indicated by a small pit interposed approximately midway between the stylomastoid and jugular foramina. A "styloid pit" is also characteristic of many adult orang utans, but in others, a short osseous styloid process may be set into the inferior surface of the tympanic. But even when a bony styloid is either reduced or absent, there is, so far as can be inferred from the scanty information at present available (e. g. AYER [1948], HARTMAN & STRAUS [1933], PATTERSON [1942], RAVEN [1950], SONNTAG [1924]), no reason to believe that any of the three muscles (m. stylohyoideus, m. stylopharyngeus and m. styloglossus) that are attached to the human styloid process, are not present. But the published descriptions indicate that their precise attachments to the base of the skull vary.

This suggestion is supported by the observation that in monkeys and apes, certain other processes of the temporal bone may be so developed as to give a superficial resemblance to a styloid process.

Thus, the area of the inferior surface of the petrous temporal between the stylomastoid and jugular foramina which, in the human skull, is relatively small and almost completely occupied by the base of the styloid process, is, in some species, both more extensive and the site of one or more irregular conical processes. These lie close to the lateral margin of the jugular foramen and form a "false styloid". In other instances, an anteriorly directed "petrous crest" lies lateral to the jugular foramen and carotid canal. More anteriorly, a "petrous spine" often underlies the medial opening of the bony part of the pharyngotympanic tube. In man, this spine, if present, is relatively small, and, at the most, gives attachment to some fibres of m. levator veli palatini. But in other species, it may be prominently developed either as a rugged tuberosity, or as an elongated process. Not infrequently, it fuses with the spine of the sphenoid.

Sometimes, even if a bony styloid process is not developed, the inferior border of the tympanic may still be prolonged downwards as a vaginal process. In yet other species, the tegmen tympani which, in man, comprises merely an inconspicuous bony ridge lying in the groove between the anterior face of the tympanic and the posterior border of the articular fossa, may form a conspicuous, downwardly-directed spine.

The purpose of the present paper is first, to present in outline the results of a study of variation in bony features in the styloid region in the Hominoidea and in certain monkeys; second, on the basis of findings derived from dissections of some of these species, to enquire whether or not, when a bony styloid is reduced or absent, any bony processes or tuberosities on the inferior surface of the temporal bone can be regarded as functionally analagous with the human styloid process.

2. Materials and Methods

Anatomical specimens

The numbers of skulls examined and the specimens dissected are listed in Table 1. Much of both the osteological and wet material was from the Department of Anatomy, University of Birmingham. Other skulls were from the British Museum (Rothschild Collection, Tring). The single specimen of the orang utan available for dissection was from the collection of Professor A. J. E. Cave.

Table I. The numbers of skulls examined and specimens dissected.

Species		No. of skulls examined	No. of specimens dissected
Formal name	Vernacular name		
Pongo pygmaeus	Orang utan	30	1
Pan troglodytes	Chimpanzee	22	1
Gorilla gorilla	Gorilla	36	–
Hylobates sp.	Gibbon	21	–
Papio sp.	Baboon	40	1
Macaca mulatta	Rhesus monkey	20	10

Dissection

The styloid region was approached from the posterior aspect, the head and neck first being detached from the trunk, and the vertebrae, together with the pre- and post-vertebral muscles, removed.

3. Results

Man (*Homo sapiens*)

In the adult, the bony styloid is of variable length, the attachment of its base to the petrous temporal lying anterior and medial to the stylomastoid foramen and lateral to the jugular foramen. A groove frequently found around the base of the process indicates that the styloid has fused into a pit on the lower surface of the petrous temporal. A downward prolongation of the sharp inferior border of the tympanic is applied to the anterior surface of the styloid process and forms the vaginal process. The carotid canal opens on the inferior surface of the petrous temporal bone, anterior to the jugular foramen. Anterior to the opening of the carotid canal is the roughened apical area of the petrous temporal on whose antero-lateral aspect is the medial opening of the bony part of the pharyngotympanic tube. Inferior to this aperture, the petrous temporal may be

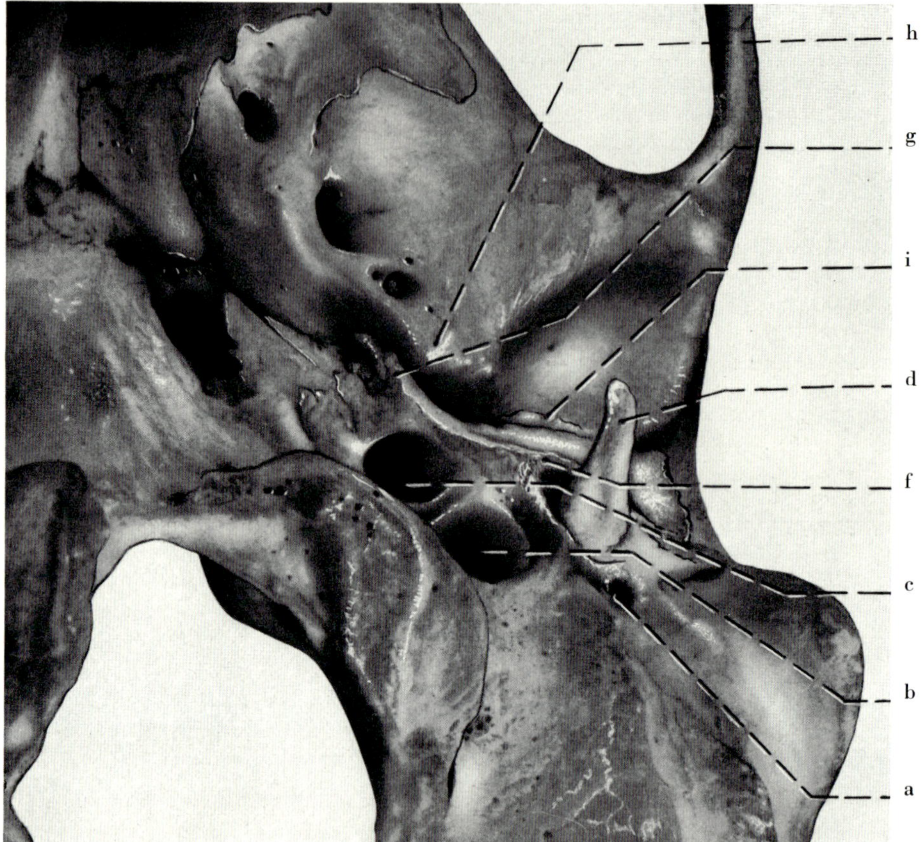

Fig. 1. The styloid region in man (*Homo sapiens*). – a = Stylomastoid foramen; b = Jugular foramen; c = Carotid canal; d = Styloid process; f = Vaginal process of the tympanic; g = Petrous spine; h = Spine of the sphenoid; i = Tegmen tympani.

drawn out to form a petrous spine which lies posterior and medial to, but distinct from, the spine of the sphenoid.

The styloid process gives attachment, close to its base, to m. stylohyoideus and to m. stylopharyngeus, while near its apex m. styloglossus together with the stylomandibular and stylohyoid ligaments take origin. To the petrous spine underlying the medial opening of the bony part of the pharyngotympanic tube may be attached some fibres of m. levator veli palatini. More laterally, there are attached to the spine of the sphenoid, fibres of m. tensor veli palatini together with the sphenomandibular ligament.

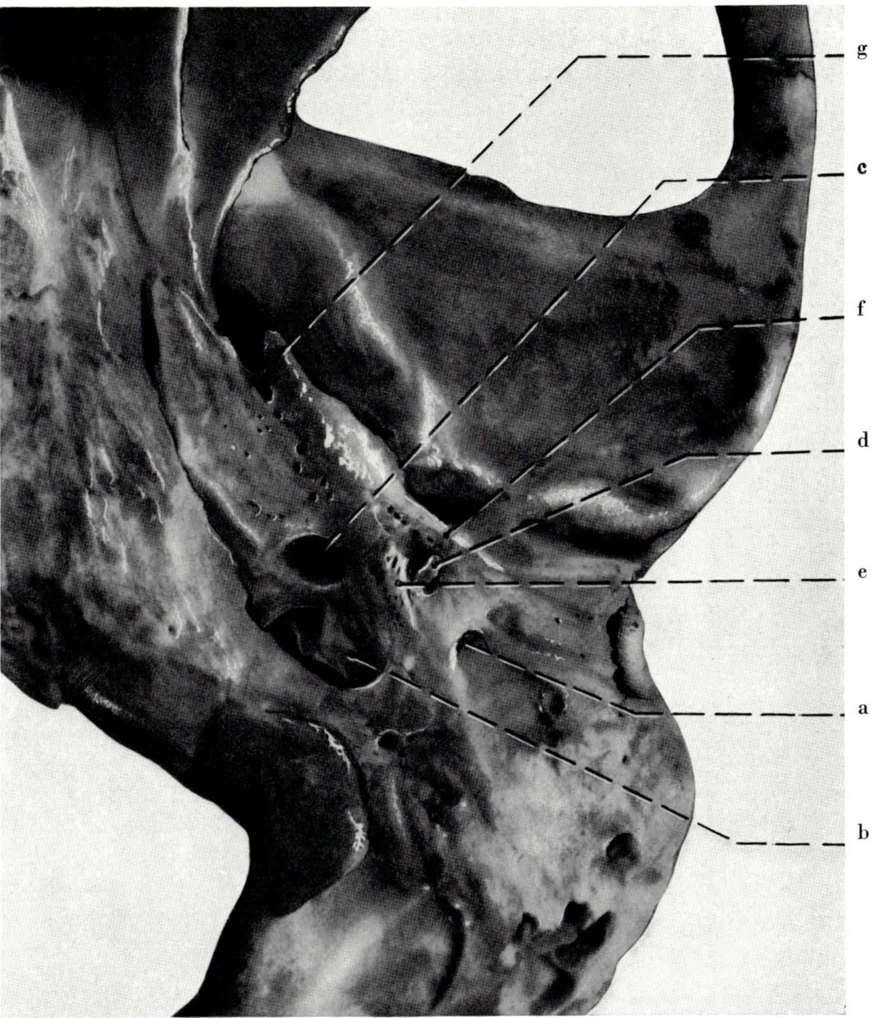

Fig. 2. The styloid region in the orang utan (*Pongo pygmaeus*). – a = Stylomastoid foramen; b = Jugular foramen; c = Carotid canal; d = Styloid process; e = Petrous crest; f = Vaginal process of the tympanic; g = Petrous spine.

Orang Utan (*Pongo pygmaeus*)

The styloid process, even if partly ossified, remains unfused to the petrous temporal in some fifty per cent of adults, and its site is indicated by a pit lying anterior and medial to the stylomastoid foramen and lateral to the jugular foramen. In the remainder, the proximal part of the styloid process, varying in length from one mm to five mm, is ossified and fused into the styloid pit. The area of the petrous temporal lying lateral to the jugular foramen and carotid canal and medial to the styloid process or pit, is typically roughened and may extend forwards as a petrous crest. In approximately two cases out of three, the inferior border of the tympanic forms a ridge that may, as in man, be prolonged downwards as a vaginal process. A petrous spine of variable size lies at the anterior extremity of the petrous crest and underhangs the medial opening of the bony part of the pharyngotympanic tube. There is usually no spine of the sphenoid.

In the single specimen available for dissection, the styloid process was, except for 2 mm. at its base, cartilaginous, and gave attachment, close to its origin, to m. stylohyoideus and to some fibres of m. stylopharyngeus. The part of the petrous crest lying medial to the styloid gave attachment to the remaining fibres of m. stylopharyngeus. The cartilaginous tip of the process gave origin to m. styloglossus and to the stylohyoid and stylomandibular ligaments. The petrous spine underlying the opening of the pharyngotympanic tube gave attachment to the "spheno"-mandibular ligament.

Chimpanzee (*Pan troglodytes*)

The site of attachment of the styloid to the inferior surface of the petrous temporal is normally indicated by a styloid pit lying anterior and medial to the stylomastoid foramen and lateral to the jugular foramen. A bony styloid was, in fact, not found in any of the twenty-two skulls examined in the present study. Medial to the styloid pit, but lateral to the carotid canal and jugular foramen, the petrous temporal typically forms a blunt petrous crest. The inferior surface of the tympanic is normally rounded, although a small ridge lying anterior to the styloid pit, may project downwards as a vaginal process. Inferior to the medial aperture of the bony part of the pharyngotympanic tube, the petrous temporal is drawn out to form a petrous spine which is normally fused with the spine of the sphenoid.

In the single specimen available for dissection, the proximal part of the stylohyoid ligament was chondrified and gave attachment to m. stylohyoideus and indirectly, through the epimysium of m. stylohyoideus, to some fibres of m. stylopharyngeus. The posterior part of the petrous crest gave origin to the remaining fibres of m.

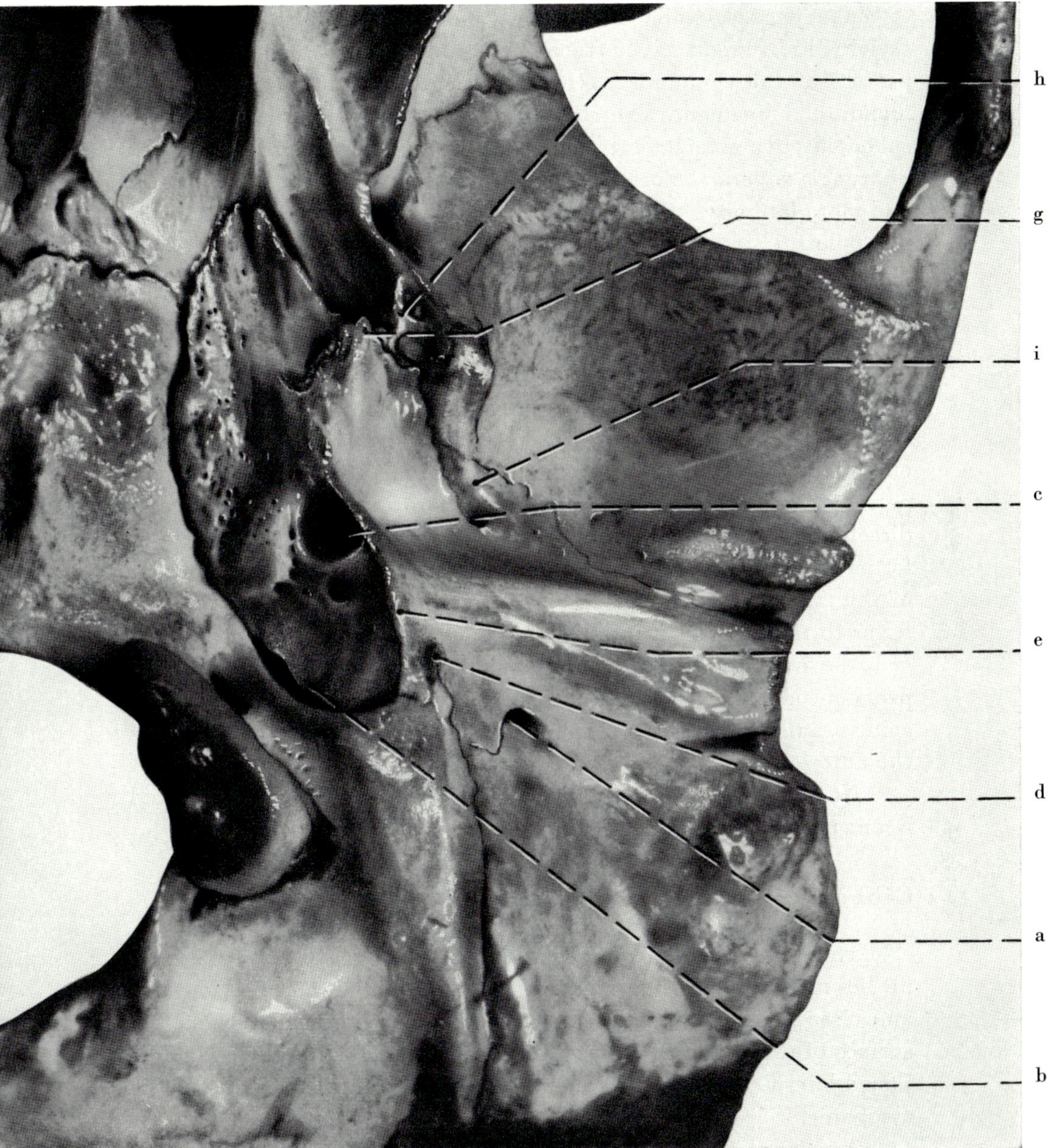

Fig. 3. The styloid region in the gorilla (*Gorilla gorilla*). – a = Stylomastoid foramen; b = Jugular foramen; c = Carotid canal; d = Styloid pit; e = Petrous crest; g = Petrous spine; h = Spine of the sphenoid; i = Tegmen tympani.

stylopharyngeus, while the styloid and proximal five mm. of the stylohyoid ligament gave attachment to m. styloglossus. The vaginal process of the tympanic gave attachment to the prominent stylomandibular ligament. The conjoined petrous spine and spine of the sphenoid gave attachment medially to some fibres of m. constrictor pharyngis superior, more laterally to part of m. levator veli palatini, and more laterally still to the most postero-lateral fibres of m. tensor veli palatini.

Gorilla (*Gorilla gorilla*)

A styloid pit normally lies anterior and medial to the stylomastoid foramen and lateral to the jugular foramen. But a bony styloid, fused into the inferior surface of the tympanic, was found in one of the thirty-six skulls examined. Medial to the styloid pit, the petrous temporal is typically drawn out to form a sharp petrous crest directed anteriorly and lying lateral to the carotid canal and jugular foramen. This flange of bone is joined laterally by the inferior border of the tympanic and may project inferiorly as much as 1.5 cm. Inferior to the medial opening of the pharyngotympanic tube is a rugged, downwardly-directed petrous spine. This is, in some cases, so pronounced that it resembles a styloid process. Laterally, the petrous spine usually fuses with the spine of the sphenoid. Posteriorly it joins the anterior end of the petrous crest.

No detailed information is available about the muscular and ligamentous attachments in this area.

Gibbon (*Hylobates sp.*)

There is no styloid process in the macerated skull but a styloid pit lies medial to the stylomastoid foramen. Medial to the styloid pit, and close to the lateral margin of the jugular foramen, the inferior surface of the petrous temporal forms a conical false styloid which is joined laterally by the medial end of the sharp inferior border of the tympanic.

A petrous spine, distinct from the spine of the sphenoid, constantly lies inferior and medial to the opening of the pharyngotympanic tube.

No information is available relating to details of the muscular and ligamentous attachments in this area.

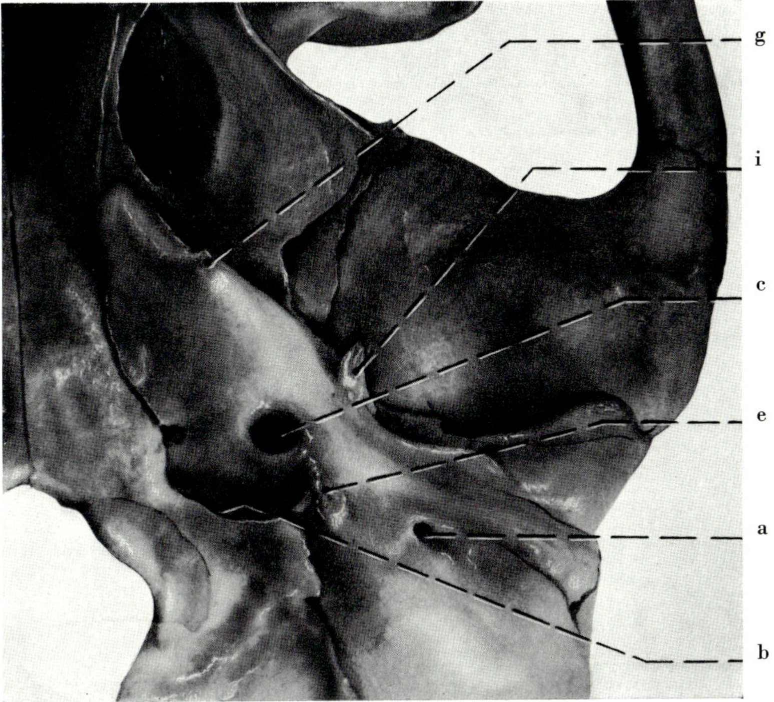

Fig. 4. The styloid region in the baboon (*Papio sp.*). – a = Stylomastoid foramen; b = Jugular foramen; c = Carotid canal; e = False styloid; g = Petrous spine; i = Tegmen tympani.

Baboon (*Papio sp.*)

There is no styloid process or pit, but an irregular conical projection forming a false styloid is normally found on the part of the inferior surface of the petrous temporal medial to the stylomastoid foramen and lateral to the jugular foramen. Inferior to the medial opening of the bony part of the pharyngotympanic tube, the petrous temporal is drawn out to form a prominent petrous spine. A spine of the sphenoid lying in contact with the posterolateral aspect of the petrous spine is present in approximately fifty per cent of cases. The tegmen tympani usually projects downwards as a spine up to 0.5 cm in length.

In the specimen available for dissection, the false styloid gave attachment to the prominent stylomandibular ligament. M. stylohyoideus also took origin from this area and from the proximal part of the posterior aspect of the ligament. M. stylopharyngeus arose from the anterior aspect of the first five mm of the stylomandibular ligament, while m. styloglossus took origin from approximately one cm of its anterior aspect inferior to the origin of m. stylopharyngeus. To the petrous spine underlying the opening of the pharyngotympanic tube were attached m. levator veli palatini and some fibres of m. tensor veli palatini. The tegmen tympani gave attachment to the "spheno"-mandibular ligament.

Rhesus monkey (*Macaca mulatta*)

There is no styloid process or pit but, as in the baboon, an irregularly-shaped protuberance of the petrous temporal forming a false styloid lies medial to the stylomastoid foramen and immediately lateral to the jugular foramen. The inferior surface of the apical part of the petrous temporal is smooth, and inferior to the medial opening of the bony part of the pharyngotympanic tube forms a blunt petrous spine medial to, but distinct from the spine of the sphenoid.

The series of ten dissections showed that in this species, the false styloid characteristically gives attachment to many fibres of the stylomandibular ligament, the lateral part of which, however, extends on to the medial part of the inferior surface of the tympanic. M. stylohyoideus and m. stylopharyngeus characteristically take origin partly from the false styloid and partly from the proximal part of the stylomandibular ligament. M. styloglossus originates from the medial aspect of the stylomandibular ligament and has no direct attachment to bone. The petrous spine gives attachment to m. levator veli palatini.

4. Discussion

We have noted in the present paper only some of the principal contrasts that exist between the various primate types that have been studied. The osteological features to which we have addressed ourselves also vary considerably within the species we have studied—in some cases to a notable extent. In this respect, the characters examined in the present study correspond with innumerable other features of the primate skeleton and add further support to the thesis developed by Professor A. H. SCHULTZ during a lifetime devoted to the study of primate morphology, that in their bodily proportions, growth patterns and individual anatomical features, the subhuman primates in general, and the great apes in particular display a range of variability not inferior to that characteristic of man.

But while it has been possible to establish both the intra- and intergeneric variations in bony features, it has not, in this study, been possible to define nearly as well the variation in the associated soft parts. Nevertheless, the available observations indicate a number of contrasts that are of taxonomic interest and which also shed light on the significance of certain of the processes on the inferior surface of the temporal bone. Thus, within the Hominoidea, while the stylomandibular ligament is, in the orang utan and man, attached to the cartilaginous or bony styloid process, in the chimpanzee, it gains attachment to the vaginal process of the tympanic.

The Hominoidea and the Cercopithecoidea in turn differ in the general pattern of attachment of structures in the styloid region. In the Hominoidea, the stylohyoid ligament is attached distally to the hyoid bone and proximally to the petrous temporal, either directly or by way of a cartilaginous or bony styloid process. M. stylopharyngeus, m. stylohyoideus and m. styloglossus arise both from this ligament and from the styloid process. In the Cercopithecoidea, there is, as far as can be inferred from the available data, no true styloid, but in this group the stylomandibular ligament is well developed, and gains attachment to the false styloid. It is from this ligament and from its bony attachment, that the 'styloid' muscles take origin. From a functional point of view therefore, the false styloid might be regarded as corresponding with the styloid process of human anatomy. Its homologies remain unsolved but, in this respect, it could be of significance that in the available Cercopithecoidea, the stylohyoid ligament and styloid process—both derivatives of the skeletal element of the second branchial arch of the embryo—are not developed.

5. Summary

In man, a bony styloid process, fused with the inferior surface of the petrous temporal and continuous distally with the stylohyoid ligament, gives attachment to m. stylohyoideus, m. stylopharyngeus and m. styloglossus together with the stylomandibular ligament. In the apes, although the styloid may be cartilaginous or ligamentous, its muscular attachments correspond generally with those characteristic of man. But in the macerated skull, the site of attachment of the styloid to the petrous temporal is usually indicated by a pit interposed between the stylomastoid and jugular foramina. In the two types of Old World monkey that have been studied (*Papio* and *Macaca*), there is no styloid process or pit. The stylomandibular ligament is well developed and gains attachment to a part of the petrous temporal immediately lateral to the jugular foramen. This area projects to form a false styloid. M. stylohyoideus, m. stylopharyngeus and m. styloglossus take origin from the false styloid and from the attached stylomandibular ligament.

ACKNOWLEDGEMENTS

Our thanks are due to the Keeper of Mammals, British Museum (Natural History) and to Professor A. J. E. CAVE of the University of London, for permitting us to study material in their care. The plates were prepared by Mr. W. J. PARDOE.

REFERENCES

AYER, A. A.: The anatomy of *Semnopithecus entellus* (Indian Publishing House, Madras 1948).

HARTMAN, C. G. and STRAUS, W. L. Jr.: The anatomy of the rhesus monkey (*Macaca mulatta*). (Williams and Wilkins, Baltimore 1933).

PATTERSON, E. L.: The myology of *Rhinopithecus roxellanae* and *Cynopithecus niger*. Proc. zool. Soc. Lond. *112*: 31 (1942).

RAVEN, H. C.: The anatomy of the gorilla (Columbia University Press, New York 1950).

SONNTAG, C. F.: The morphology and evolution of the apes and man (Bale and Danielsson, London 1924).

Bibl. primat. vol. 1, pp. 229–238 (Karger, Basel/New York 1962)

Zoologisches Institut und Museum der Universität Kiel

MASSE UND PROPORTIONEN DES MILCHGEBISSES DER HOMINOIDEA

Von ADOLF REMANE

Das Milchgebiß zeigt beim Menschen wesentlich andere Proportionen als das Dauergebiß. WETZEL [1951] gibt folgende Tabelle für die mesiodistalen Längen:

Oberkiefer

	md^4 / P^4	md^3 / P^3	cd / C	id^a / J^a	id^i / J^i
Milchgebiß	8.8	7.2	7.1	5.4	6.75
Ersatzgebiß	6.5	6.8	7.6	6.5	8.40
	–2.3	–0.4	+0.5	+1.1	+1.65

Unterkiefer

	md_4 / P_4	md_3 / P_3	cd / C	id_a / J_a	id_i / J_i
Milchgebiß	10.75	8.0	6.1	4.85	4.55
Ersatzgebiß	7.30	6.9	6.7	5.90	5.40
	–3.45	–1.1	+0.6	+1.05	+0.85

Die Tabelle zeigt eine auffallend verschiedene Größenrelation zwischen Dauer- und Milchzähnen. Die Milchmolaren sind sämtlich absolut größer als ihre Ersatzzähne, die Milcheckzähne sind etwas kleiner, die Schneidezähne merklich kleiner, wobei im Oberkiefer der

Maximalunterschied den inneren, im Unterkiefer den äußeren Schneidezahn betrifft.

Für die Größendifferenz im Gebiet der Milchmolaren Praemolaren läßt sich die Molarisierung dieser Milchzähne als Erklärungsgrund anführen, die für alle Primaten und wohl alle Säugetiere charakteristisch ist. Aber diese Molarisierung reicht nicht aus, um die wechselnden Größenverschiedenheiten zu erklären. Es lohnt sich vielleicht, die Menschenaffen auf diese Relationen näher zu untersuchen und zu ermitteln, inwieweit dem Menschen hier eine Sonderstellung zuzubilligen ist und inwieweit diese Differenzen allgemeines Kennzeichen der höheren Primaten sind.

Maße der Milchzähne der Menschenaffen

In der Literatur existieren außer Einzelangaben nur wenige Angaben über Durchschnittswerte an größerem Material. In meiner Bearbeitung des Anthropoidengebisses 1923 habe ich nur die Variationsbreite angegeben. Ashton und Zuckermann [1950] geben die Durchschnittswerte, die Standard-Deviation um den mittleren Fehler der Mittelwerte für Schimpanse, Gorilla und Orang an einem mittelgroßen Material (9–17 Zähne in jeder Zahnart). Da ich im Laufe der Jahre ein größeres Material gemessen habe, seien diese Zahlen hier publiziert (Tabellen I und II). Das Material entstammt verschiedenen Museen, ist aber wohl in keinem Stück identisch mit dem von Ashton und Zuckermann. Diese Tatsache macht den Vergleich der Messungen dieser Autoren mit meinen besonders wertvoll. Dieser Wert wird allerdings dadurch beeinträchtigt, daß die genannten Autoren nicht angeben, ob unter «Gorilla» auch *G. beringei* und unter «Chimpanzee» auch *Pan paniscus* im Material vorhanden war. In Zahngröße und Zahnbau sind die beiden Gorilla-Arten und die beiden Schimpansenarten so verschieden, daß sie bei Messungen getrennt werden müssen, wenn man nicht einen nichtssagenden Mittelwert erhalten will. Die Differenzen zwischen den Mittelwerten, die Ashton und Zuckermann angeben und den meinigen, sind in Tabelle III gegeben. Ich will hier nicht erörtern, wie sie eventuell zu erklären sind, sie geben aber einen Hinweis, inwieweit Messungen verschiedener Autoren an den gleichen Arten als gültig angenommen werden können.

Wenn wir das Verhältnis von Milch- und Dauerzähnen unter Einschluß der Menschenaffen vergleichen wollen, können wir nicht die Differenz angeben, wie sie Wetzel für den Menschen gegeben hat,

Tabelle I. Dimensionen der Milch-Zähne im Oberkiefer, mit Angabe des Mittelwerts, der Zahl der gemessenen Zähne in Klammern hinter dem Mittelwert und der Variationsbreite. L Länge = mesiodistal, B Breite = labiolingual.

		md⁴	md³	cd	id²	id¹
Pan troglodytes	L	*8,24* (39) 7,1–9,0	*6,65* (34) 5,5–7,6	*7,86* (22) 6,4–8,7	*6,16* (17) 5,0–7,0	*8,42* (23) 7,3–9,4
	B	*8,97* (32) 8,0–9,9	*7,09* (33) 5,8–8,0	*5,40* (23) 4,7–6,0	*4,8* (2) 4,6–5,0	*5,3* (2) 5,0–5,5
Pan paniscus	L	*7,85* (2) 7,4–8,3	*6,55* (2) 6,1–7,0	*7,3* (2) 6,6–8,0	*6,15* (2) 6,1–6,2	*7,75* (2) 7,5–8,0
	B	*8,5* (2) 8,3–8,7	*6,85* (2) 6,5–7,2	*5,0* (2)	*4,85* (2) 4,3–5,4	*4,9* (2) 4,7–5,1
Gorilla gorilla	L	*12,07* (23) 10,7–13,3	*10,07* (23) 8,8–11,1	*10,55* (15) 8,3–11,7	*5,53* (10) 4,9–6,6	*7,81* (10) 6,6–9,0
	B	*12,02* (23) 10,7–12,8	*10,34* (23) 9,0–13,0	*7,73* (15) 6,4–8,9	*4,53* (4) 3,7–5,2	*5,23* (4) 4,9–5,6
Gorilla beringei	L	*12,95* (10) 12,1–14,0	*10,91* (11) 9,5–10,6	*10,59* (12) 9,1–11,5	*5,68* (6) 5,3–6,0	*8,03* (6) 7,7–8,4
	B	*13,31* (10) 12,2–14,5	*11,0* (11) 9,7–12,4	*8,35* (12) 7,6–9,8	*5,54* (6) 5,3–6,0	*6,60* (6) 5,9–7,2
Pongo	L	*10,38* (30) 8,4–11,9	*8,28* (29) 6,8–9,7	*9,42* (24) 8,2–11,1	*6,94* (24) 5,2–8,1	*10,19* (22) 7,5–10,9
	B	*10,92* (30) 9,7–12,4	*9,67* (30) 8,5–11,0	*7,30* (23) 6,3–8,2	*5,72* (9) 5,4–6,4	*7,09* (9) 6,7–7,6
Symphalangus	L	*6,47* (11) 5,8–7,0	*4,64* (9) 4,0–4,9	*5,24* (9) 5,0–5,7	*3,72* (4) 3,6–3,9	*3,8* (2)
	B	*6,28* (11) 5,8–7,0	*4,72* (10) 4,4–5,2	*4,06* (9) 3,7–4,4	*3,10* (4) 2,8–3,4	*2,95* (2) 2,7–3,2
Hylobates	L	*5,3* (26) 4,9–6,3	*4,08* (26) 3,4–5,1	*4,43* (24) 3,8–5,5	*3,06* (12) 2,8–3,6	*3,08* (4) 3,0–3,1
	B	*5,51* (26) 4,7–6,4	*4,20* (26) 3,7–5,1	*3,51* (23) 3,0–4,3	*2,70* (7) 2,6–3,0	*2,60* (1) –

Tabelle II. Dimensionen der Milch-Zähne im Unterkiefer
(Erläuterungen siehe Tabelle I)

		md_4	md_3	cd	id_2	id_1
Pan troglodytes	L	*8,83* (49) 7,6–10,1	*7,93* (47) 6,4–9,4	*6,68* (32) 5,8–8,0	*5,63* (30) 4,6–6,4	*5,33* (24) 4,3–6,0
	B	*7,34* (49) 6,1–8,3	*5,24* (47) 4,3–5,9	*5,81* (32) 4,7–7,9	*5,50* (6) 4,4–6,3	*4,92* (6) 4,2–5,7
Pan paniscus	L	*8,53* (3) 8,4–8,8	*7,53* (3) 7,3–7,7	*6,40* (4) 6,1–7,0	*5,77* (3) 5,5–6,2	*5,33* (3) 4,9–5,7
	B	*7,03* (3) 7,0–7,1	*4,93* (3) 4,7–5,2	*5,73* (4) 5,5–5,9	*5,20* (3) 5,0–5,4	*4,70* (3) 4,5–5,0
Gorilla gorilla	L	*13,24* (39) 11,9–14,6	*11,15* (40) 9,3–12,2	*8,70* (23) 7,0–10,4	*5,68* (21) 5,1–6,6	*4,79* (25) 4,1–6,0
	B	*10,36* (39) 8,6–11,8	*7,45* (40) 6,4–8,7	*6,95* (25) 5,7–8,8	*5,12* (6) 4,5–6,2	*4,08* (6) 3,4–4,3
Gorilla beringei	L	*14,11* (11) 13,3–15,0	*11,41* (12) 10,6–12,5	*8,76* (8) 7,5–10,2	*5,82* (6) 5,6–6,0	*4,85* (6) 4,2–5,0
	B	*11,31* (10) 9,7–12,5	*8,24* (11) 7,2–9,0	*7,68* (8) 7,0–8,4	*6,27* (6) 5,5–6,7	*5,32* (6) 4,7–5,6
Pongo	L	*11,35* (40) 9,7–13,2	*9,71* (34) 8,3–11,1	*7,97* (29) 6,7–10	*6,47* (32) 4,7–7,8	*6,16* (31) 4,7–7,1
	B	*9,92* (40) 7,7–10,8	*7,45* (34) 6,6–8,6	*6,88* (29) 5,6–8,2	*5,99* (15) 5,1–6,5	*5,69* (15) 4,6–6,3
Symphalangus	L	*7,04* (9) 6,6–7,6	*5,35* (8) 5,0–5,8	*5,08* (5) 4,3–6,4	*3,25* (2) 3,0–3,5	*2,40* (1)
	B	*5,19* (9) 4,9–5,8	*3,71* (7) 3,2–4,1	*4,10* (5) 3,5–4,8		
Hylobates	L	*5,64* (25) 4,9–6,2	*4,47* (22) 3,6–5,0	*3,80* (22) 3,1–4,9	*2,58* (8) 1,8–3,2	*2,04* (5) 1,9–2,3
	B	*4,17* (26) 3,7–4,8	*3,13* (24) 2,7–3,9	*3,15* (22) 2,7–4,2	*2,88* (4) 2,0–3,4	*1,7* (1)

Tabelle III. Abweichungen des Mittelwertes in den Maßen von ASHTON und ZUCKERMAN von meinen Werten (abgerundet auf 2 Stellen), mit Angabe der Zahl der von den Autoren gemessenen Zähne und des S. E. des Mittelwertes nach ASHTON UND ZUCKERMAN.

		Oberkiefer					Unterkiefer				
		md^4	md^3	cd	id^2	id^1	md_4	md_3	cd	id_2	id_1
Pan	L	+0,01 (16) 0,145	+0,45 (16) 0,150	-0,05 (16) 0,156	+0,01 (12) 0,156	-0,29 (11) 0,127	+0,20 (17) 0,146	+0,07 (17) 0,123	+0,26 (15) 0,204	+0,30 (13) 0,135	+0,28 (12) 0,093
	B	-0,03 (16) 0,143	-0,18 (17) 0,116	+0,14 (16) 0,135	-0,26 (12) 0,112	-0,04 (11) 0,910	+0,21 (17) 0,139	+0,10 (17) 0,125	+0,37 (15) 0,940	-0,06 (13) 0,106	-0,08 (12) 0,082
Gorilla	L	+0,24 (16) 0,157	+0,32 (17) 0,133	+0,11 (17) 0,175	+0,15 (11) 0,103	+0,13 (12) 0,192	+0,36 (12) 0,211	+0,18 (12) 0,177	+0,25 (13) 0,179	-0,41 (10) 0,167	-0,24 (9) 0,125
	B	+0,22 (16) 0,204	+0,01 (17) 0,125	+0,28 (16) 0,359	+0,11 (11) 0,148	+0,03 (12) 0,132	-0,01 (12) 0,235	+0,05 (12) 0,158	+0,19 (12) 0,200	+0,39 (10) 0,164	+0,26 (9) 0,109
Pongo	L	-0,08 (14) 0,221	+0,20 (15) 0,196	-0,08 (13) 0,162	-0,06 (10) 0,223	-0,67 (12) 0,236	+0,17 (11) 0,259	+0,03 (13) 0,301	+0,58 (9) 0,232	-0,08 (8) 0,161	+0,20 (10) 0,209
	B	0 (14) 0,236	-0,17 (15) 0,160	+0,07 (13) 0,137	0 (10) 0,155	-0,04 (12) 0,183	-0,59 (11) 0,252	-0,21 (13) 0,158	+0,02 (9) 0,201	-0,06 (8) 0,145	-0,22 (10) 0,173

sondern die relative Größe in Form des Index: Maß des Milchzahnes × 100: Maß des Dauerzahnes. Dieser Index müßte eigentlich zuerst an den Maßen der Milch- und Ersatzzähne des gleichen Gebisses berechnet werden und nach ihnen der Mittelwert nach der Summe dieser Indices. Dieser Weg ist für die Menschenaffen aber nicht gangbar, da mit Museumsmaterial gearbeitet werden muß. Auch für den Menschen liegen meines Wissens noch keine derartigen Messungen vor. Der Index aus den Mittelwerten ist natürlich nicht identisch mit den Mittelwerten der Einzelindices, genommen am gleichen Individuum, da sicher eine Größenkorrelation zwischen Milch- und Ersatzzahn des gleichen Gebisses besteht. Aber für die vorliegende Frage gibt der hier gewählte Index (Tabelle IV) die gewünschte Übersicht.

Die Indices von *Homo* sind nach den Mittelwerten von BLACK, WETZEL und CAMPBELL (Australier) berechnet. Die Indices für Männchen und Weibchen der Menschenaffen geben den Sexualdimorphismus der Dauerzähne wieder, da die Angaben an den jugendlichen Schädeln nicht ausreichten, um für die Milchzähne Männchen und Weibchen getrennt zu messen und zu berechnen. Da sicher ein schwacher Sexualdimorphismus auch im Milchgebiß vorhanden ist, werden die wirklichen Indices von Männchen und Weibchen der gleichen Art etwas näher zusammenliegen.

Die Tabelle IV zeigt, daß tatsächlich die menschlichen Milchzähne im Vergleich zu ihren Ersatzzähnen mesiodistal größer sind als bei den Menschenaffen. Diese Besonderheit ist allerdings bei den einzelnen Zähnen verschieden ausgeprägt. Im Oberkiefer ist sie am letzten Milchmolaren schwach und nur gegenüber Gorilla, Orang und Symphalangus deutlich, am ersten Milchmolaren aber gegenüber allen übrigen Arten offensichtlich. Das gleiche gilt für den Milcheckzahn, während die Schneidezähne nur bei den Gorillaarten und am id^1 der Hylobatiden deutlich niedere Werte zeigen. Im Unterkiefer zeigt sich derselbe Unterschied an den Molaren, besonders am vorderen Milchmolaren noch ausgeprägter. Die Maße des unteren Milcheckzahnes sind nur bedingt vergleichbar, da die «Länge» bei Mensch und Menschenaffen verschieden liegt, und nicht voll vergleichbar ist. Bei den Hominiden liegt sie bzw. der größte Durchmesser wirklich in mesiodistaler Richtung, bei den Pongiden aber schräg diagonal.

Nun sind die Indices abhängig von der Abänderung jeder der beteiligten Größen. Die relative Größe der Milchzähne der Hominiden kann also ebensosehr durch eine Reduktion der Ersatzzähne als auch durch eine Vergrößerung der Milchzähne selbst bedingt sein. Es wur-

Tabelle IV. Relation: Länge (mesiodistal) der Milchzähne in % der Dauerzähne.

		Oberkiefer					Unterkiefer				
		md^4 / P^4	md^3 / P^3	cd / C	id^2 / J^2	id^1 / J^1	md_4 / P_4	md_3 / P_3	cd / C	id_2 / J_2	id_1 / J_1
Homo sapiens (W.)		120.6	101.4	92.1	79.7	72.2	139.4	111.6	72.5		
(Weiße)		135.4	105.9	93.4	83.1	80.4	147.2	115.9	91.0	82.2	84.3
(Australier)		120.3	102.4	89.0	78.4	83.3	152.0	119.7	84.2	80.6	78.3
Pan troglodytes	♂	116.1	84.5	53.3	66.3	67.1	115.0	70.8	58.6	63.4	65.2
	♀	120.6	89.1	69.4	70.2	69.9	118.1	74.1	72.8	66.6	66.8
Pan paniscus	♂	116.8	82.3	65.8	68.7	67.9	112.4	74.6	76.2	73.9	68.5
	♀	128.3	90.4	82.0	81.1	74.8	124.8	83.8	100.2	79.8	75.6
Gorilla gorilla	♂	101.0	84.7	50.2	60.1	55.4	114.1	63.7	60.8	59.2	57.3
	♀	117.6	90.8	73.3	60.7	58.4	119.3	70.6	84.5	64.1	61.1
Gorilla beringei	♂	106.4	90.9	47.1	54.1	58.6	112.9	61.7	57.6	61.1	57.7
	♀	113.9	94.9	70.1	59.8	61.3	128.3	72.2	80.4	65.4	59.1
Pongo	♂	106.5	71.6	56.0	72.8	66.4	102.3	62.7	62.8	67.8	62.2
	♀	114.5	84.5	70.4	79.2	71.9	112.4	73.6	82.8	69.6	66.7
Symphalangus		113.9	83.0	59.7	77.5	65.6	103.8	62.8	49.7	82.7	67.9
Hylobates		122.9	85.3	59.5	74.3	59.8	113.5	66.2	46.7	71.5	62.9

Tabelle V. Größe (= Länge [mesiodistal]) der oberen Dauer- und Milchzähne in Relation zur Größe der M^1-Oberkiefer.

		P^4	P^3	C	J^2	J^1	md^4	md^3	cd	id^2	id^1
Homo sapiens (Weiße)		63.6	67.3	71.0	59.8	84.1	76.6	68.2	65.4	47.7	60.7
Homo (Australier)		63.2	68.4	73.7	67.5	82.5	85.1	70.2	65.8	52.6	68.4
Pan troglodytes	♂	70.3	77.5	145.0	91.7	122.1	81.5	65.5	77.2	60.8	81.8
	♀	73.1	79.5	120.3	93.6	126.7	88.5	70.8	83.5	65.7	88.4
Pan paniscus	♂	72.6	86.8	122.7	97.8	126.4	84.8	71.3	80.6	67.2	85.8
	♀	68.8	82.2	102.3	86.3	119.6	88.3	74.3	83.9	69.9	89.4
Gorilla gorilla	♂	82.2	82.2	143.9	63.9	97.9	83.0	69.6	72.2	38.4	54.2
	♀	73.6	80.0	102.9	65.9	96.8	86.6	72.6	75.3	40.1	56.5
Gorilla beringei	♂	76.7	81.1	141.6	66.1	86.2	81.6	69.3	66.6	35.3	50.5
	♀	75.1	76.8	100.0	62.9	86.7	85.9	72.9	70.1	37.2	53.2
Pongo	♂	77.1	91.4	140.4	74.7	120.9	82.2	65.5	74.7	54.5	80.2
	♀	79.3	85.7	117.3	76.1	123.4	90.9	72.4	82.5	60.2	88.7
Symphalangus		78.4	77.2	121.4	66.3	80.0	89.4	62.9	72.4	51.3	52.4
Hylobates		74.3	82.4	128.2	71.0	87.9	91.5	70.3	76.4	52.8	53.1

Tabelle VI. Größe (= Länge [mesiodistal]) der unteren Dauer- und Milchzähne in Relation zur Größe der M_1-Unterkiefer.

		P_4	P_3	C	J_2	J_1	md_4	md_3	cd	id_2	id_1
Homo sapiens (Weiße)		63,4	61.6	61.6	52.7	48.2	84.5	68.0	46.6		
Homo (Australier)		62.6	61.8	61.8	54.5	48.8	95.1	74.0	52.0	43.9	38.2
Pan troglodytes	♂	71.1	103.7	105.5	82.2	75.7	81.7	73.4	61.8	52.1	49.3
	♀	71.9	102.9	88.3	81.2	76.7	84.9	76.2	64.2	54.1	51.2
Pan paniscus	♂	78.0	103.9	86.4	80.3	79.1	87.8	77.5	65.8	59.4	54.8
	♀	74.5	97.8	69.6	78.7	76.7	92.8	82.0	69.7	62.8	58.0
Gorilla gorilla	♂	74.4	112.2	91.7	61.5	53.6	84.9	71.5	44.5	36.4	30.7
	♀	75.0	101.3	69.6	59.8	52.9	89.4	75.3	46.9	38.4	32.4
Gorilla beringei	♂	72.2	107.0	97.9	54.3	48.6	81.5	65.9	44.4	33.7	28.0
	♀	68.8	98.8	68.1	55.5	51.3	88.1	71.3	48.0	36.4	30.3
Pongo	♂	82.2	114.8	94.1	70.4	73.3	84.0	71.9	59.1	47.9	45.6
	♀	82.1	107.3	78.2	75.5	75.0	92.2	79.0	64.8	52.6	50.1
Symphalangus		86.8	109.3	83.4	50.3	45.2	90.1	68.5	52.5	41.6	30.7
Hylobates		79.6	108.1	81.6	57.7	35.9	90.2	71.6	50.4	41.3	32.7

den daher die Mittelwerte der Ersatzzähne und der Milchzähne in Beziehung gesetzt zu den Maßen des ersten Dauermolaren. Dieser eignet sich wegen der Konstanz seiner Struktur und seiner Maße für einen solchen Vergleich besonders gut. Die Tabelle V zeigt für die Länge (mesiodistal) im Oberkiefer die geringere relative Größe der Ersatzzähne von den Praemolaren bis zu den Inzisiven bei den Hominiden. Die Unterschiede sind auch hier von Zahn zu Zahn verschieden; der J^1 zeigt kaum Differenzen gegenüber Hylobatiden und *Gorilla beringei*, sehr starke gegenüber den Schimpansenarten und dem Orang; am J_2 sind nur die Unterschiede gegenüber dem Schimpansen stark, mittel gegenüber dem Orang. Markant ist – wie zu erwarten – die Sonderstellung der C′ der Hominiden. Relativ gering sind die Differenzen an den Praemolaren. Im Milchgebiß des Oberkiefers ist die Sonderstellung des Menschen viel geringer. Besonders interessant ist, daß der Milcheckzahn in seinen Werten nur wenig unterhalb der Werte von Gorilla (besonders *G. beringei*) und Hylobatiden steht, die Werte der Milchschneidezähne stehen zwischen denen der Gorillaarten und zum Teil der Hylobatiden und denen von Schimpanse und Orang; unter den Milchmolaren zeigt der vordere kaum und der hintere nur geringe Differenzen. Die Besonderheiten in den Größenverhältnissen zwischen Milch- und Ersatzzähnen beim Menschen sind also vor allem durch die Besonderheiten der Ersatzzähne und nicht durch solche der Milchzähne bestimmt. Die Verhältniszahlen der Unterkieferzähne, deren Länge (mesiodistal exkl. C, und cd, der Menschenaffen) zum M_1, die in Tabelle VI wiedergegeben sind, zeigen prinzipiell dasselbe, im P_3 sind die Differenzen stärker als im Oberkiefer.

LITERATUR

ASHTON, E. A. and ZUCKERMAN, S.: Some quantitative dental characteristics of the chimpanzee, gorilla and orang-outang. In: Philosoph. Trans. Roy. Soc. London, Ser. B, Biol. Sci. *234*: No. 616 (1950).

BLACK, G. V.: Descriptive anatomy of the human teeth. 5th ed. (Philadelphia 1902).

CAMPBELL, T. D.: Dentition and palate of the Australian aboriginal, No. 1, pp. 1–123 (University of Adelaide, Publication under the Keith Sheridan Foundation, 1925).

REMANE, A.: Beiträge zur Kenntnis des Anthropoidengebisses. Arch. Naturgesch. 85, A (1921). – Zähne und Gebiß; in: Primatologia, vol. III/2 (Karger, Basel/New York 1960).

WETZEL, O.: Lehrbuch der Anatomie für Zahnärzte (Fischer, 1951).

Bibl. primat. vol. 1, pp. 239–251 (Karger, Basel/New York 1962)

The Zoological Society of London

LOBSTER-CLAW DEFORMITY IN A DRILL
(*Mandrillus leucophaeus* F. Cuv.)

By W. C. OSMAN HILL

1. Introduction

The subject of the present report was born in the Zoological Garden of Chessington, Surrey, in October 1959 and died at the age of three weeks. Parents were normal healthy animals who had previously given birth to a normal infant which was successfully reared. The second infant, a male, appeared normal during life, but after death its feet were observed to be deformed. At death the specimen weighed 587 gm and measured 217 mm in crown-rump length. These figures indicate some degree of growth during its short post natal existence, for a one-day old female hybrid *Mandrillus leucophaeus* ♂ × *Papto papio* ♀ weighed 466 gms and measured 225 mm crown-rump length.

Apart from an abnormal degree of cutaneous webbing on the flexor aspect of the knee joint, congenital malformation is confined to the two feet, for both hands are perfectly normal and there is no evidence of other defect such as hare-lip or cleft palate so frequently seen in stillborn carnivores and other mammalian species conceived in captivity.

2. Description of the malformed feet

Both feet are distorted at the ankle joint (talipes) and both exhibit diminution in the number of digits (partial ectrodactyly) though not to the full degree characteristic of true "lobster-claw" (bidactyly) where there are two only,—the hallux and minimus. In fact the least degree of reduction is present,—the large, widely di-

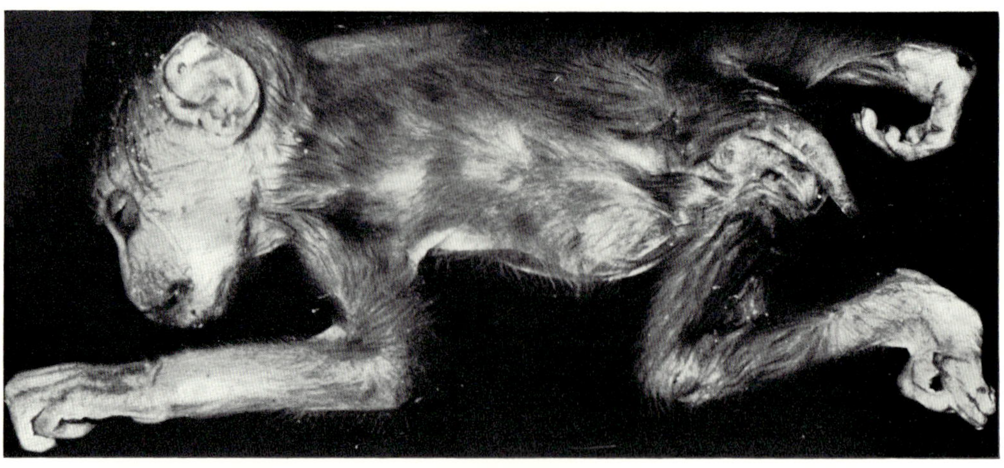

a

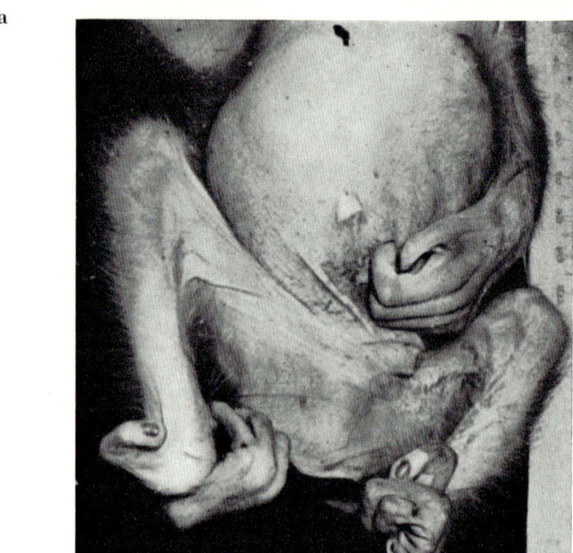

b

Plate I. a. Photograph of the whole animal obliquely from the dorsal side showing the extreme degree of talipes calcaneo-varus and excessive cutaneous webbing at knee joints. – b. Hind end of the specimen from the ventral aspect.

vergent hallux being opposed to three digits. Reduction is, however, more advanced on the left, where the digit next to the hallux is a mere soft tag attached to the preaxial border of the medius, though it does bear a nail. There are other differences on the two sides which must now be considered separately.

Left pes

General posture talipes calcaneo-varus, with evidence of ulceration of heel, and also slightly at the fifth tarso-metatarsal union. The sole is inverted with the thenar portion dorsi-flexed, whereby the hallux is raised to a higher level than the other toes.

The hallux is separated from the other toes as far proximally as the base of the metatarsals. There are only two other complete metatarsals and these are bound in a common integument. The second digit has an imperfect metatarsal; its free portion springs from the preaxial border of the third digit at the level of the midpoint of its proximal phalanx. This rudimentary digit is soft, flexible and contains representatives of two short phalanges only.

The remaining toes (III and IV) each possess the normal number of phalanges in their normal relative proportions; III and IV markedly flexed; II partly extended.

Plantar dermatoglyphics (fig. 1A)

Pads are poorly defined compared with conditions on the right pes, and the ridge patterns are decidedly simpler. In the central and hinder parts of the sole the ridges course mainly longitudinally, but at the root of the hallux a triradius is present separating the central longitudinal system from the transverse lines on the basal area of the hallux and oblique lines on the thenar border. On the hypothenar area a trace of a definitive pattern appears at the junction of the middle and distal thirds similar to that on the right, but less distinct. Over the area normally occupied by interdigital or distal metatarsal pads the ridges form simple transverse or slightly arched parallel systems without whorl or loop formation. The same applies to the markings on proximal and intermediate phalanges of the digits.

Right pes

General posture a more extreme degree of talipes calcaneo-varus than on left, the dorsum of the foot being rotated so as to face distally, the sole being directed upwards. A large ulcer on the calcaneal region. The hallux is more widely divergent and carried still farther postaxially so that its flexor aspect faces upwards and slightly lateral. Hallux separated from other digits down to metatarsal base. Metatarsal markedly dorsi-flexed, phalanges partially flexed. Three complete postaxial digits each with its own metatarsal,

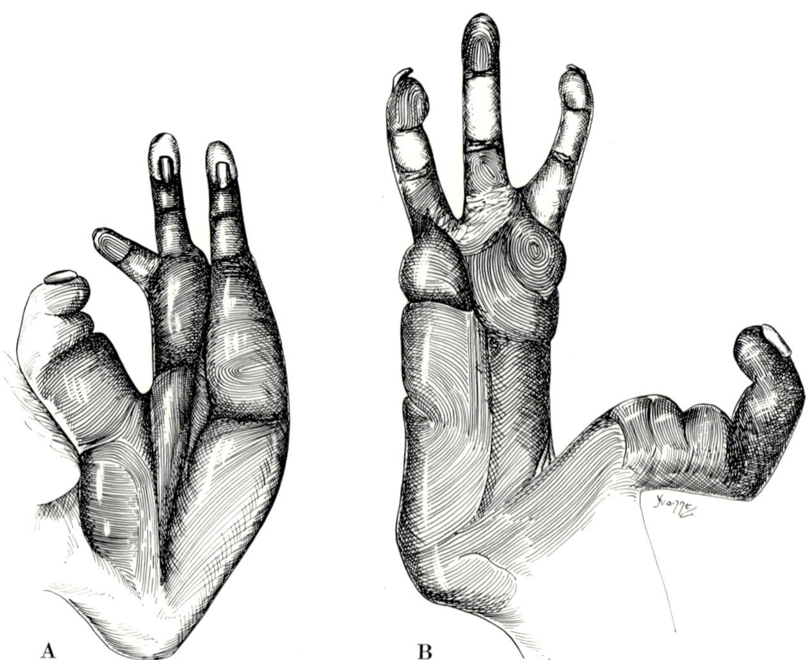

Fig. 1. Plantar dermatoglyphics of left foot (A) and right foot (B) of Drill (*Mandrillus leucophaeus*) showing different degrees of cleft-foot.

and all bound in a common integumentary sheath. Digital formula III $>$ II $>$ IV. Lateral digits with full complement of phalanges and provided with normal nails. All lateral digits in full flexion.

Plantar dermatoglyphics (fig. 1 B)

Plantar pads are relatively well defined. There are prominent thenar and hypothenar pads divergent in V-fashion. The latter is very narrow and elongated, sharply defined distally from the fibular interdigital pad. There are but two smallish, rounded interdigital pads one on the fibular and the other on the tibial border of the distal planta. The large interdigital pad normally present between hallux and II is entirely lacking.

Papillary ridges on the hypothenar pad are arranged in widening loops around a notch some two-thirds the way along the fibular border. The proximal ridges sweep obliquely preaxiad to become continuous with longitudinal ridges on the thenar pad. The tibial interdigital pad is adorned with a series of concentric ridges. The fibular interdigital pad

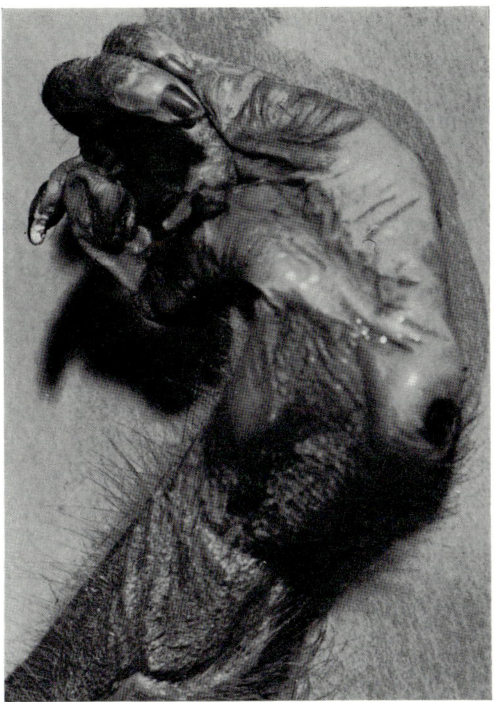

Plate II. Enlarged photograph (×) of the left foot from the plantar aspect.

shows a simpler design of arches convex distally. The only locations where a triradius can be discerned are in the central axis of the sole at two sites, (a) at the meeting point of the systems on the tibial interdigital pad with those on the hypothenar pad and the oblique lines approaching the tibial border; (b) distally between the tibial and fibular interdigital pads near the base of the cutaneous web connecting the two fibular digits. The arrangements are, therefore, grossly simplified compared with the patterns depicted by MIDLO and CUMMINS [1942] on the pes of *Papio*.

Osteology

Radiography (plate 3) reveals that in the tarsus, as usual, only the calcaneus and talus are represented by ossific centres. A distal epiphysis is present on the tibia bilaterally. In the right foot all the metatarsal and phalangeal shafts are ossified. In the left the soft tag-like index has no phalangeal ossifications, but the remaining toes are normally ossified for the age of the infant.

In the dissected foot (fig. 2, A, B) the reception of the talus in the tibio-fibular mortice is approximately normal, as in human talipes (vide BROCKMAN [1930]—based on earlier statements by SCARPA); but the remainder of the tarsals are grossly distorted, reduced in number and considerably modified as regards arthrology. This contrasts strongly with the views of MACKEEVER [1820] who maintained that in human talipes the tarsals differed little from the normal. However, the ectrodactyly rather than the talipes is responsible for the major abnormalities.

In the right foot the neck and head of the talus are inclined medially as described by PALLETTA [1820] in human talipes. The axis of this part of the foot is strongly divergent from the lateral moiety; in fact it may be said that the interdigital cleft between the hallux and the next toe extends proximally to the neck of the talus. Here, in the centre of the tarsus, a V-shaped cleft is formed bounded

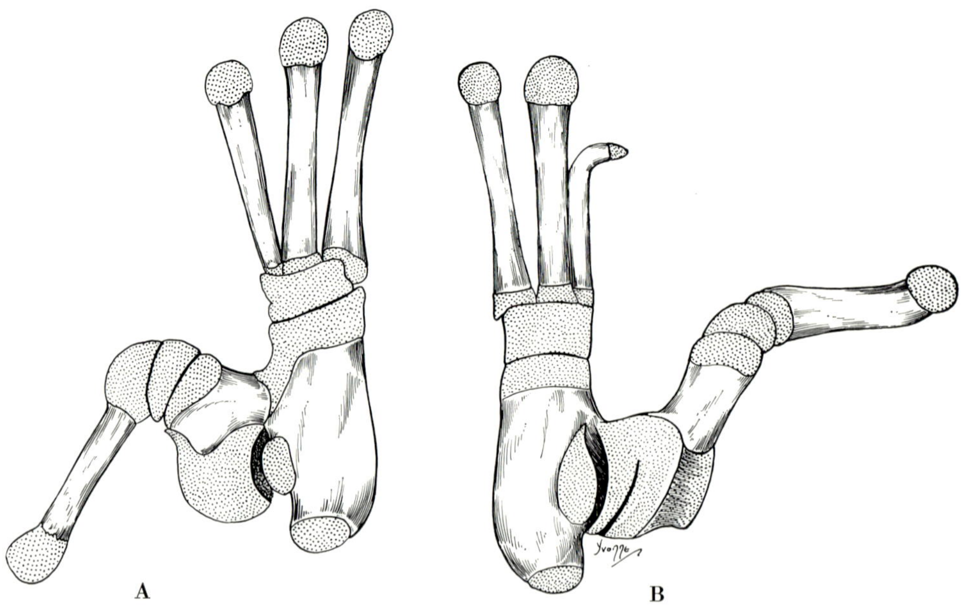

Fig. 2. Skeletal system of the two feet in the cleft-footed Drill (*Mandrillus leucophaeus*). A = right, B = left.

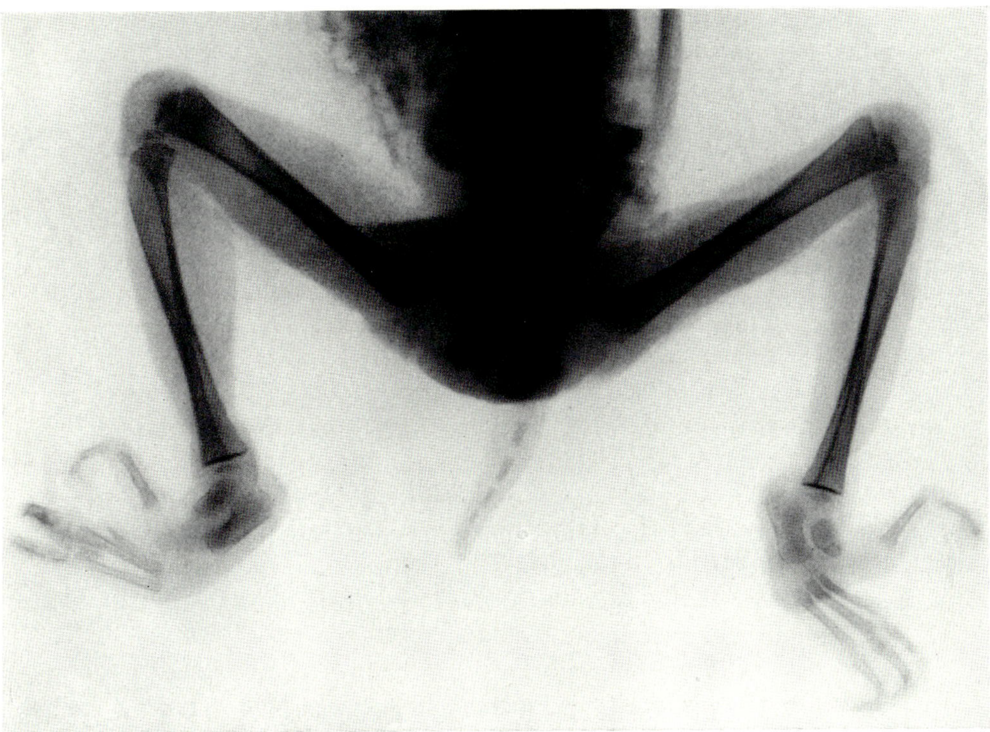

Plate III. Radiograph of the hind end of the specimen to show state of ossification.

on the medial side by the ossified neck of the talus and laterally by a solid cartilaginous mass immovably connecting the distal part of the body of the talus with the medial border of the distal part of the calcaneus.

The calcaneus is definitely misplaced being rotated medially on its own axis, thereby its dorsum faces laterad. Ossification affects the major part of the element, but the tuber and rather more than a quarter the distal extremity remain cartilaginous. Moreover the distal cartilage is, as before mentioned, immovably connected with cartilaginous elements in the talus, this bond forming the distal boundary of the sinus tarsi. The sinus has an almost transverse horizontal direction. The proximal talo-calcaneal joint is fairly normal, but the sustentaculum tali is feebly developed. The joint cavity is present, but movement is extremely limited in view of the fixation of the distal parts of the two elements.

Distal elements of the tarsus are two in number only, and entirely cartilaginous. One articulates proximally with the head of the talus and therefore represents a combined navicular and entocuneiform. It is wedge shaped in section, broad and rounded below, narrow dorsally. Distally it receives the hallucial metatarsal which is, in consequence of the shape of this element, sharply directed dorsalwards at right angles to the main axis of the tarsus.

The postaxial distal tarsal element is also a wedge-shaped cartilaginous mass, but here there is a broad, convex dorsal surface of quadrate outline which forms the dorsal prominence mentioned on p. 241.

On the plantar side it narrows to a thin edge directed transversely. Proximally it articulates with the distal end of the calcaneus, while distally it receives the three lateral metatarsals. It is homologous therefore with a cuboid combined with the material ordinarily concerned in forming the meso- and ectocuneiforms.

The left foot exhibits a greater departure from the normal. The head and neck of the talus are inclined even more medially and the cartilaginous connection between the neck and the distal cartilaginous part of the calcaneus is lacking. The dichotomy of the tarsus is therefore more complete and extends back to the joint between the body of the talus and the sustentaculum tali.

At the same time the ankle joint itself is more distorted from medial tilting of the trochlear part of the talus. This leaves a gap between the malleolar facet and the fibular malleolus. The raised malleolar facet, though of normal outline, is marked by a deep groove extending antero-posteriorly, deepening behind. A trace of this groove occurs on the right also, but on the left it is related to a firm fibro-cartilaginous band passing from the anterior to the posterior ligaments of the ankle joint, virtually forming an intraarticular meniscus.

Distal tarsal elements are cartilaginous and are arranged much as in the right foot, namely a wedge-like naviculo-cuneiform medially and a cuboideum laterally.

Metatarsals on the left differ from those in the right foot in the reduction of the most medial of the postaxial group to a splint-like bone laid alongside the larger middle metatarsal. Its distal end narrows to a pointed extremity capped with a short conical cartilage which is bent in a preaxial direction, having no connection with the tag-like rudimentary digit to which it pertains. Remaining two metatarsals are robust. As in the right foot the most postaxial metatarsal agrees with a normal fifth metatarsal in presenting a conical styloid process on its base.

The ill-formed digit appended to the proximal phalanx of the middle left toe is composed of nodules of cartilage showing some early stages of ossification. Basally it is attached by ligament only to the preaxial border of the ossified part of the proximal phalanx of the large middle digit.

Myology

The subjoined description is based primarily upon the dissection of the right foot which diverges less from the normal condition.

Plantar muscles

The first layer of muscles is well defined and comprises a large fleshy abductor hallucis, a somewhat aponeurotic flexor digitorum brevis and a fusiform abductor digiti quinti. In addition, proximal to the last mentioned is a fleshy tract covering the plantar surface of the calcaneus, representing WOOD's muscle (abductor ossis metatarsi quinti). The bulky abductor hallucis springs from the distal edge of the flexor retinaculum, from the medial tubercle of the calcaneus and by aponeurotic fibres from the fascia covering the flexor brevis. Flexor brevis arises deep to the preceding from the medial tubercle of the calcaneus and from adjacent fasciae. It broadens gradually and is greatly compressed dorso-ventrally. Distally it divides into three fleshy bundles each ending in a tendon supplying respectively the three postaxial digits. The tendons enter the fascial digital sheaths of which they are the sole occupants. They end therefore without being perforated by the long flexor tendons by single insertions on the phalanges.

Abductor digiti quinti has its origin restricted to the lateral tubercle of the calcaneus.

In the second layer the flexor accessorius is developed and has the usual relation to the long deep flexor tendons (flexor fibularis and flexor tibialis) which are for a short space united in the sole. The long flexors are widely separated as they proceed, each in its own sheath, beneath the flexor retinaculum. In the sole they approach and fuse, then separate again. Both, however, are carried on into the hallux deep to the abductor hallucis, giving no contribution whatever to the postaxial digits. Consequently there are no lumbrical muscles.

The third layer of muscles is not differentiated. No representative was found of the flexor hallucis brevis, flexor digiti quinti brevis nor of any of the contrahentes. Furthermore the interossei are not differentiated, being represented by a layer of fleshy fibres covering the metatarsal shafts on the plantar side and extending dorsally between them.

Tibialis posterior is represented almost entirely by a thin flat tendon. It has at the extreme proximal end a small fleshy belly. Its tendon passes beneath that of flexor tibialis and crosses the ankle in a separate sheath close to the malleolus. It ends on the scaphoid part of the combined naviculo-cuneiform.

Peronaei are developed in the ordinary way in the leg, and their tendons cross the ankle region in the usual relation to each other. That of the peronaeus brevis crosses that of p. longus deeply and follows the line of the cuboideum to end on the base of the postaxial metatarsal. Peronaeus longus is traceable to a lenticular sesamoid cartilage in the capsule of the cubo-metatarsal joint to the plantar side of the preceding. Apart from a few fibres which proceed to the shaft of the middle metatarsal, no trace of the plantar portion of the tendon could be identified.

Dorsal muscles

The extensor digitorum brevis comprises a very short muscle and tendon to the hallux and a lateral portion which provides tendons for two toes only,—the most fibular toe lacking one. On the left the middle toe only is provided with a tendon.

Tibialis anterior, extensor digitorum longus and extensor hallucis longus are all well differentiated in the crural segment. The tendons of tibialis and extensor hallucis are not fully differentiated as they cross the ankle joint. Moreover they are preternaturally short and thick. Inserting on the base of the first metatarsal, they are primarily responsible for the extreme dorsi-flexion of that digit.

The tendon of extensor digitorum longus fails to split into individual tendons for the postaxial toes; it merely expands and fades into the fascia around the extensor brevis. On the left foot a single tendon is traceable to the large middle digit.

Vascular System

The vascular tree on both arterial and venous side is extremely freely developed though showing some modifications from the normal pattern in correlation with the distortion of the foot and the imperfect development of the soft parts.

In the sole the posterior tibial artery is continued from the flexor retinaculum as a single trunk along the median line of the sole. Opposite the root of the hallux a large artery is supplied to that digit. A few mm distally another large branch proceeds almost transversely towards the medial border of the foot deep to the flexor tendons. It changes direction, following the medial margin of the second metatarsal and ends on the tibial border of the second toe. The parent vessel proceeds as a lateral plantar artery and supplies branches to the hypothenar musculature, deep muscles and finally digital branches to the remaining toes.

On the dorsum there is an arterial arcade over the distal parts of the metatarsals. This is formed by the union of medial and lateral longitudinal vessels both derived ultimately from the saphenous artery. The hallux receives its own vessels separately from the above,—also from the saphenous. From the convexity of the dorsal arcade two digital vessels emerge; one supplying both sides of the second toe and the medial side of the middle toe; the other giving branches to adjacent sides of the middle and lateral toes.

3. Discussion

According to SCHULTZ [1956] the hands and feet, and more especially the digits, are prone to undergo abnormal development not only in Man, but also in subhuman Primates, manifesting themselves in a wide variety of forms. He refers to a chimpanzee exhibiting cleft-foot described by GOLDSCHMIDT [1910], whilst true lobsterclaw has been reported by PEARSON [1931] in rhesus macaque and chimpanzee. In PEARSON's macaque the condition manifested itself in both hands and both feet in varying degrees, and the feet, especially the left, of his example are particularly useful for comparison with those of the specimen described in the present communication.

Nevertheless the condition is sufficiently unusual for each example to warrant report, as it is only by accumulation of data on every affected individual that a true assessment of the condition and its possible aetiology can be determined.

Anatomical details of the present example lead to the conclusion that the lobster-claw deformity is the result of an early bifidity in the footplate of the embryo, wherein the skeletal blastema undergoes dichotomy into a preaxial and a postaxial moiety. The depth of the fission would appear to vary and in the specimen here described appears to be maximal on the left and slightly less than maximal on the right. Whichever degree of dichotomy manifests itself, it would seem that the preaxial branch develops into a single laige hallux associated with a naviculo-cuneiform which may, as in Pearson's example, further differentiate or alternatively (as in the present specimen) remain undivided. See also RANKE [1894, p. 166] for similar variations in Man.

The naviculo-cuneiform articulates proximally with the head of the talus, which, with its modified (elongated and distorted) neck, forms the stem of the preaxial branch of the dichotomous foot.

The postaxial stem comes to be comprised by the distal part of the calcaneus which articulates distally with a cuboideum. Both in PEARSON's and the present specimen this has undergone no further differentiation.

Tissue distal to the cuboideum may apparently differentiate in variable manner into one, two or three digits. Such variation may occur in the two sides of the same individual and furthermore individual digits may exhibit differing degrees of arrest. Thus the digit next the hallux is fully differentiated in our example on the right, but incompletely so on the left, due to earlier developmental arrest, as shown by the rudimentary nature of its metatarsal and the backward state of the normally "free" portion of the digit.

4. Summary

Bilateral manifestation of cleft-foot is described in a newborn Drill (*Mandrillus leucophaeus*).

The malformation shows variation in the two sides with a greater degree of arrest in the left.

Both feet have been dissected and the myology and vasculature compared with the normal.

The skeletal deformities are illustrated by dissection and radiography.

ACKNOWLEDGMENTS

I have to thank Mr. H. A. SNAZLE of Chessington Zoo for providing me with the specimen described here, and also for the family history accompanying it. To

Professor A. H. SCHULTZ I am grateful for suggesting that an account of this interesting specimen be put on record. For the photograph on Pl. II I am indebted to Mr. F. POCKLINGTON of West Drayton; and for the radiography to Mr. A. WILSON of the Zoological Society's Veterinary department.

REFERENCES

BROCKMAN, E. P.: Congenital club-foot (talipes equinovarus). (Wright, Bristol 1930).

GOLDSCHMIDT, W.: Über einen Fall von Spaltfußbildung bei *Anthropopithecus troglodytes*. Anat. Anz. *37*: 246–249 (1910).

McKEEVER, TH.: Dissection of two cases of club foot. Edin. Med. Surg. J. *16*: 220–223 (1820).

MIDLO, C. and CUMMINS, H.: Palmar and plantar dermatoglyphics in Primates. Amer. Anat. Mem. No. 20 (Wistar Inst. Philadelphia, Pa. 1942).

PALLETTA, G. B.: Über Gliedmassenkrümmung. Transl. from Excercitat. patholog. p. 138. Meckel, Dtsch. Arch. *6*: 333–337 (1820).

PEARSON, K.: On the existence of the digital deformity—so-called "lobster-claw"—in the apes. Ann. Eugen. *4*: 339–340 (1931).

RANKE, J.: Der Mensch, vol. 1, p. 166 (Bibliographisches Institut, Leipzig/Wien 1894).

SCARPA, A.: Memoir on congenital club foot, translated by Wishart, J. H. (Edinburgh 1818).

SCHULTZ, A. H.: The occurrence and frequency of pathological and teratological conditions and of twinning among non-human Primates. Primatologia vol. *1*, pp. 965–1014 (Karger, Basel/New York 1956).

Bibl. primat. vol. 1, pp. 252–276 (Karger, Basel/New York 1962)

Aus der tierpsychologischen Abteilung der Universität Zürich
am Zoologischen Garten

PRIMATEN-ETHOLOGISCHE SCHNAPPSCHÜSSE AUS DEM ZÜRCHER ZOO

Von H. HEDIGER und F. ZWEIFEL

1. Einleitung

Leider kommt in manchen Zoologischen Gärten die wissenschaftliche Auswertung des an sich vorhandenen Tiermaterials grundsätzlich zuletzt. Die oft chronische Finanzmisere zwingt zur Bewältigung der allernotwendigsten administrativen und technischen Arbeiten. Das ist bisher leider auch im Zürcher Zoo der Fall, so daß es sich hier wirklich nur um einige Schnappschüsse, d. h. um Gelegenheitsbeobachtungen und nicht um systematische Untersuchungen handeln kann, obgleich das Primatenmaterial zu gründlichen Studien verlocken würde. Es umfaßte am 31. Dezember 1960 folgende Arten:

2 ♂, 2 ♀ Katzenmakis (davon 2 im Zoo geboren)
3 ♂, 4 ♀ Wollaffen
4 ♂, 4 ♀ Kapuziner (davon 1 im Zoo geboren)
1 ♂, 2 ♀ Mona-Meerkatzen } davon 3 im Zoo geboren,
2 ♂, 2 ♀ Blaumaul-Meerkatzen } darunter 1 Bastard
1 ♂, 2 ♀ Weißkehl-Meerkatzen
2 ♂, 3 ♀ Mohrenmakaken (davon 3 im Zoo geboren)
1 ♂, 2 ♀ Bärenmakaken (davon 1 im Zoo geboren)
2 ♂, 10 ♀ Mantelpaviane (davon 7 im Zoo geboren)
1 ♂, 5 ♀ Dschelada (davon 1 im Zoo geboren)
1 ♂, 1 ♀ Drill
1 ♂, 1 ♀ Mandrill (davon 1 im Zoo geboren)

3 ♂, 5 ♀ Gibbons
1 ♂, 1 ♀ Orang Utan
3 ♂, 5 ♀ Schimpansen (davon 3 im Zoo geboren)

Es handelt sich also um 77 Primaten in 15 Arten. In der ersten Hälfte 1961 wurden weiter geboren:

1 Blaumaul-Meerkatze, 2 Mantelpaviane, 2 Schimpansen; in der zweiten Jahreshälfte kam u. a. ein Gibbon (*Hylobates lar*) hinzu.

2. Prosimiae

Die Katzenmaki-Zucht ist wiederholt in Veröffentlichungen erwähnt worden, besonders wegen des Markierungsverhaltens (FIEDLER [1957]) mit Hilfe einer Perinealdrüse. Seither konnte dieses Markieren immer wieder demonstriert werden. Es läßt sich leicht provozieren, wenn eine Gruppe von Menschen gleichzeitig an den Käfig herangeführt wird.

Die Tiere fühlen sich dann offenbar – genau wie die Braunbären oder Nashörner des Zürcher Zoos in der entsprechenden Situation – als Territoriumsbesitzer bedroht und frischen auf raschestem Wege ihre Duftmarken auf. Das ist normalerweise eine Aufgabe des männlichen Geschlechtes (Braunbär, Löwe, Antilopen usw.). Beim Katzenmaki hingegen wird diese Funktion (im Zürcher Zoo) ausschließlich vom Weibchen besorgt und zwar besonders an den Stellen, die gegenüber Besuchern, dem Wärter oder anderen Primaten am meisten exponiert sind, wo also eine Invasion am ehesten zu erwarten wäre.

Das trifft zu für das Frontgitter, die Wärtertüre und die Verbindungsschieber. Überall an diesen Stellen wird das Perinealdrüsensekret angebracht und ist als brauner Fleck deutlich sichtbar. Es sind im Prinzip die Stellen, wo Menschen ein Schloß anbringen würden. Außerdem werden aber auch einige im buchstäblichen Sinne prominente Stellen im Innern des Raumes mit Sekret bedeckt, z. B. vorstehende Aststümpfe des Kletterbaumes, die vorragende Kante am Winkeleisen eines Sitzbrettes usw.

Mit der Verteidigung des Territoriums wird übrigens durchaus ernst gemacht. Nur der Wärter wird noch im Territorium geduldet. Als es dieser einmal wagte, eine Volontärin mit in den Katzenmakikäfig zu nehmen, wurde diese sofort heftig attackiert. Es kam zur Eröffnung einer Arterie oberhalb des Fußgelenkes, was die sofortige Einlieferung ins Spital und eine langwierige Behandlung notwendig machte.

Was die Markierung durch das Weibchen anbetrifft, so ist das ein Beispiel für die Regel, daß bei Tieren ohne auffälligen Sexualdimorphismus entweder beide Geschlechter markieren oder ausschließlich das weibliche die Markierung übernimmt. Das Fehlen jedes Dimorphismus bereitet uns oft Schwierigkeiten beim Sexen des Nachwuchses, den wir bisher ausschließlich dem einzigen markierenden Weibchen zu verdanken haben. Dieses brachte bisher 6 Junge zur Welt:

Geburten bei *Lemur catta* im Zürcher Zoo

1953	24. März ♂
1954	23. März ♂
1955	13. Mai ♂
1956	17. März ♂
1957	21. März ♀
1958	13. April ♂

Der 13. Mai als Geburtsdatum fällt hier besonders aus dem Rahmen und ist wahrscheinlich bedingt durch eine technische Störung: es fand in diesem Jahr ein Umbau des Affenhauses statt, der beträchtlichen Lärm mit sich brachte, so daß möglicherweise die erste Brunft, die nur während eines Tages sehr markant ist, nicht zum Erfolg führte. Nach S. ZUCKERMAN [1953] fielen im Londoner Zoo drei von insgesamt sieben Geburten in den März, zwei in den April und je eine in den Juni und September. Als Tragzeit fand Wärter F. REHM 137 Tage; S. A. ASDELL [1946, S. 98] gibt für *Lemur macaco* 146 Tage an. Die letzte Geburt vom 13. April 1958 brachte Zwillinge, d.h. eine Woche nach der Geburt eines gesunden Männchens erschien noch ein abgestorbenes, teilweise zersetztes Junges.

3. Platyrrhina

Einer unserer Cebus-Affen, der dem Personal und vielen Zoofreunden unter dem Namen «Pfyfer» (= Pfeifer) bekannt ist, sticht aus verschiedenen Gründen aus dem übrigen Cebus-Bestand hervor. Er ist unzweifelhaft der Senior des gesamten Affenbestandes (außer den Pongidae) und muß 1961 ein Alter von mindestens 36 Jahren aufweisen. In Brehms Tierleben wird als maximales Alter 15 Jahre angegeben.

Ferner ist unser Pfyfer höchst bemerkenswert wegen seiner geradezu unwahrscheinlichen «Extravertiertheit». Dieser Begriff wird hier in einem neuen, nämlich tiergartenbiologischen Sinne verwendet:

Es gibt Tiere – auch Primaten – deren Aufmerksamkeit und Interesse nicht wesentlich oder gar nicht über ihren Bereich (Käfig oder Gehege) hinausreichen. Sie unterscheiden wohl ihren Wärter von anderen Menschen im Zoo; aber alle Nicht-Wärter scheinen nicht oder nicht ohne weiteres differenziert zu werden. Bei vielen braucht es besondere Manipulationen oder Verhaltensweisen (Übersteigen der

Absperrungen, Anrufen, Betätigen der Schieber oder Schlösser usw.), um sie aus der offenbar amorphen Masse der durchschnittlichen Besucher herauszuheben.

Man kann also in diesem tiergartenbiologischen Sinne extravertierte, d. h. ihre Aufmerksamkeit über das künstliche Territorium hinausrichtende, und introvertierte, d. h. alles außerhalb ihres Käfigs oder Territoriums nicht oder kaum beachtende Tiere unterscheiden.

Das erwähnte Cebus-Individuum stellt nun mit Abstand das Maximum derartiger Extravertiertheit dar, das mir in nahezu dreißigjähriger Zoopraxis bekannt geworden ist. Es hat unter den Besuchern und Funktionären des Zoos einige persönliche Bekannte, die es von weitem erkennt und durch ein helles Geschrei zu begrüßen pflegt – sofern der Wärter sich nicht im Wahrnehmungsbereich aufhält. In der Gegenwart dieses ranghöchsten Wesens kommt es nur – wenn überhaupt – zu einer höchst rudimentären Begrüßung seiner Freunde.

Zu dieser Freundschaft kam es in meinem Falle einfach durch die häufige Begegnung, das Ansprechen beim Vorbeigehen – aber ohne jede Verabreichung von Futter, ohne jede Berührung. Im Laufe der Zeit führten diese kleinen Aufmerksamkeiten dazu, daß der Kapuziner mich regelmäßig begrüßt, auch dann, wenn ich präokkupiert an seinem Käfig vorbeieile oder sogar wenn ich in 100 m Entfernung mich in einer Gruppe von 20 oder 50 Personen befinde. Die dauernde Aufmerksamkeit und Beobachtungspräzision dieses alten Cebus übertreffen alles andere, was ich bisher an «Extravertiertheit» bei irgendeinem Tiere erlebt habe, auch die der Schimpansen.

Dieses Verhalten zeugt von einer außerordentlichen Differenziertheit der Wahrnehmung und einem überraschenden Gedächtnis dieses Platyrrhinen, der sich ja auch in verschiedenen tierpsychologischen Experimenten gegenüber vielen Altweltaffen als überlegen erwiesen hat. –

Bei den Begrüßungen – auch durch andere Cebus-Männchen – kommt es bei ihm regelmäßig zu Erektionen. Dieses Verhalten, das mit der Fortpflanzung nichts zu tun hat, ist ein Beispiel für das, was ich paraklassische Funktionen nenne.

Im Zoo wird man vielleicht häufiger und eindrücklicher darauf gestoßen, daß viele Organe neben ihren klassischen, d. h. unserem Schulwissen entsprechenden Funktionen noch andere haben, eben paraklassische. Es gibt sogar Organe, die sekundär überhaupt nur solche paraklassische Funktionen ausüben.

Nehmen wir als Beispiel das Gebiß. Es entspricht unserer herkömmlichen, bereits vom Schulunterricht her vertrauten Vorstellung, daß die Zähne zweckmäßige Organe zum Fressen und Zerkleinern der Nahrung sind. Die spezielle Ausbildung des Gebisses hat sich bei der systematischen Einordnung etwa der Säugetiere als sehr bedeutungsvoll erwiesen, so spricht man von Insektenfresser-, Nager-, Raubtiergebiß usw. In diesen Bezeichnungen kommt die hohe Spezialisierung des Gebisses zum Zerkleinern bestimmter Nahrungsqualitäten zum Ausdruck; diese Zerkleinerung des Futters bildet die klassische Funktion des Gebisses.

Nun zeigt es sich, daß einzelne Gebisse oder Zahnelemente bei gewissen Tieren von der klassischen Funktion der Nahrungsbearbeitung im weitesten Sinne überhaupt vollständig losgelöst sind und sekundär paraklassischen Funktionen dienen, die mit den primären nichts mehr zu tun haben. Das gilt z. B. gerade für die größten Zahnbildungen der Säugetiere, nämlich für den riesenhaften, schraubig gedrehten linken Inzisivus des Narwals (*Monodon*), für die Stoßzähne (obere Inzisivi) der Elefanten und ihrer fossilen Verwandten, und für die mächtigen Eckzähne von *Hippopotamus*.

In allen diesen Fällen haben die gewaltig entwickelten Zahnelemente paraklassische Funktionen – in erster Linie die von Waffen – erworben und haben mit der Nahrungszerkleinerung nichts mehr zu tun. Auf derartige Situationen stößt man im Zoo auf Schritt und Tritt. So stehen z. B. die gewaltigen Ohrmuscheln des afrikanischen Elefanten kaum mehr im Dienste der Wahrnehmung akustischer Reize, sondern diese Fächer haben paraklassische Funktionen als Organe der Wärmeregulation und des Ausdrucks. – Der Säugetierschwanz, bei vielen Arten (Canidae) ein klassisches Ausdrucksorgan, kann paraklassische Funktionen im Dienste der Wärmeregulation, der Fettspeicherung usw. übernehmen. Die Ausscheidung von Harn kann im Markierungsakt die Bedeutung des Absetzens von Duftmarken erhalten, bestimmte Atemweisen können Ausdruckscharakter annehmen usw. Hier ließen sich unzählige Beispiele nennen.

In der erwähnten Begrüßungserektion männlicher Cebus-Affen sehe ich gleichfalls eine – vom Fortpflanzungsverhalten gänzlich abgelöste – paraklassische Funktion. Bei manchen Affenarten kann sogar das Besteigen von Weibchen (ohne oder sogar mit Immissio) gewissermaßen asexuell als rein soziales Zeremoniell völlig unabhängig vom Fortpflanzungsgeschehen erfolgen.

Auch die Fortpflanzungsorgane können von ihrer ursprünglichen Funktion völlig losgelöste paraklassische Funktionen übernehmen.

So schreibt bereits C. R. CARPENTER [1942, S. 132] in bezug auf den Rhesusaffen:

«Mounting of a female by a male, even with intromission, may be a response to a true sex drive or it may occur as a greeting response, as an expression of an affinitive relationship or as a substitute act to foil an attack (‚displacement' or an ‚instrumental act'). Mounting is not specific for estrus nor, indeed, for the male-female relation because males mount males, and females mount females.»

Es hat eine Verlagerung von einem Funktionskreis in einen anderen stattgefunden, wie wir das im Tierreich so häufig antreffen. Hier handelt es sich um eine Verlagerung vom sexuellen in den sozialen Funktionskreis. Dieser Tatbestand ist beim experimentellen Arbeiten mit Affen schon vielen Autoren (M. R. A. CHANCE [1956], A. H. MASLOW [1936], R. M. YERKES [1945] usw.) aufgefallen und kann im Zoo geradezu lästig sein.

4. Paviane

Das Sozialverhalten der Mantelpaviane des Zürcher Zoos ist von H. KUMMER [1956, 1957] eingehend untersucht worden, und L. SCHÖNHOLZER [1958] hat in ihrer Dissertation über das Trinkverhalten bei Zootieren das eigenartige «Schwanztrinken» des Mantelpavians in Wort und Bild dargestellt. Dieses Eintauchen der Schwanzquaste in den Wassergraben mit anschließendem Aussaugen des wasserhaltigen Haarbüschels konnte seither bei vielen Individuen immer wieder beobachtet werden (Abb. 1a, b), obgleich den Tieren sauberes Wasser in einem bequem erreichbaren Gefäß zur Verfügung steht.

Das Schwanztrinken führt mich im Zusammenhang mit der Berücksichtigung des natürlichen Biotopes dieser Affen in Afrika zu folgendem Deutungsversuch: In wasserarmen Gegenden sind die Trinkstellen bekanntlich von besonders vielen Gefahren umlauert. Es sind Fälle beschrieben, wo einzelne Wasserlöcher, auf welche die Tierwelt in weitem Umkreis angewiesen war, von Raubtieren recht eigentlich belagert wurden.

Wenn nun beim Trinkakt der Pavian mit seinen (im Gegensatz zu den Huftieren) frontal eingesetzten Augen die Lippen mit der Wasseroberfläche in Berührung bringt, ist sein Gesichtsfeld extrem eingeengt. Er hat in dieser Stellung also keine Sicherungsmöglichkeit nach hinten, exponiert sich jedoch gleichzeitig aufs Gefährlichste gegenüber Feinden, die in dem meist kaffeebraunen Wasser unter der undurchsichtigen Oberfläche verborgen sein können: in erster Linie Krokodilen und Riesenschlangen. Ein Biß in die Schwanzquaste wäre erstens weniger wahrscheinlich und zweitens weniger verhängnisvoll als ein solcher ins Gesicht.

Anläßlich meines letzten Aufenthaltes im Parc National de la Kagera (Ruanda-Urundi) im März 1960 beobachteten J. P. BLANCPAIN und ich wiederholt Rudel von *Papio doguera tesselatus*. Dabei fiel uns auf, daß der Kot besonders der großen männlichen Exemplare, welche Termitenhügel als Aussichtsposten benützen, sehr oft auf diesen gerne besetzten Erhöhungen deponiert wurde.

a b

Abb. 1. Mantelpavian in der Freianlage des Zürcher Zoos beim «Schwanztrinken». Die Schwanzquaste wird ins Wasser des Absperrgrabens eingetaucht (a) und – nachdem mit einem Klimmzug die Plattform wieder erreicht ist – ausgesaugt (b). Foto R. BRECHBÜHL.

Das könnte an sich Zufall sein, doch machte uns das im Gelände unzweifelhaft den Eindruck einer Markierung. Termitenstöcke bilden ohnehin für viele Tiere äußerst wichtige Fixpunkte (HEDIGER [1951]). Bereits 1948 ist mir auch im Parc National Albert die große Bedeutung von Termitenstöcken aufgefallen und ich schrieb in der erwähnten Arbeit (S. 33): «Lorsqu'une troupe de ces singes est en marche ou au repos, des individus, le plus souvent de grands mâles, ont l'habitude de s'en isoler un peu et d'inspecter soigneusement les alentours du haut d'une station. Pour ce faire, ils choisissent fréquemment une termitière, sur laquelle ils abandonnent alors aussi, le plus souvent, des excréments. Nous avons maintes fois trouvé des déjections de cynocephales sur la coupole de termitières de ce genre. Cette défécation, de son côté, constitue probablement, encore une fois, un élément significatif.»

Später [1958, S. 33] hat J. VERSCHUREN auch im Parc National de la Garamba bei derselben Papio-Rasse ähnliches beobachtet: «Les excréments, d'une coloration brune typique, sont généralement déposés sur des endroits bien dégagés (rochers isolés, termitières, etc.).»

Demnach müßte also *Papio doguera* – wenigstens bedingt – zu den Tieren mit lokalisierter Kotabgabe gerechnet werden, was eher überraschend ist, da bisher alle Affen als zum Typus der diffusen Kotabgabe gehörend betrachtet wurden (HEDIGER [1950, S. 137]). Die bedingte Einreihung zum lokalisierten Typ ist dadurch gegeben, daß die Lokalisierung bisher nur bei ranghohen Männchen auf ihren Beobachtungsposten festgestellt worden ist.

Bekanntlich können nur Tiere des lokalisierten Typus stubenrein gemacht werden, was u. a. von wesentlicher tiergartenbiologischer Bedeutung ist. Die Zugehörigkeit der meisten Affen zum diffusen Typ ist sicher auch dafür verantwortlich zu machen, daß keine einzige Affenart zu einem Heimtier wurde. Hund und Katze sind ausgesprochen lokalisiert und es ist verständlich, daß diffuse Tiere, die ihren Kot überall wahllos fallen lassen, als Mitbewohner in menschlichen Behausungen nicht in Frage kommen. Das widerliche Schmieren und Kotfressen z. B. der Schimpansen stellen ein bisher unlösbares Problem in den Tiergärten dar, wo angesichts des totalen Versagens jeder diesbezüglichen Dressur allgemein angenommen wird, daß Stubenreinheit, d. h. eine Lokalisierung der Kotabgabe, aus neurologischen Gründen nicht möglich sei. Sollte bei *Papio doguera* eine andere nervöse Organisation vorliegen?

Vielleicht denkt man auch in dieser, wie in hormonologischen

Beziehung zu simplifizierend. So wird z. B. stillschweigend als Regel angenommen, daß bei trächtigen Mantelpavianen die Ausbildung der die Zoobesucher so vexierenden «Sexual skin» unter dem Einfluß des Corpus luteum auszubleiben hat. Hier kommen jedenfalls Ausnahmen vor. Bei einem Pavian-Weibchen des Zürcher Zoos persistierte die mächtige Bildung nach dem Aussehen riesiger Tomaten während der ganzen Trächtigkeit und über die Geburt hinaus. Nach den Beobachtungen von A. H. SCHULTZ [1938] kommt beim Orang Utan die genitale Schwellung normalerweise gerade während der Trächtigkeit vor.

Dasselbe hat sich mit dem gleichen Weibchen am 23. Januar 1961 wiederholt. Das Junge wurde also durch das Kissen der maximalen Sexual skin hindurch geboren. Diesmal wurde die Mutter fotografiert (Abb. 2). Das Junge mußte ihr weggenommen werden. Am 9. September gebar dasselbe Weibchen wieder ein Junges und zog es diesmal normal auf. Zwischen beiden Geburten war die Schwellung dauernd vorhanden und verschwand erst im Laufe des Septembers.

Die vornehmlich an Laboratoriumstieren gemachten Feststellungen, daß gravide Weibchen nicht mehr gedeckt werden, trifft für viele Zootiere sicher nicht zu; so wurde z. B. ein afrikanisches Spitzmaulnashorn (*Diceros bicornis*) im Zoo von Rio de Janeiro während der ganzen Trächtigkeit periodisch gedeckt, zuletzt drei Tage vor der Geburt eines Jungen (HEDIGER [1955]). Unzählige weitere Beispiele dieser Art ließen sich anführen. – Auch bei Schimpansen wurde eine maximale Schwellung vor und während der Geburt beobachtet, wie noch zu zeigen sein wird.

Zunächst soll noch kurz über eine Zwillingsgeburt beim Mantelpavian berichtet werden, die im Zürcher Zoo am 16. April 1961 eintrat (Abb. 3).

Zwillinge bei *Papio hamadryas* sind selten. Nach W. ABEL [1933] fanden sich Zwillinge unter 60 Geburten nur einmal. Nach H. BUNGARTZ [1949] wurden am 1. 12. 1943 auf dem Affenfelsen des Zoos Hannover Mantelpavian-Zwillinge geboren. Er bemerkte dazu u. a.: «Die Mutter ist sehr besorgt um ihre Kleinen und trägt beide in einem Arm herum, nur beim Sitzen benutzt sie beide Arme.»

Im Zürcher Zoo stellten wir bei der Zwillingsmutter eine offensichtliche Verlegenheit fest: sie wußte anfänglich nicht, ob sie beide Zwillinge in einen Arm nehmen sollte oder je einen in einen Arm. Dadurch war sie aber besonders beim Klettern und Fressen stark behindert, so daß sie bei diesen Tätigkeiten beide Jungen gewöhnlich

Abb. 2. Das Mantelpavian-Weibchen rechts hat (wie schon vorher einmal) bei maximaler Schwellung am 23. Januar 1961 ein Junges geboren, das jedoch künstlich aufgezogen werden mußte. Die Schwellung persistierte bis zur nächsten Geburt am 9. September 1961 und klang erst einige Wochen nachher ab. Diesmal wurde das Junge von der Mutter normal aufgezogen. Foto J. Klages.

im linken Arm trug. Leider wurde nach wenigen Tagen (28.4.1961) der eine Zwilling vom Männchen durch einen brutalen Biß direkt ins Gehirn getötet. Fast gleichzeitig biß dasselbe Männchen ein anderes

Abb. 3. Am 16. April 1961 brachte ein Mantelpavian-Weibchen Zwillinge zur Welt. Auf dem Bild sind die Zwillinge 4 Tage alt. Foto J. KLAGES.

(einzelnes) Junges derart in die Wirbelsäule, daß seine Hinterextremitäten gelähmt wurden. Das aggressive Männchen wurde daraufhin entfernt. Beim rückenmarkverletzten Jungen ging die Lähmung der Beine allmählich zurück, doch trat am 8. 6. 1961 erneut eine Verschlimmerung ein, als ein anderes junges Männchen der Mutter das rekonvaleszente Junge entriß.

Über die Hannoverschen Zwillinge berichtete C. EIFFERT später [1951], daß von den beiden schon ein wenig selbständiger gewordenen Jungtieren sich das eine unter dem Bauch der Mutter festhalten mußte, während das andere auf dem Rücken reiten durfte. – Bei der von R. YERKES [1945] abgebildeten Schimpansin Mona hingen die Zwillinge im Alter von zwei Monaten beide am Bauch der Mutter, mit sechs Monaten ritten sie beide auf ihrem Rücken. YERKES kannte damals nur diesen einzigen Fall von Schimpansen-Zwillingen.

5. Schimpansen

Die Geschichte der Anthropoidenhaltung in der Schweiz fing folgendermaßen an:

Art	Erstimport	Zoo	Erster Zuchterfolg	Zoo
Orang Utan	1900	Basel	2. September 1958	Basel
Schimpanse	1927	Basel	29. Juni 1955	Zürich
Gorilla	1931	Zürich	23. September 1959	Basel
Gibbon	1939	Zürich	28. März 1945	Zürich

Der Schimpansenbestand des Zürcher Zoos umfaßt seit dem 30. Mai 1961 zehn Tiere; fünf davon sind im Zoo geboren, nämlich:

		Vater	Mutter
Miggel	am 29. Juni 1955	Toni	Mary
Susi	am 17. September 1955	Toni	Lulu
Nannettli	am 27. Juli 1956	Toni	Nannette
Dieter	am 5. März 1961	Toni	Mary
Nioka	am 30. Mai 1961	Toni	Lulu

Leider konnte auch dieses interessante Beobachtungsmaterial kaum ausgenützt werden; nur einige Notizen liegen vor.

Die erste Schimpansengeburt (29. 6. 1955) fand in der Nacht im engen Schlafkäfig statt, den die beiden Schimpansinnen Mary und Lulu miteinander teilten. Während sonst erste Geburten mehr die Bedeutung von Vorübungen haben, verliefen sie sowohl bei Mary als bei Lulu ganz normal. Während der Gravidität sind beide jungen Mütter mit emulgierten Vitaminen (A, D, E) versorgt worden, die damals in der Tiergartenbiologie einen besonders guten Ruf hatten.

Schon bei der allerersten Schimpansen-Geburt im Zürcher Zoo (Miggel) zeigte es sich, daß die Mutter gegenüber der Placenta auffällig hilflos ist (Abb. 4). Auch bei den zweiten Geburten von Mary und von Lulu waren eigentlich keine Anzeichen von vorausgegangenen Erfahrungen zu beobachten. Es ist denkbar, daß unter den natürlichen Verhältnissen des Freilebens alte, sehr erfahrene Weibchen helfend eingreifen.

E. J. Slijper [1960, S. 88] berichtet von einem Orang Utan, der die Placenta 28 Stunden hinter sich her schleppte. Entsprechendes haben wir bei den beiden Geburten der Schimpansin Mary beobachtet, so daß man die Nabelschnur schließlich durchtrennte. Daß die

Abb. 4. Schimpansin Mary bei ihrer ersten Geburt am 29. Juni 1955. Der Placenta gegenüber ist die Mutter – wie in zahlreichen anderen Fällen – völlig ratlos. Hier fehlen angeborene Verhaltensweisen offensichtlich. Foto H. HEDIGER.

Nabelschnur der Schimpansen so stark ist, daß sie bei einem Sturz des Neugeborenen gewissermaßen als Sicherung bzw. Rettungsseil funktionieren kann, wie das SLIJPER als Möglichkeit andeutet, möchte ich bezweifeln. Er selber führt für Schimpansen sechs Fälle an, «in denen die Mutter nach der Geburt fortsprang oder das Junge fiel, wobei die Nabelschnur riß.» Genau das haben wir auch im Zürcher Zoo bei der Geburt des Schimpansen Susi beobachtet (vgl. weiter unten). – Ein Durchbeißen der Nabelschnur durch die Mutter haben wir bei unseren Schimpansen nie gesehen. Auch K. M. SCHNEIDER [1950, S. 233] schreibt: «Der Nabelstrang wird anscheinend von Schimpansen meist nicht abgebissen.» Desgleichen berichtet G. STEINBACHER [1941, S. 192] über die von ihm beobachtete Schimpansen-Geburt: «Die Nachgeburt blieb am Jungen hängen, der Nabelstrang wurde nicht abgebissen.» – Demgegenüber findet sich nach E. J. SLIJPER [1960, S. 89] ein Durchbeißen der Nabelschnur beim Schimpansen regelmäßig, in einem Falle wurde auch ein Zerreißen mit der Hand beobachtet.

In dieser beachtlichen Variationsbreite des Verhaltens in bezug auf die Behandlung von Nabelschnur und Placenta sehe ich eine Bestätigung dafür, daß nahezu alle wesentlichen Akte der Brutpflege dem Schimpansen nicht angeboren sind, sondern offenbar durch Tradition weitergegeben und individuell erlernt werden. Das gilt sowohl für die Begattung als auch für das erwähnte Verhalten bei der Geburt, als auch für die Tragweise des Neugeborenen und der älteren Jungen auf dem Rücken.

Miggel (geb. 29. 6. 55) wurde am 29. 9. 55, also im Alter von 3 Monaten, erstmals von der Mutter am Gitter allein stehengelassen; 20 Tage später kletterte er erstmals am Gitter hoch (ca. 50 cm). Um diese Zeit knabberte er auch erstmals an einer Banane und am 25. 10. 55, also mit fast 4 Monaten, konnte er von Wärter O. Meier erstmals auf den Arm genommen werden. Erst Mitte Dezember, also rund halbjährig, faßte er erstmals eine ganze (geschälte) Banane mit der Hand und aß davon ein gutes Stück.

Als Halbjähriger (am 28. 12. 55) wird Miggel zum erstenmal auf dem Rücken getragen im Reitersitz – aber verkehrt, so daß Miggel rückwärts schaut. Offenbar ist nur angeboren, daß das Junge von einem bestimmten Alter an auf dem Rücken getragen werden kann, aber nicht wie. Diese verkehrte Haltung wurde beibehalten, bis die andere (mit Mary im gleichen Käfig lebende befreundete Schimpansin Lulu) ihr eigenes Kind – Susi – erstmals, und zwar von Anfang an richtig, auf den Rücken setzte (am 19. 5. 56, also im Alter von rund 8 Monaten). Von diesem Augenblick an trug auch Mary ihren Sohn richtig, d. h. mit dem Gesicht nach vorn.

Mitte Februar, d. h. mit 6½ Monaten, geht Miggel schon ordentlich aufrecht, wenn ihn die Mutter an beiden Händen führt. 3 Wochen später (5. 3. 56) macht er die ersten Schritte quadruped und biped ganz allein. – Am 16. 5. 56 wurden im Kot von Miggel erstmals Oxyuren beobachtet. Im Alter von einem Jahr wurde Miggel erstmals mit seiner Halbschwester Susi zusammen in den Armen seiner Mutter gesehen. Am 18. Juli 1959, also im Alter von rund 4 Jahren, erfolgte die seit langem vergeblich versuchte Trennung Miggels von seiner Mutter, nachdem alle damals vorhandenen 8 Schimpansen am 15. April 1959 vom alten Käfig im Hauptgebäude (wo sich jetzt die beiden Migros-Terrarien befinden) in das am 17. April 1959 feierlich eingeweihte Menschenaffenhaus umgezogen waren.

Am 24. Juli 1959 gelang es, den zweiten im Zürcher Zoo (bzw. in der Schweiz) geborenen Schimpansen Susi von seiner Mutter Lulu zu trennen und dem während knapp einer Woche allein gehaltenen Miggel beizugesellen. Beide umarmten sich sofort und lebten miteinander in engstem Kontakt.

Später, am 27. August 1959, wurde dem Duo noch der dritte (am 27. Juli 1956 im Zürcher Zoo geborene) Schimpanse Nannettli im Alter von knapp 3 Jahren hinzugegeben. Die Laktation war bei dessen Mutter – Nannette – damals noch im Gang, doch gingen die Brüste der Mutter nach der Trennung rasch zurück. Dieser Tatbestand bestätigt die bereits von R. YERKES [1945, S. 244] gemachte Angabe, daß sich in Gefangenschaft die Laktation bis ins dritte Jahr hinein, bzw. «endlos» ausdehnen kann. Eine unbiologische Verlängerung der Laktation als Folge der Hypersexualisierung (HEDIGER [1950]) läßt sich bei vielen Zootieren beobachten (z. B. Zwergflußpferd 2 Jahre, Eisbär 10 Jahre usw.).

Die Geburt des weiblichen Schimpansen Susi am 17. September 1955 erfolgte ca. 11 Uhr vormittags. Das genaue Protokoll ist leider verloren gegangen, doch sind die (durch H.) unter schwierigen Verhältnissen aufgenommenen Fotos erhalten. Es handelte sich um eine Erstgeburt der Schimpansin Lulu, welche etwa 2½ Monate vorher dem Gebärakt ihrer Freundin Mary beiwohnen konnte.

Auch in diesem Falle hatte Lulu (wie 1961) während der Trächtigkeit und der Geburt eine bedeutende Schwellung, wie die Umrisse von Abb. 5 erkennen lassen. Vor der Geburt, die sich durch einen deutlichen Aufregungszustand anzeigte, legte sich Lulu mit dem Bauch oft flach auf den Tisch und verharrte in dieser Stellung einige Minuten. Dabei inspizierte Mary mit ihrem 2½ Monate alten Kind Miggel immer wieder die Vagina.

Das Junge wurde schließlich von Lulu fast explosionsartig ausgestoßen und fiel zu Boden, als die Mutter mit einem durchdringenden Schreckensschrei von der linken vorderen Käfigecke mit ein paar Sätzen nach der rechten oberen regelrecht geflüchtet war, wobei die Nabelschnur riß. Fast im gleichen Augenblick kehrte sie in höchster Erregung zurück und schleuderte ihr Kind in die linke hintere Käfigecke, so daß ich es für tot hielt.

Die Mutter war erneut geflüchtet, kehrte aber bald neugierig und gespannt mit größter Vorsicht zu dem Jungen zurück, berührte es zunächst mit einer Fingerspitze, dann ausgiebiger und nahm es kurz darauf in den Arm. – Die Placenta wurde bald nachher teils ausgesaugt, teils aufgefressen; der Rest blieb unbeachtet liegen. Die übrige Aufzucht erfolgte – in Gesellschaft von Mary mit ihrem Jungen – normal. Während mehreren Wochen ließ keine der beiden Mütter ihr Junges von der anderen berühren.

Vom 25. 4. 56, also etwa vom 7. Monat an, nahm Susi regelmäßig auch etwas Bananen zu sich. Mit 8 Monaten (am 19. 5. 56) wurde Susi von seiner Mutter erstmals im Rückensitz getragen, und am 30. 6. 56, d. h. im Alter von 9½ Monaten wurde Susi erstmals mit Miggel zusammen in den Armen von Mary gesehen. Zwei Wochen später, am 12. 7. 56, turnte Susi erstmals allein am waagrecht gespannten Drahtseil, und am 10. 9. 56 – also ungefähr einjährig – beobachteten wir die ersten Gehversuche auf freier Fläche.

Die Aufzucht des dritten, am 27. Juli 1956 geborenen Schimpansen Nannettli ist aus zwei Gründen bemerkenswert. Erstens lebte die Mutter, nachdem sie einmal eine Totgeburt hatte, jahrelang mit einem geschlechtsreifen Männchen (Toni, Vater der 5 hier erwähnten Jungen) zusammen, wurde von ihm regelmäßig gedeckt und bekam doch nie ein Junges. Erst nachdem sich bei ihren Nachbarinnen Mary und Lulu Nachwuchs eingestellt hatte, brachte sie (13 Monate nach Miggels Geburt) auch ein Junges zur Welt. Ferner ist bemerkenswert, daß wegen Raummangel das Junge mit der Mutter tagsüber in Gesellschaft des Vaters gelassen werden mußte. Trotz der periodischen Anfälle hat dieser seiner Tochter nie ein Haar gekrümmt. Die Biographie der 1933 als schätzungsweise drei- bis vierjährig in den Zürcher Zoo gelangten Schimpansin Nannette findet sich in dem ansprechenden Buch von G. Egg [1943].

Bei der Geburt des 4. Zürcher Schimpansen (Dieter, geb. 5. 3. 61) zeigte sich erneut, daß die Mutter (Mary), obgleich sie schon einmal geboren und aufgezogen hatte, mit der Placenta nichts anzufangen wußte. Die Geburt vollzog sich unbeobachtet nachts im Schlafkäfig. Am Morgen trug die Mutter das Junge in einer, die mit ihm noch verbundene Placenta in der anderen Hand. Oft wurde die Placenta aber auch am Boden oder auf dem Liegebett deponiert und bei Ortsveränderungen an der Nabelschnur sorgfältig mitgetragen, so daß am Nabel des Jungen kein Zug entstand, wie das auch Slijper [1960, S. 89] beschrieben hat. Erst nach ca. 36 Stunden gelang es Wärter O. Meier, die schon weitgehend ausgetrocknete Nabelschnur durchzuschneiden und die ganze Placenta zu entfernen.

In den ersten 3 Tagen saugte das Junge nur an einer Brust.

Die bemerkenswerteste Schimpansengeburt war die zweite von Lulu (30. Mai 1961), weil sie Zwillinge brachte und von einem von uns (F. Zweifel) beobachtet und in einigen interessanten Phasen fotografisch festgehalten werden konnte. Wie schon bei ihrer ersten Geburt (1955) persistierte bei Lulu die Schwellung wie in der Hochbrunft (Abb. 5). Sie legte sich auch oft flach auf den dicken Bauch.

Abb. 5. Schimpansin Lulu sieben Stunden vor der Geburt ihrer Zwillinge am 30. Mai 1961. Die Genitalschwellung ist äußerst prall, die Füße sind etwas geschwollen. Foto H. HEDIGER.

Fortwährend fuhr sie mit einer Hand nach der Vagina, nahm die austretenden Tropfen auf und führte sie zum Mund.

Von den beiden Zwillingen lebte nur der zuerst geborene weibliche; der zweite männliche muß kurz vor der Geburt gestorben sein. Nach den Feststellungen von Prof. A. H. SCHULTZ, der vom Zürcher Zoo alles Primatenmaterial in entgegenkommender Weise untersucht, hat der 1,2 kg schwere tote Zwilling nie geatmet. Der lebende Zwilling konnte nicht gewogen werden.

Bekanntlich sind Schimpansen-Zwillinge außerordentlich selten. In ihrem Bericht über 49 Schimpansen-Geburten in Orange Park (Florida) erwähnen H. W. NISSEN und R. M. YERKES [1943] nur einen einzigen Zwillingsfall, nämlich die beiden 1933 geborenen, berühmt gewordenen Tom und Helene. A. H. SCHULTZ hat sich in zwei Arbeiten mit Primatenzwillingen beschäftigt [1948 und 1956] und betont u. a., daß das Auftreten von Zwillingen beim Menschen keinesfalls als eine Domestikationserscheinung gedeutet werden dürfe. Unter den von ihm aufgezählten 24 Fällen von Affen-Zwillingsgeburten beziehen sich 4 auf Schimpansen. Die Zwillingsgeburt im Zürcher Zoo vom 30. Mai 1961 wäre demnach der fünfte Fall.

Bei der Zwillingsgeburt vom 30. Mai 1961 hatte der eine von uns (Z.) das Glück, dem Geburtsakt in entscheidenden Phasen beizuwohnen. Das die Aufnahmen ergänzende Protokoll lautet folgendermaßen:

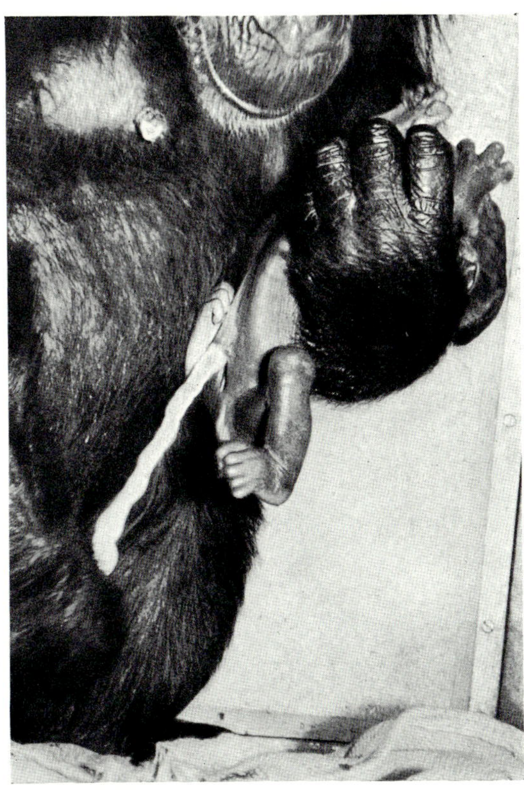

Abb. 6. Schimpansin Lulu unmittelbar nach der Geburt des ersten Zwillings (30. Mai 1961). Der Nabelstrang steht noch mit der nicht ausgestoßenen Placenta in Verbindung. Alle Hände und Füße des Neugeborenen zeigen von der ersten Minute an Klammerbewegungen. Foto F. ZWEIFEL.

22.00 Das hochträchtige, noch am Tag vorher (von H.) fotografierte, etwa 18-jährige Schimpansenweibchen Lulu wird unruhig. Es ist mit seiner Freundin und Käfiggenossin Mary, die ein 3 Monate altes Junges führt, in einer Schlafboxe von 1 m Breite, 1,7 m Tiefe und 1,9 m Höhe untergebracht. Auf halber Höhe ist ein Tablar von ca. 1 m^2 Fläche eingebaut. Auf diesem Boden hat Lulu ihr Lager, von dem sie sich jetzt immer wieder erhebt, sich umwendet, wieder hinlegt. Vorwiegend wird die Bauchlage eingenommen, wie das in den letzten paar Tagen oft auch tagsüber vorgekommen ist. Mehrmals steigt Lulu zu ihrer Käfiggenossin Mary hinunter und veranlaßt sie, die obere Schlafstelle einzunehmen. Lulu legt sich hin, erhebt sich aber nach wenigen Augenblicken wieder und nimmt erneut den oberen Schlafplatz für sich in Anspruch, Mary mit ihrem Jungen daraus verdrängend. Einmal treibt Lulu am Gesicht von Mary soziale Hautpflege.

22.15 Die Unruhe steigert sich. Die Atmung ist beschleunigt. Aus der Vagina inmitten der prallen Schwellung geht nun vermehrt Flüssigkeit ab; große Tropfen fallen zu Boden. Auch die Schimpansin Mary nimmt davon auf.

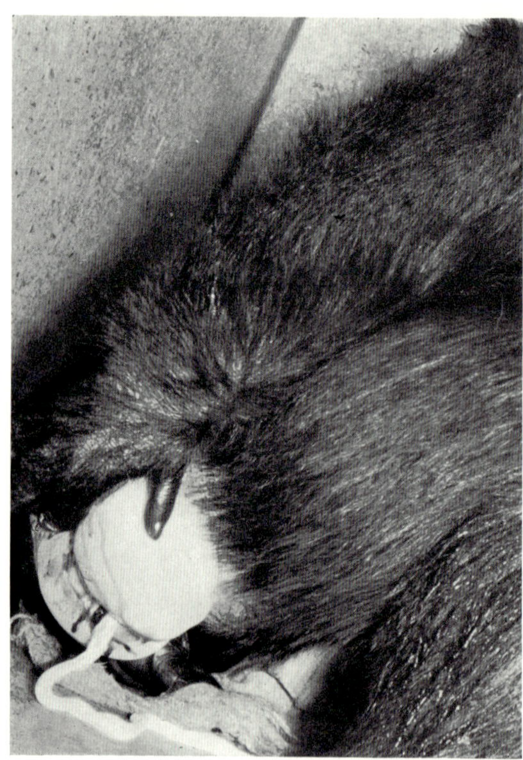

Abb. 7. Lulu betastet mit der rechten Hand ihr geschwollenes Genitale, aus dem die Placenta noch nicht ausgetreten ist. Dabei machte sie den Eindruck, als ob sie die Geburtswege erweitern wollte. Foto F. ZWEIFEL.

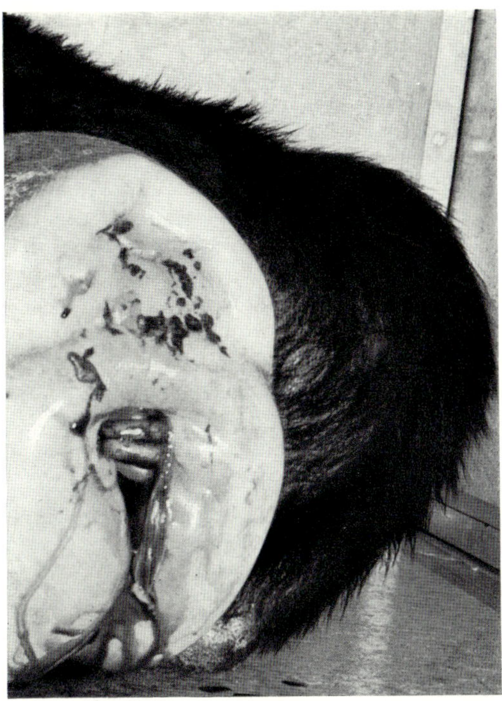

Abb. 8. Anstatt der erwarteten Nachgeburt wurde die Hand des zweiten (toten) Zwillings sichtbar. Die erste Placenta ist noch nicht ausgestoßen. Foto F. ZWEIFEL.

Lulu geht wieder in die typische Bauchlage. Die ersten Wehen setzen deutlich ein. Während ich zum Telefon im Erdgeschoß gehe, erfolgt die Geburt.

22.24 Beim Zurückkommen höre ich die Schreie des Neugeborenen. Die ganze Schimpansengesellschaft gerät darob für kurze Zeit in Aufregung. Die Tiere haben sich von ihren Schlafstätten erhoben und geben ihrer Erregung Ausdruck. Lulu hält ihr Neugeborenes an die Brust (Abb. 6), dann nimmt sie es in beide Hände und leckt es eifrig. Schon während der ersten Lebensminute tritt beim Jungen der Klammerreflex ein; es versucht, sich im Bauchhaar der Mutter festzuhalten. Die Schimpansin Mary legt sich auf ihr Lager und kümmert sich nicht mehr um ihre Artgenossin.

22.30 Lulu ist immer noch sehr aufgeregt. Ich gehe nochmals zum Telefon, um die Geburt zu melden.

22.40 Jetzt liegt Lulu wieder wie vor der Geburt flach auf dem Bauch und hat Wehen. Dreimal richtet sie sich kurz nacheinander halb auf und tastet mit den Fingern nach der Scheide, (Abb. 7) dann nimmt sie wieder Bauchlage ein und preßt, die Schwellung gegen den Fotoapparat gerichtet, ja sie streckt mir ihre Genitalgegend förmlich entgegen. Das Blitzlicht stört sie ebensowenig wie ihre Käfiggenossin Mary. Plötzlich zeigt sich anstatt der erwarteten

Nachgeburt ein Händchen in der Vagina (Abb. 8). – Die Wehen scheinen Lulu nicht besonders anzustrengen, jedenfalls sind auf ihrem Gesicht keine Schweißperlen festzustellen, wie sie sonst bei größeren Anstrengungen und bei warmer Witterung aufzutreten pflegen.

22.46 Plötzlich werden die zweite Frucht samt Fruchtwasser und beiden Nachgeburten ausgestoßen. Bis zu diesem Augenblick war nur das erwähnte Händchen zu sehen. Diesmal ist kein Schrei zu vernehmen. Das Junge fällt mit den Nachgeburten 1 m tief auf den unteren Boden. Lulu wendet sich um und holt sofort das soeben geborene zweite Junge samt den Nachgeburten zu sich auf den oberen Boden, während das erste Junge im Arm an der Brust gehalten wird. Der zweite Zwilling wird wie der erste an die Brust gehalten (Abb. 9). Dem zweiten Zwilling wird vorerst keine weitere Aufmerksamkeit geschenkt. Lebenszeichen kann ich bei ihm nicht feststellen. Im Verlaufe von etwa 5 Minuten frißt Lulu in liegender Stellung von der am Boden liegenden Placenta (Abb. 10).

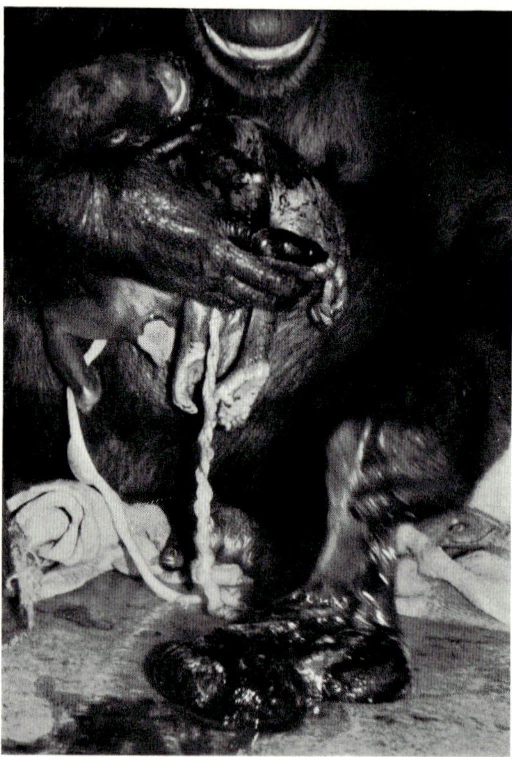

Abb. 9. Lulu hält miteinander in ihrer rechten Hand den ersten lebenden (im Bilde links) und den zweiten toten Zwilling (im Bilde rechts). Der tote Zwilling ist schlaff; seine Extremitäten sind nahezu ganz ausgestreckt. Mit ihrer linken Hand greift Lulu nach den Placenten. Foto F. ZWEIFEL.

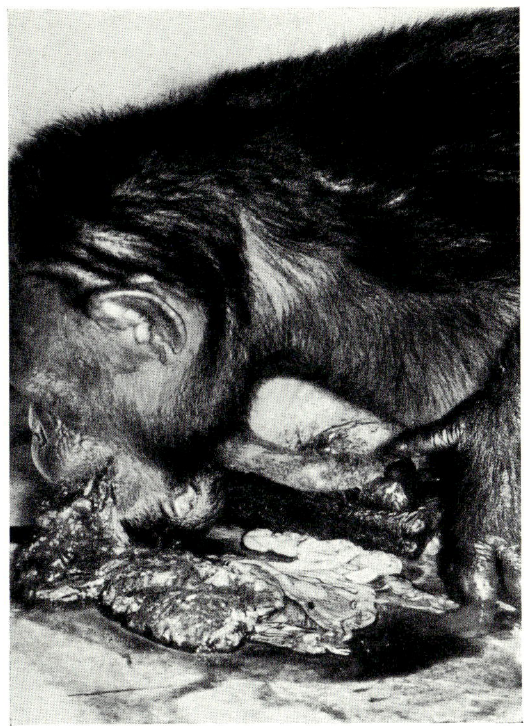

Abb. 10. Lulu frißt von der am Boden liegenden Placenta.
Foto F. ZWEIFEL.

22.55 Lulu richtet sich wieder auf und wendet sich dem zweiten Zwilling zu. Dieser wird jetzt auch geleckt (Abb. 11), aber viel weniger intensiv als der erste. Zwischendurch frißt Lulu wieder etwas Placenta. Wärter O. MEIER bespritzt das leblose, am Boden liegende Tierchen mit Wasser, jedoch ohne Reaktion. Dem Versuch, das offensichtlich tote Junge aus dem Käfig zu nehmen, widersetzt sich Lulu; sie nimmt den toten Zwilling zu sich, legt ihn jedoch bald wieder ab. Erst nach einer Weile läßt sie es geschehen, daß die Nabelschnur mit einem Stab ans Gitter geangelt und das tote Junge samt Placenta aus dem Schlafkäfig genommen werden kann. Die Schimpansin Mary bleibt unterdessen mit ihrem Jungen ruhig auf ihrem Lager. Für alle Fälle vorgenommene Belebungsversuche bleiben ohne Erfolg.

23.30 Lulu liegt in Rückenlage auf ihrem Lager und hält das Junge an der Brust. Ihre Brüste sind gut entwickelt. Die Beobachtung wird abgebrochen.

In den folgenden Tagen zeigte Lulu – wie bereits bei ihrer ersten Geburt 1955 – geschwollene Füße und auch ein etwas geschwollenes Gesicht, doch verschwanden diese Symptome im Verlaufe einer Woche, auch die Genitalschwellung verlor ihre pralle Maximalausdehnung und wurde vom dritten Tag an schlaffer und runzelig.

Abb. 11. Etwa 30 Minuten nach der Geburt des lebenden Zwillings beschäftigt sich Lulu auch mit dem toten Zwilling: sie hält beide in der rechten Hand und führt ihre zugespitzten Lippen in den Mund des toten Zwillings ein, als ob sie hineinblasen wollte. Foto F. ZWEIFEL.

Über die Jugendentwicklung von Schimpansen bei natürlicher und künstlicher Aufzucht in Gefangenschaft liegt heute ein umfangreiches Schrifttum vor, über welches K. M. SCHNEIDER [1950a] eine gute Übersicht gegeben hat. Seither sind die Untersuchungen von K. und C. HAYES [1951, 1954 usw.] dazugekommen.

Hier sei lediglich eine Einzelheit nachgetragen, die (von H.) bereits 1957 geschildert worden ist: Lulu hatte die Gewohnheit, mich beim Vorbeigehen an ihrem Käfig jeweilen zu begrüßen, indem sie rufend ans Gitter eilte, das Junge Susi auf ihrem Rücken. Als aber Susi etwa vom achten Monat an sich zeitweise selbständig zu machen begonnen hatte, wollte Lulu ihr Kind bei meiner Begrüßung nicht allein zurücklassen, sondern hob es sich, als sie mich erblickte, zuerst auf ihren Rücken, und dann erst eilte sie mir entgegen. Nun hatte Susi, je älter und selbständiger es wurde, oft Wichtigeres zu tun, als seiner Mutter für meine Begrüßung auf den Rücken zu sitzen. Es mußte daher immer häufiger von ihr zum Platznehmen aufgefordert werden. Das geschah zunächst durch eine leichte Berührung, z. B. wenn es am entfernten Gitter hing oder auf dem Tisch saß.

Schließlich unterblieb diese symbolische Berührung und Lulu begnügte sich damit, sich vor oder neben ihr Kind zu stellen und mit dem Zeigefinger auf ihren Rücken zu deuten, dorthin, wo Susi sich hinsetzen sollte. Das wurde ungezählte Male beobachtet und demonstriert. Ich sehe darin eine klare «hinweisende Gebärde», also ein Verhalten, das bisher fast allgemein als menschliches Monopol betrachtet worden ist.

6. Zusammenfassung

Aus der Fülle des im Zürcher Zoo lebenden Primatenmaterials werden einige Gelegenheitsbeobachtungen mitgeteilt.

Lemur catta. 1 ♀ gebar in 6 aufeinanderfolgenden Jahren innerhalb einer Streuung vom 17. März bis 13. Mai 6 Junge (5 ♂, 1 ♀), darunter einmal Zwillinge (davon 1 tot).

Cebus. Es werden die tiergartenbiologischen Begriffe der Extra- und Introvertiertheit (mit Bezug auf den Käfig) eingeführt, außerdem der Begriff der paraklassischen Funktion am Beispiel der asexuell, rein sozial gewordenen Begrüßungserektion.

Papio hamadryas. Das sogenannte Schwanztrinken wird als durch die Feindvermeidung bedingt interpretiert. Ein weiterer Fall einer Zwillingsgeburt wird belegt.

Papio doguera. Im Freien wurde (bedingt) lokalisierte Kotabgabe auf Termitenstöcken erneut beobachtet.

Pan troglodytes. 5 von 1955 bis 1961 im Zürcher Zoo beobachtete Geburten (darunter eine Zwillingsgeburt) werden kommentiert und durch neue Bilder illustriert. Die Behandlung von Nabelschnur und Placenta ist ebensowenig angeboren wie andere elementare Verhaltensweisen im Rahmen der Brutpflege (Kopulation, Tragart der Jungen). Die «hinweisende Gebärde» kommt auch beim Schimpansen vor.

LITERATUR

ABEL, W.: Zwillinge bei Mantelpavianen und die Zwillingsanlage innerhalb der Primaten. Z. Morph. Anthropol *31*: 266–275 (1933).

ASDELL, S. A.: Patterns of mammalian reproduction (Comstock, London/New York 1946).

BUNGARTZ, M. A. H.: Mantelpavian-Zwillinge im Zoo Hannover. Zoolog. Garten (N. F.) *16*: 133 (1949).

CARPENTER, C. R.: Sexual behavior of free ranging Rhesus Monkeys (*Macaca mulatta*). J. Comp. Psychol. *33*: 113–162 (1942).

CHANCE, M. R. A.: Social structure of a colony of macaca mulatta. Brit. J. animal Behav. *4*: Nr. 1 (1956).

EGG, G.: Schimpansen (Aarau 1943).

EIFFERT, C.: Einige bemerkenswerte Zuchterfolge im Zoologischen Garten Hannover. Zoolog. Garten (N. F.) *18*: 136–138 (1951).

FIEDLER, W.: Über einige Fälle von Markierungsverhalten bei Säugetieren. Rev. Suisse Zool. *62*: 230–240 (1955). – Beobachtungen zum Markierungsverhalten einiger Säugetiere. Z. Säugetierkde. *22*: 57–76 (1957).

HAYES, C.: The Ape in Our House (New York 1951).

HAYES, K. J. and HAYES, C.: The intellectual development of a home-raised Chimpanzee. Proc. amer. Philosoph. Soc. *95*: 105–109 (1951). – The cultural capacity of Chimpanzee. Human Biol. *26*: 288–303 (1954).

HEDIGER, H.: Wild animals in captivity. An outline of the biology of Zoological Gardens (Butterworth, London 1950). – Observations sur la psychologie animale dans les Parcs Nationaux du Congo Belge (Brüssel 1951). – Geburt und Aufzucht eines Nashorns. Umschau *55*: 307 ff. (1955). – Psychology of animals in Zoos and Circuses (Butterworth, London 1955).

KUMMER, H.: Rang-Kriterien bei Mantelpavianen. Der Rang adulter Weibchen im Sozialverhalten, den Individualdistanzen und im Schlaf. Rev. Suisse Zool. *63*: 288–297 (1956). – Soziales Verhalten einer Mantelpavian-Gruppe (Huber, Bern/ Stuttgart 1957).

MASLOW, A. H.: The role of dominance in the social and sexual behavior of infrahuman Primates. III. A theory of sexual behavior of infra-human Primates. J. gen. Psychol. *48*: 310–338 (1936).

NISSEN, H. W. and YERKES, R. M.: Reproduction in the Chimpanzee: Report on forty-nine births. Anat. Rec. *86*: 567–578 (1943).

SCHNEIDER, K. M.: Aus der Jugendentwicklung einer künstlich aufgezogenen Schimpansin. I. D. Zoolog. Garten (N. F.) *16*: 229–243 (1950). – Aus der Jugendentwicklung einer künstlich aufgezogenen Schimpansin. III. Vom Verhalten. Z. Tierpsychol. *7*: 485–558 (1950a).

SCHÖNHOLZER, L.: Beobachtungen über das Trinkverhalten bei Zootieren. Zoolog. Garten (N. F.) *24*: 345–431 (1959).

SCHULTZ, A. H.: Genital swelling in the female Orang-Utan. J. Mammal. *19*: 363–366 (1938). – The number of young at a birth and the number of nipples in primates. Amer. J. phys. Anthropol., N. S. *6*: 1–24 (1948). – The occurrence and frequency of pathological and teratological conditions and of twinning among non-human primates. In: Primatologia Vol. 1, pp. 965–1014 (Karger, Basel/New York 1956).

SLIJPER, E. J.: Die Geburt der Säugetiere. In: Hb. Zool. Berlin, vol. 8, 25. Liefg. (1960).

STEINBACHER, G.: Geburt und Kindheit eines Schimpansen. Z. Tierpsychol. *4*: 188–203 (1941).

VERSCHUREN, J.: Ecologie et biologie des grands mammifères (Brüssel 1958).

YERKES, R.: Chimpanzees. A laboratory colony (Yale Univ. Press 1945).

ZUCKERMANN, S.: The Breeding Seasons of Mammals in Captivity. Proc. zool. Soc. Lond. *122*: Part II, 827–950 (1953).